经济与管理专业系列教材

中国传媒大学教材建设中心2021年本科教材建设专项经费资助

Scientific Thinking and Critical Path Method

科学思维与统筹方法

王栋晗　谷　盟　李永慧　王黎烨　李枝勇 / 著

中国传媒大学出版社
·北京·

目 录

CONTENTS

第 1 章 逆向思维 …… 1
1.1 逆向思维的内涵 …… 3
1.2 逆向思维的基本要素 …… 5
1.3 逆向思维的科学理论基础 …… 12
1.4 应用一:有限备选项动态规划 …… 14
1.5 应用二:无限备选项动态规划 …… 36

第 2 章 博弈思维 …… 42
2.1 博弈思维的表现和意义 …… 43
2.2 博弈思维的定义及其科学理论基础 …… 48
2.3 纳什均衡 …… 54
2.4 应用一:静态博弈思维 …… 58
2.5 应用二:动态博弈思维 …… 66

第 3 章 拼凑思维 …… 77
3.1 拼凑思维的内涵 …… 78
3.2 拼凑思维的要素获取 …… 82
3.3 拼凑思维的行动策略 …… 88

第 4 章　精益思维 …… 96
4.1　精益思维的内涵 …… 98
4.2　精益思维的实现路径 …… 100
4.3　精益思维的行动策略 …… 107

第 5 章　创造性思维 …… 115
5.1　创造性思维的含义与特征 …… 116
5.2　创造性思维的过程 …… 123
5.3　创造性思维的壁垒:思维定势 …… 128
5.4　创造性思维的决策方法 …… 134

第 6 章　关联思维 …… 144
6.1　关联规则 …… 145
6.2　关联规则度量 …… 148
6.3　关联规则挖掘方法 …… 150
6.4　关联规则的兴趣度 …… 157

第 7 章　聚类思维 …… 163
7.1　聚类简介 …… 164
7.2　相似性度量方法 …… 167
7.3　划分式聚类方法 …… 176
7.4　层次聚类方法 …… 180
7.5　密度聚类方法 …… 185
7.6　聚类结果评价 …… 192

第 8 章　系统思维 …… 198
8.1　常见的“系统思维缺乏症” …… 199
8.2　认识系统及系统思维 …… 202
8.3　系统思维的决策工具 …… 211

第1章 逆向思维

引导案例

选修课问题

在高校中,学生们能根据专业教学计划自由选择一些课程,这些课程称为选修课。不同选修课讲述的内容不同、所占学分不同、需要花费的时间不同,学生们可以在规定范围内选择自己感兴趣的课程进行学习。传传是一名在读大学生,假设本学期传传有100天,根据教学计划,传传同学在所有选修课中挑选出了最感兴趣的A课程、B课程、C课程、D课程。其中,完成A课程需要花费10天时间,学分为1分;完成B课程需要花费40天的时间,学分为2;完成C课程需要花费50天的时间,学分为3;完成D课程需要花费60天的时间,学分为4。学校规定每种选修课只能选修一次,学生学完一个科目,才能进行下一个科目的学习,只有学完整个所选课程,才可获得相应学分。请问传传该如何选择,才能在本学期获得最高的选修课学分呢?

按照我们一般的思维方式,既然要在规定时间内选择学分总和最高的课程,那么就从"性价比"最高的科目选起,A课程平均每天能修1/10学分,B课程平均每天能修2/40学分,C课程平均每天能修3/50学分,D课程平均每天能修4/60学分,即按照A课程、D课程、C课程、B课程的顺序选择,直到时间不够为止。按照此种想法,最终会选择A课程和D课程,共获得5学分。这样的思维方式主要是基于我们日常生活的经验和直觉,但从理性的角度出发,这真的是最佳选择吗?选择背后的思维方式是否科学呢?勤于思考的读者或许已经发现,当选择A课程、B课程和C课程时,需要100天的时间,符合学校规定,可获得6学分;当选择B课程和D课程时,需要100天的时间,符合学校规定,也可获得6学分。这两种选择都比选择A课程和D课程获得的学分多,这与我们的直觉判断并不相符。

在实际生活中,我们会面临许多诸如此类寻求最优解决方案的问题,问题本身有些复杂,仅凭直觉和经验难以做出最佳选择。老子在《道德经》中写道:"天下难事,必作于易;天下大事,必作于细。"当我们面对复杂问题时,首先要全面地考虑问题。在100天内完成选修课,显然,无法将4种课程全部修完,必须有所取舍。在取舍时,我们不能按常规思维,默认取"性价比"高的课程,舍"性价比"低的课程,因为可能存在其他更加合适的情形。其次,要将复杂问题进行分解,从不同情形出发,选择每种情形中的最优解。按照常规思维,使用枚举法,将所有符合要求的选项全部列出,再从中选择最优方案即可;但实际生活中,枚举法往往费时费力,难以实现。在前文提到的选修课问题中,对于任意一种选择,一定包含A课程、B课程、C课程和D课程中的一个(见图1-1)。因此,我们可以逆向思维,将较为复杂的选课问题分解为以下几个小问题:

(1)如果选择A课程,如何安排剩下的90天,使得可修学分最多?

(2)如果选择B课程,如何安排剩下的60天,使得可修学分最多?

(3)如果选择C课程,如何安排剩下的50天,使得可修学分最多?

(4)如果选择D课程,如何安排剩下的40天,使得可修学分最多?

最后,从最小的问题开始,依次解决。对于细分问题(1),此时已经选择了A课程,可获得1学分。继续考虑如何分配剩下的90天,使得获得学分最多。再次进行细分,由于不可以重复选择,还可以选择B课程、C课程、D课程。当选择B课程时,共计学分3分,还余50天可以分配,于是继续选择C课程,共计学分6分,花费100天。当选择C课程时,共计学分4分,花费60天,于是继续选择B课程,共计学分6分,花费100天。当选择D课程时,共计学分5分,花费70天,无法再选择其他课程。按照这样的思路解决剩余的细分问题(2)(3)(4),最优的方案是选择A课程、B课程和C课程,或者选择B课程和D课程,共可获得6学分,需要100天的时间。

这一现实生活中的案例让我们了解到,在面临复杂的问题时,将大问题分解为一个个小问题,将小问题依次解决,复杂问题也就迎刃而解了。那么如何将大问题分解为一

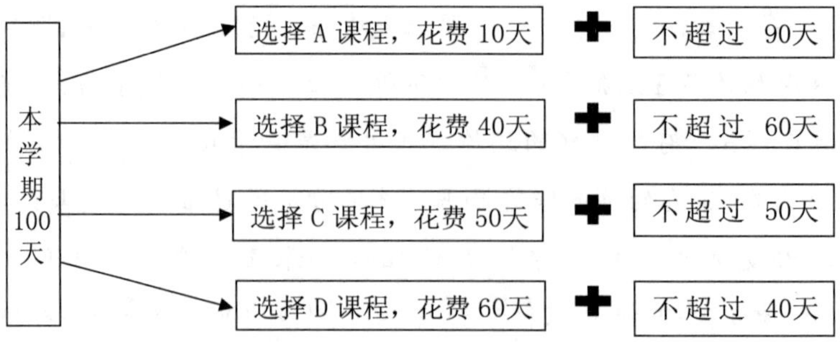

图1-1 选课策略分析

个个小问题呢？依照什么样的次序解决小问题呢？

本章聚焦逆向思维，以动态规划为科学理论基础，结合生动形象的事例，突出逆向思维的魅力，并系统阐述逆向思维的具体应用。本章的具体内容包含：逆向思维的内涵、特点、应用场景以及学习方法；聚焦动态规划，阐述逆向思维的基本要素及优势；逆向思维的科学理论基础；结合有限选项和无限选项两类现实问题展示动态规划过程和逆向思维的妙用。

1.1 逆向思维的内涵

鬼谷子曾云："欲闻其声反默，欲张反敛，欲高反下，欲取反与。"巴菲特的合伙人查理·芒格(Charlie Munger)曾说："如果我知道我会死在哪儿，那我一辈子都不会去那里。"伟大的数学家卡尔·雅可比(Carl Jacobi)曾说："反过来想，反过来想，总是反过来想。"……这些古今中外的有识之士都在讲的智慧之道无不蕴含着一个科学思维——逆向思维。

1.1.1 什么是逆向思维

逆向思维是指跳出固有的思维局限，从事物的反面出发思考问题的思维方式。这一定义中最重要的是"反面思考"，是正确认知的奇用。比如，在拍集体大合照时，总会有人注意力不集中或者眨眼睛，导致要拍摄数遍才能完成，正常情况下摄影师会通过喊"一二三"的方式，提醒大家去注意按快门的时刻；而有的摄影师则反其道而行，让大家先闭眼睛，然后喊到"三"时，大家集体睁开眼睛，解决了注意力不集中和眨眼睛的问题。生活中，我们常常习惯按照固化的思维方向思考问题，而逆向思维则是反其道而行，当正向思考问题无解或没有达到最优解时，不如换个角度，跳出惯有的思考路径，往往会有出人预料的解决方法。

1.1.2 逆向思维的特点

(1)普遍性

矛盾存在于一切事物中，贯穿于每一事物的始终。逆向思维与正向思维构成了一对矛盾，因而具有普遍性。而矛盾规律即对立统一规律是普遍适用的，对立统一的形式多种多样，与此相应的，逆向思维的角度也是千变万化，如功能逆向：保温杯既可保暖也可以保冷；因果逆向：电动机原理(电转为磁)与发电机原理(磁转为电)。无论是哪一种逆向方式，凡是思维方式从一个方面转换到与之对立的另一个方面，都是逆向思维，它在各种领域、各种情况都有其适用性。

(2)批判性

正如上文提到的,逆向思维是与正向思维相对而存在的,正向思维通常是指根据习惯、习俗、惯例、常识等进行的思维,这些习惯、习俗、惯例、常识阻碍了逆向思维的发展,让我们陷入行为和思考的固定模式中。逆向思维则是对惯例、常识的挑战。俗话说不破便不立,逆向思维能够帮我们克服惯性思维,破除由经验和习惯造成的固化认知模式。

(3)新颖性

哲学家叔本华(Arthur Schopenhauer)曾说:“世界上最大的监狱,是人的思维意识。”沿袭传统方式思考问题虽然简单且实用,但一旦遇到挫折便易陷于封闭、受挫,甚至是失败的困境。逆向思维可以帮助我们走出困境,当我们通过逆向思维去思考问题时,将注意到新的事物,帮助大脑迸发出更多出人预料的新想法,最终达到问题简单化、得到最优解的目的。

1.1.3 为什么要学习逆向思维

逆向思维是一种重要的思维能力。在生活与工作中,我们都会遇到难以解决的问题,即使我们有着丰富的知识储备和实践经验,依然不能很好地解决问题,这或许是我们思考问题、解决问题的方式出了问题。人在思考问题时出于习惯模仿他人,当遇到新情况时,大脑迅速搜索以往的经历,如果调取不出经验,就会走向失败。这个时候,逆向思维是破局的利器。

上述逆向思维的三个特点,让我们初步了解了逆向思维在解决问题方面的优势。逆向思维帮助我们获得解决问题的最佳方法,将复杂的问题简单化,从而提高办事效率。但需要注意的是,逆向思维只是一种思维方法,不应把它看得过重,正如汉弗莱·B. 尼尔(Humphrey B. Neill)在《逆向思维的艺术》中提到的,逆向思维是一件思考工具,而不是一个水晶球。逆向思维是在提醒着我们,思考问题做决策时,要做一个特立独行的人。

1.1.4 逆向思维的学习方法

(1)反转型逆向思维法

反转型逆向思维法是指从已知事物的相反方向进行思考,逆向开辟构思的途径。“事物的相反方向”一般是从事物的功能、结构、因果关系三个方面出发展开思考。比如,在吸尘器发明以前,除尘器利用强大的气流将灰尘吹走达到除尘的效果,但没有从根本上解决灰尘问题,布斯由此受到启发,将除尘器原理反向后发明了吸尘器,灰尘由被吹走反转为被吸入。这就是利用逆向思维,对功能进行反转型思考的产物。

(2)转换型逆向思维法

转换型逆向思维法是指在研究问题时,由于解决这一问题的手段受阻,而转换成另一种手段,或转换角度思考,以使问题顺利解决的思维方法。最经典的例子莫过于大家都熟知的"司马光砸缸"救落水儿童的故事。此外,由"红海"战略转向"蓝海"战略也属于转换型思考的产物。因自媒体门槛低,大批人涌入,都想分一杯羹的时候,有人却看到了给自媒体提供服务的商机,于是就有了"新榜"这样的平台。开创自己的自媒体属于涌入"红海",而开创一个为广大自媒体服务的平台则属于"蓝海"。目标都是自媒体,但由于思考角度不同,获得的收益也大不相同。很多时候,我们发现了商机,但是却慢人一步,或不知道如何下手时,就需要换个方式,从目的地往回走,一步步地回到起点,从而找到解决问题的切入点。

(3)缺点逆向思维法

缺点逆向思维法是一种利用事物的缺点,将缺点变为可利用的东西,化被动为主动,化不利为有利的逆向思维方法。这种方法并不是为了攻克事物的缺点,而是通过化弊为利,找到问题的解决方法。如导演史蒂文·斯皮尔伯格(Steven Spielberg)在拍摄《大白鲨》时,扮演主角的机械鲨鱼根本不会游泳、撕咬,还经常出故障。斯皮尔伯格面临着两难抉择,要么重新设计道具,放弃影片的拍摄,要么继续使用机械鲨鱼拍摄一部烂片。他最终找到了解决办法,那就是尽量减少主角鲨鱼的出场,直到第81分钟才露出大白鲨的完整面目。斯皮尔伯格说:"你看到的越少,想到的就越多,这样更能让观众产生身临其境的感觉。"这部经典电影的关键之处便是利用了逆向思维,由于鲨鱼道具经常出故障,所以尽量不让它上场,影片恰恰因此增加了恐怖性,导演成功将缺点变成优点。

思考是一种后天习得的技能,可以通过功能逆向、因果逆向、寻找反义词等方法培养逆向思维,方法固然很多,但是科学思维的最后产物往往是数学形式体系,因此本章重点向读者介绍逆向思维的统筹方法:动态规划。这就是下面要介绍的内容,为了方便理解,本章先介绍相关的基本概念与方程的建立。

1.2 逆向思维的基本要素

传传中午下课后,想先去便利店买一些生活用品,再找一个校园一卡通管理机给饭卡充值,然后去食堂吃午餐,最后回到宿舍休息。我们用 A 表示传传上课所在的教室;用 B 表示便利店,共有5个便利店:B_1、B_2、B_3、B_4 和 B_5;用 C 表示校园一卡通管理机,共有4个管理机:C_1、C_2、C_3 和 C_4;用 D 表示食堂,共有3个食堂:D_1、D_2 和 D_3;用 E 表示传传的宿舍。请注意,B 与 C、C 与 D 之间并不是连接了所有的点。各个地点间的距离如图1-2

所示,单位为百米,其中,没有连接的两点表示该两点形成的路径无法通过。请问:传传如何选择路程最短的路线呢?

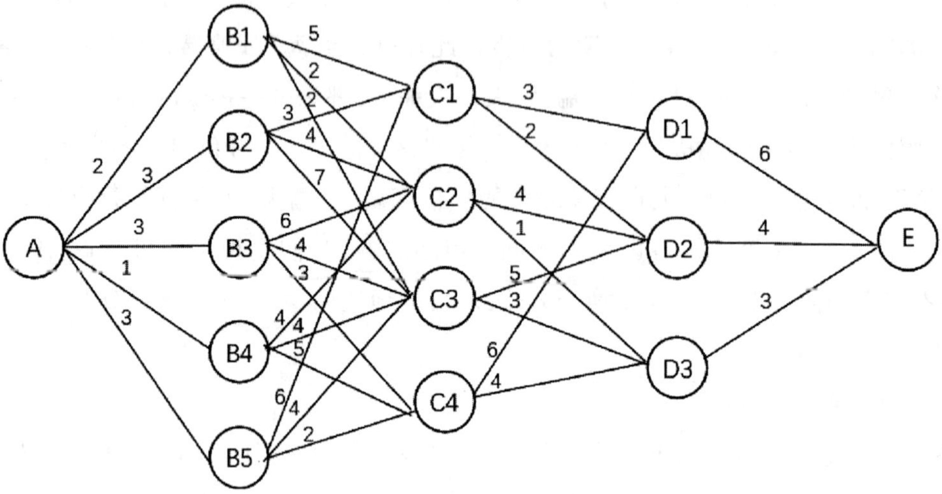

图 1-2 各节点间的距离

参考图 1-2,传传从教室→便利店→校园一卡通管理机→食堂→宿舍的问题可以转化为 $A \to B \to C \to D \to E$ 的最短路线选择问题。如何解决这一问题呢?按照前文所述,当遇到复杂的寻求最优选择的问题时,我们可以将复杂的大问题分解为一个个方便解决的小问题。于是,我们将从教室到宿舍的过程划分为 4 个阶段,分别为:从教室到便利店、从便利店到校园一卡通管理机、从校园一卡通管理机到食堂、从食堂到宿舍,即 $A \to B$、$B \to C$、$C \to D$、$D \to E$。遵循直觉和经验,我们可以将从 A 到 E 每一条可能的路线一一列举出来,通过比较所有枚举出来的路径,选择路程最短的路线,一共有 $5\times3\times2\times1=30$ 种不同的路线。这样的计算十分烦琐,且当划分阶段更多、选择更多时,这样的解法会变得极其复杂。为了简化计算,寻求更好的算法,我们采取逆向思维考虑这一问题。为了便于阐释,我们需要先介绍几个逆向思维中的基本概念和符号。

1.2.1 基本概念

(1)阶段(Stages)

将所给问题的全过程按时间或空间特征,恰当地分解为若干个相互关联的阶段,按照次序逐个解决各个阶段的问题以解决整个复杂问题。描述阶段的变量称为阶段变量,常用字母 k 表示。在图 1-2 中,从 A 到 E 可以分成从 A 到 B(B 有 5 种选择:B_1、B_2、B_3、B_4、B_5),从 B 到 C(C 有 4 种选择:C_1、C_2、C_3、C_4),从 C 到 D(D 有 3 种选择:D_1、D_2、D_3),再从 D 到 E 四个阶段。$k=1,2,3,4$。

(2)状态(States)

每个阶段开始时的客观条件或自然状况叫作状态,又叫不可控因素。在图1-2中,状态就是每个阶段的出发位置,它是上一个阶段某种选择的终点,又是下一个阶段某段路程的起点。在复杂的问题中,一个阶段会出现多个状态。例如,在第一阶段仅有一个状态,就是点A,在第二阶段有5个状态,分别是点B_1、B_2、B_3、B_4、B_5,这5个状态既是第一阶段的终点,又是第二阶段的起点。

描述过程状态的变量称为状态变量,第k阶段的状态变量用s_k表示。在上述案例中,第一阶段有1个状态,则状态变量s_k可取1个值,即A。第k阶段的可达状态集合用S_k表示,点集合$\{A\}$就成为第一阶段的可达状态集合,记为$S_1=\{A\}$;第二阶段有5个状态,则状态变量s_k可取5个值,即B_1、B_2、B_3、B_4、B_5。点集合$\{B_1,B_2,B_3,B_4,B_5\}$就成为第二阶段的可达状态集合,记为$S_2=\{B_1,B_2,B_3,B_4,B_5\}$。后面各阶段的可达状态集合分别是:

$$S_3=\{C_1,C_2,C_3,C_4\}$$

$$S_4=\{D_1,D_2,D_3\}$$

为了便于记录,有时将该阶段的状态编上号码1,2……,即:

$$S_1=\{1\}$$

$$S_2=\{1,2,3,4,5\}$$

$$S_3=\{1,2,3,4\}$$

$$S_4=\{1,2,3\}$$

状态具有无后效性,也叫马尔可夫性。当某个阶段的初始状态已经确定后,这个阶段以前的选择不能影响这个阶段以后的情形,换句话说,当前的状态是历史的结果,历史只能通过当前的状态影响未来。以前文提到的路线选择为例,假设传传选择了$A\to B_1\to C_1$这条路线,现在到达了C_1点,那么C_1点是过去选择的总结,以往的选择通过C_1点这一当前状态影响第三阶段的选择,未来的选择也只与C_1点有关。假如不选择$A\to B_1\to C_1$这条路线,而是通过$A\to B_2\to C_1$或$A\to B_5\to C_1$到达C_1,只要都是到达C_1这一状态,那么C_1之后的选择都与通过B_1、B_2或是B_5无关。在逆向思维中,所有的状态都要具有无后效性,所以在分解问题、寻找状态变量时,要注意选择具有无后效性的、能描述当前特征的变量。在实际生活中,一些变量仅能表示当前特征,但是不具有无后效性。例如,一辆车在路上行驶,我们将该车行驶的路线简化为一条线,这条线上的点不能作为状态变量,虽然它们可以描述当前车的位置,但无法代表车的速度,而速度会影响这辆车未来行驶的状态,所以不具有无后效性。

(3)决策(Alternatives)

在某一阶段,当确定状态后,可以做出不同的选择,从而确定下一阶段的状态,这个做出选择的过程,叫作决策。在图 1-2 中,在第一阶段确定从 A 点出发后,可以选择 $A \to B_1$、$A \to B_2$、$A \to B_3$、$A \to B_4$、$A \to B_5$ 五种路线,从而决定第二阶段的起点,这个选择的过程就是决策的过程。

描述决策的变量是决策变量,常用 $u_k(s_k)$ 表示第 k 阶段状态为 s_k 时的决策变量,它是状态变量的函数。决策变量的取值往往被限制在某一范围,我们将这一范围称为允许决策集合,第 k 阶段从状态 s_k 出发的允许决策集合记为 $D_k(s_k)$,则 $u_k(s_k) \in D_k(s_k)$。在图 1-2 中,若处于第三阶段,状态为 C_1,其允许的决策集合为 $\{D_1, D_2\}$,即 $k=3$,$s_3=C_1$,$D_3(C_1)=\{D_1, D_2\}$,若此时做出的决策为 D_1,则记为 $u_3(C_1)=D_1$。

(4)策略(Policy)

各个阶段的决策组成的序列就是策略,记为 $p_{1,n}$,即 $p_{1,n}=\{u_1(s_1), u_2(s_2), \cdots, u_n(s_n)\}$。由第 k 阶段开始到最后一阶段为止的过程叫作问题的后部子过程,记为 $p_{k,n}$,即 $p_{k,n}=\{u_k(s_k), u_{k+1}(s_{k+1}), \cdots, u_n(s_n)\}$。在图 1-2 中,若传传从 A 到 E 选择的路线为 $A \to B_1 \to C_1 \to D_1 \to E$,共 4 个阶段,则 $p_{1,4}=\{B_1, C_1, D_1, E\}$,若从第二阶段开始算起,$s_2=B_1$,那么第二阶段子过程 $p_{2,4}=\{C_1, D_1, E\}$。

在实际问题中,可供选择的策略有一定的范围,称为允许策略集合,记作 P。其中,能达到最优效果的策略就是最优策略。在图 1-2 中,路线最短的路径组成的决策集合就是最优策略。

1.2.2 基本方程

(1)状态转移方程(Transform the Current State)

在动态规划中,这一阶段的状态由上一阶段的状态和决策决定,如果给定了阶段 k,则 k 阶段的状态为 s_k,决策为 $u_k(s_k)$。那么,第 $k+1$ 阶段的状态 s_{k+1} 可以用式子(1-1)表示:

$$s_{k+1}=T_k(s_k, u_k) \tag{1-1}$$

此时,动态规划问题由 k 阶段发展到了 $k+1$ 阶段,T_k 就是状态转移函数。在具体案例中,如图 1-2 所示,上一阶段的决策为下一阶段的状态,即:

$$s_{k+1}=u_k(s_k)$$

这一方程表示了从 k 到 $k+1$ 的状态转移规律,所以称为状态转移方程。

(2)最优指标函数(Principle of Optimality)

指标函数是用于衡量所选策略优劣的数量指标,在不同问题中,指标函数含义不同,它可能是成本、利润、距离、数量等。指标函数包含阶段指标函数和过程指标函数两种。其中，阶段指标函数表示从状态 s_k 出发，采取决策 u_k 时的效益，记为 $d_k(s_k, u_k)$。在图 1-2 中，假设第一阶段 $u_1(s_1)=B1$，则第二阶段 $s_2=B_1$，此时，阶段指标函数为：

$$d_2(B_1, C_1)=5$$

$$d_2(B_1, C_2)=2$$

$$d_2(B_1, C_3)=2$$

当把一个问题分解为 n 个阶段时，从第 1 个决策到第 n 个决策的过程叫作问题的原过程。当初始状态为 s_1，采用策略为 $p_{1,n}$ 时，问题的原过程指标函数记作 $V_{1,n}(s_1, p_{1,n})$。对于原过程中的任一阶段 $k(1\leqslant k\leqslant n)$，从第 k 阶段到第 n 阶段的过程称为原过程的一个后部子过程，当初始阶段状态为 s_k，采用策略为 $p_{k,n}$ 时，后部子过程的指标函数值记作 $V_{k,n}(s_k, p_{k,n})$。

若从状态 s_k 出发，采取从第 k 阶段开始至终点的最优策略 $p_{k,n}^*$，k 的后部子过程达到最佳效益值，此时的指标函数为最优指标函数，记为 $f_k(s_k)$。将 optimum 简写为 opt 以表示最优化，此时，$f_k(s_k)$ 与 $V_{k,n}(s_k, p_{k,n})$ 的关系为：

$$f_k(s_k)=V_{k,n}(s_k, p_{k,n}^*)=\underset{p_{k,n}\in P_{k,n}}{opt} V_{k,n}(s_k, p_{k,n}) \quad (1\text{-}2)$$

最优指标函数，就是初始阶段状态为 s_k 时，采取最优策略的 k 的后部子过程的指标函数；就是初始阶段状态为 s_k 时，采取全部指标函数中，策略最优的一组。当 $k=1$ 时，$V_{1,n}(s_1, p_{1,n}^*)$ 为原过程的最优解，$f_1(s_1)$ 即全过程的整体最优函数。

构成动态规划模型的指标函数具有可分离性。具体来说，在实际生活中，指标函数可能为成本、利润、距离、数量等，根据实际情况，可以进行求和、求积的运算。常见的指标函数的形式有：

A. k 的后部子过程的指标函数值等于它所包含的各阶段的指标的和：

$$V_{k,n}(s_k, p_{k,n})=\sum_{j=k}^{n} v_k(s_k, u_k) \quad (1\text{-}3)$$

即：

$$V_{k,n}(s_k, p_{k,n})=v_k(s_k, u_k)+V_{k+1,n}(s_{k+1}, p_{k+1,n})$$

B. k 的后部子过程的指标函数值等于它所包含的各阶段的指标的积：

$$V_{k,n}(s_k, p_{k,n})=\prod_{j=k}^{n} v_k(s_k, u_k) \quad (1\text{-}4)$$

即：

$$V_{k,n}(s_k, p_{k,n})=v_k(s_k, u_k)\times V_{k+1,n}(s_{k+1}, p_{k+1,n})$$

1.2.3 方程的建立与求解

(1)建立动态规划模型

根据前文定义,明确阶段、状态变量、决策变量及允许决策集合、状态转移方程、指标函数和最优指标函数,最后根据案例背景写出递推关系。

A. 划分阶段 k

按照时间或空间的先后顺序,将全过程分解为若干个相互联系的阶段。在实际问题中,若不涉及时间或空间概念,则人为地赋予其时间或空间概念,以便于阶段的划分。

在前文的路线选择问题中,传传计划从教室出发,依次经过便利店、校园一卡通管理机、食堂,最后到达宿舍。根据空间的先后顺序,我们将这一过程划分为从教室到便利店、从便利店到校园一卡通管理机、从校园一卡通管理机到食堂、从食堂到宿舍这 4 个阶段,各个阶段相互联系,符合阶段划分要求。即:

$$k=1,2,3,4$$

B. 选择状态变量 s_k

状态变量既要能描述过程状态,又要满足无后效性。即确定 s_k 后,从其出发的 k 的后部子过程与 s_k 前的决策相对独立。在前文的路线选择问题中,图 1-2 中的每个节点都可以表示本阶段的初始状态,当节点确定时,节点前的选择都不对节点后的选择产生影响,满足无后效性,所以 s_k 为各个阶段开始的节点。

C. 确定决策变量 x_k 及允许决策集合

决策变量 x_k 要能表现状态 s_k 下所做的决定,一般都有一定的取值范围。在前文路线选择问题中,x_k 为状态 s_k 下传传所选择的路径,此时的允许决策集合为状态 s_k 可以直达的下一个地点。

D. 确定状态转移方程

状态转移方程能体现从 k 阶段到 $k+1$ 阶段的状态变化过程,即用 s_k 表示 s_{k+1}。在前文路线选择问题中,第 k 阶段所选择的地点,就是第 $k+1$ 阶段的初始地点,设传传第 k 阶段所做的决策为 $x_k(s_k)$,此时的状态转移方程为:

$$s_{k+1}=x_k(s_k)$$

E. 确定阶段指标 v_k

阶段指标函数表示从状态 s_k 出发,采取决策 u_k 时的效益。在前文路线选择问题中,阶段指标为从本阶段初始位置到决策位置的路径长度。

F. 确定最优指标函数 $f_k(s_k)$

最优指标函数是决策集中的最优解,在前文路线选择问题中,最优指标函数就是从

第 k 阶段到终点的最短路线长度。

G. 列出含边界条件的递推关系式

递推关系式是根据具体案例背景列出的符合要求的式子，在前文路线选择问题中，要求做出从教室到宿舍的最短决策，即图 1-2 中 A 到 E 的最短路线。如前文所述，本案例分解为 4 个阶段，且距离具有可加性，可列出函数关系式：

$$\begin{cases} f_k(s_k)=\min\limits_{x_k}\{v_k(s_k,x_k)+f_{k+1}(s_{k+1})\},k=0,1,2,3 \\ f_5(s_5)=0 \end{cases}$$

（2）利用逆向思维求解

状态具有无后效性，当确定 s_k 后，s_k 后的决策不受 s_k 前的决策影响。在前文路线选择问题中，假设 $A\to B_1\to C_2\to D_3\to E$ 是由 A 到 E 的最短路线，由反证法可知，如果从 C_2 到 E 还有比 $C_2\to D_3\to E$ 更短的路线选择，那么从 A 到 C_2 后，选择更短的路线，总距离要比 $A\to B_1\to C_2\to D_3\to E$ 更短，与假设矛盾，所以 $C_2\to D_3\to E$ 一定是由 C_2 出发到 E 点的允许决策集合中的最短路线。

根据这一性质，我们可以从后向前逆序推导过程，先求出第 4 阶段最短路线，即：

当 $k=4$ 时，$f_4(D_1)=6,u_4(D_1)=E$

$f_4(D_2)=4,u_4(D_2)=E$

$f_4(D_3)=3,u_4(D_3)=E$

即在第 4 阶段，D_1、D_2、D_3 都只能做出到 E 的决策，他们的距离分别是 6、4 和 3。

当 $k=3$ 时，根据 $k=4$ 时所得，$f_4(D_1)=6$，$f_4(D_2)=4$，$f_4(D_3)=3$

$f_3(C_1)=\min\{3+f_4(D_1),2+f_4(D_2)\}=\min\{3+6,2+4\}=6,u_4(C_1)=D_2$

即当确定状态 $s_3=C_1$ 时，$x_3(C_1)=D_2$ 为最佳决策，此时路程为 6。

$f_3(C_2)=\min\{4+f_4(D_2),1+f_4(D_3)\}=\min\{4+4,1+3\}=4,u_3(C_2)=D_3$

即当确定状态 $s_3=C_2$ 时，$x_3(C_2)=D_3$ 为最佳决策，此时路程为 4。

$f_3(C_3)=\min\{5+f_4(D_2),3+f_4(D_3)\}=\min\{5+4,3+3\}=6,u_3(C_3)=D_3$

即当确定状态 $s_3=C_3$ 时，$x_3(C_3)=D_3$ 为最佳决策，此时路程为 6。

$f_3(C_4)=\min\{6+f_4(D_1),4+f_4(D_3)\}=\min\{6+6,4+3\}=7,u_3(C_4)=D_3$

即当确定状态 $s_3=C_4$ 时，$u_3(C_2)=D_3$ 为最佳决策，此时路程为 7。

当 $k=2$ 时，根据 $k=3$ 时所得，$f_3(C_1)=6$，$f_3(C_2)=4$，$f_3(C_3)=6$，$f_3(C_4)=7$

$f_2(B_1)=\min\{5+f_3(C_1),2+f_3(C_2),2+f_3(C_3)\}=\min\{5+6,2+4,2+6\}=6,u_2(B_1)=C_2$

即当确定状态 $s_2=B_1$ 时，$u_2(B_1)=C_2$ 为最佳决策，此时路程为 6。

$f_2(B_2)=\min\{3+f_3(C_1),4+f_3(C_2),7+f_3(C_3)\}=\min\{3+6,4+4,7+6\}=8,u_2(B_2)=C_2$

即当确定状态 $s_2=B_2$ 时，$u_2(B_2)=C_2$ 为最佳决策，此时路程为 8。

$f_2(B_3)=\min\{6+f_3(C_2),4+f_3(C_3),3+f_3(C_4)\}=\min\{6+4,4+6,3+7\}=10,u_2(B_3)=C_1\backslash C_2\backslash C_3$

即当确定状态 $s_2=B_3$ 时，$u_2(B_3)=x_2(B_3)=C_1\backslash C_2\backslash C_3$ 都为最佳决策，此时路程为 10。

$f_2(B_4)=\min\{4+f_3(C_2),4+f_3(C_3),5+f_3(C_4)\}=\min\{4+4,4+6,5+7\}=8,u_2(B_4)=C_2$

即当确定状态 $s_2=B_4$ 时，$u_2(B_4)=C_2$ 为最佳决策，此时路程为 8。

$f_2(B_5)=\min\{6+f_3(C_1),4+f_3(C_3),2+f_3(C_4)\}=\min\{6+6,4+6,2+7\}=9,u_2(B_5)=C_2$

即当确定状态 $s_2=B_5$ 时，$u_2(B_5)=C_4$ 为最佳决策，此时路程为 9。

当 $k=1$ 时，根据 $k=2$ 时所得，$f_2(B_1)=6$，$f_2(B_2)=8$，$f_2(B_3)=10$，$f_2(B_4)=8$，$f_2(B_5)=9$

$f_1(A)=\min\{2+f_2(B_1),3+f_2(B_2),3+f_2(B_3),1+f_2(B_4),3+f_2(B_1)\}=\min\{2+6,3+8,3+10,1+8,3+9\}=8,u_1(A)=B_1$

即当确定状态 $s_1=A$ 时，$u_1(A)=B_1$ 为最佳决策，此时路程为 8。

综上所述：

当 $k=1$ 时，最佳决策为 $u_1(A)=B_1$

当 $k=2$ 时，最佳决策为 $u_1(B_1)=C_2$

当 $k=3$ 时，最佳决策为 $u_1(C_2)=D_3$

当 $k=4$ 时，最佳决策为 $u_1(D_3)=E$

此时，有 A 到 E 的最短路程为：$f_1(A)=8$

最优策略为：$p_{1,4}=\{B_1,C_2,D_3,E\}$

最短路线为：$A\to B_1\to C_2\to D_3\to E$

1.3 逆向思维的科学理论基础

1.3.1 最优性原理

20 世纪 50 年代初，美国数学家贝尔曼（R. Bellman）等人基于对多阶段决策问题的研究，提出了最优性原理作为动态规划的理论基础。最优性原理原表述为：“作为整个过程的最优策略具有这样的性质：无论过去的状态和决策如何，对于前面决策所形成的状态而言，以后的所有决策必定构成最优策略。”也就是说，最优策略的任意一个子策略都是最优的。在实际运用时，将决策问题划分为若干个阶段，整个过程的优化问题就被分解为多个子过程的优化问题，由后向前逐步倒推，每个子过程的最优化也就逐渐成为全过程最优化。

但是，将这一简单原理作为动态规划方法的理论基础去处理决策过程的最优化问题是很难理解的,使读者不能正确地理解动态规划的本质。随着人们研究的不断深入,“最优性原理是动态规划的理论基础”受到质疑,最优性原理不等价于动态规划基本方程,且两者不存在确定的包含关系。可见,最优性定理的应用在动态规划的理论和方法中起着非常重要的作用。

1.3.2 最优性定理

最优性定理:设阶段数为 n 的多阶段决策过程的阶段编号为 $k=1,2,\cdots,n$,给定初始状态 s_1,允许策略 $p_{1,n}^*=(u_1^*,u_2^*,\cdots,u_n^*)$ 为最优决策的充要条件是:对于任意的 $k(1<k<n)$ 和 $s_1\in S_1$ 有

$$V_{1,n}(s_1,p_{1,n}^*)=\underset{p_{1,k-1}\in p_{1,k-1}(s_1)}{opt}\{V_{1,k-1}(s_1,p_{1,k-1})+\underset{p_{k,n}\in p_{k,n}(s_{\tilde{k}})}{opt}V_{k,n}(s_{\tilde{k}},p_{k,n})\}\tag{1-5}$$

式中 $p_{1,n}^*=(p_{1,k-1},p_{k,n})$,$s_{\tilde{k}}=T_{k-1}(s_{k-1},u_{k-1})$ 为 s_1 和子策略 $p_{1,k}$ 确定的第 k 阶段状态。

证明 必要性:设 $p_{1,n}^*$ 是最优策略,则

$$\begin{aligned}V_{1,n}(s_1,p_{1,n}^*)&=\underset{p_{1,n}\in p_{1,n}(s_1)}{opt}\{V_{1,n}(s_1,p_{1,n})\}\\&=\underset{p_{1,n}\in p_{1,n}(s_1)}{opt}\{V_{1,k-1}(s_1,p_{1,k-1})+V_{k,n}(s_{\tilde{k}},p_{k,n})\}\end{aligned}$$

但对于从 k 到 n 阶段的子过程而言,它的总指标取决于过程的起始点 $s_{\tilde{k}}=T_{k-1}(s_{k-1},u_{k-1})$ 和子策略 $p_{k,n}$,而这个起始点 $s_{\tilde{k}}$ 是由前一段子过程在子策略 $p_{1,n}$ 下确定的。因此,在策略集合 $p_{1,n}$ 上求最优解,就等价于先在子策略集合 $p_{k,n}(s_{\tilde{k}})$ 上求最优解,然后再求这些子最优解在子策略集合 $p_{1,k-1}(s_1)$ 上的最优解。故上式可写为:

$$V_{1,n}(s_1,p_{1,n}^*)=\underset{p_{1,k-1}\in p_{1,k-1}(s_1)}{opt}\{\underset{p_{k,n}\in p_{k,n}(s_{\tilde{k}})}{opt}[V_{1,k-1}(s_1,p_{1,k-1})+V_{k,n}(s_{\tilde{k}},p_{k,n})\}$$

可以发现括号内第一项式子与子策略 $p_{k,n}$ 无关,故可将式子写为:

$$V_{1,n}(s_1,p_{1,n}^*)=\underset{p_{1,k-1}\in p_{1,k-1}(s_1)}{opt}\{V_{1,k-1}(s_1,p_{1,k-1})+\underset{p_{k,n}\in p_{k,n}(s_1)}{opt}V_{k,n}(s_{\tilde{k}},p_{k,n})\}$$

充分性:设 $p_{1,n}=(p_{1,k-1},p_{k,n})$ 为任一策略,$s_{\tilde{k}}$ 为由 $(s_1,p_{1,k-1})$ 所确定的 k 阶段的起始状态,则

$$V_{k,n}(s_{\tilde{k}},p_{k,n})\prec\underset{p_{k,n}\in p_{k,n}(s_{\tilde{k}})}{opt}\{V_{k,n}(s_{\tilde{k}},p_{k,n})\}$$

其中,符号“$\prec$”的含义是:当 opt 表示 max 时就表示“$\leqslant$”,当 opt 表示 min 时就表示“$\geqslant$”。因此,式(1-5)为:

$$\begin{aligned}V_{1,n}(s_1,p_{1,n})&=V_{1,k-1}(s_1,p_{1,k-1})+V_{k,n}(s_{\tilde{k}},p_{k,n})\\&\prec V_{1,k-1}(s_1,p_{1,k-1})+\underset{p_{k,n}\in p_{k,n}(s_{\tilde{k}})}{opt}\{V_{k,n}(s_{\tilde{k}},p_{k,n})\}\\&\prec\underset{p_{1,k-1}\in p_{1,k-1}(s_1)}{opt}\{V_{1,k-1}(s_1,p_{1,k-1})+\underset{p_{k,n}\in p_{k,n}(s_{\tilde{k}})}{opt}\{V_{k,n}(s_{\tilde{k}},p_{k,n})\}\\&=V_{1,n}(s_1,p_{1,n}^*)\end{aligned}$$

故只要 $p_{1,n}^*$ 使式(1-5)成立,则对任一策略 $p_{1,n}$,都有

$$V_{1,n}(s_1,p_{1,n}) \prec V_{1,n}(s_1,p_{1,n}^*)$$

因此,$p_{1,n}^*$ 是最优策略。证毕。

最优性定理推论:若允许策略 $p_{1,n}^*$ 是最优策略,则对任意的 $k(1<k<n)$,它的子策略 $p_{k,n}^*$ 对于以 $s_k^*=T_{k-1}(s_{k-1}^*,u_{k-1}^*)$ 为起点的 k 到 n 的子过程来说,必是最优策略(k 阶段状态 s_k^* 是由 s_0 和 $p_{1,k-1}^*$ 所确定的)。可以发现,此推论便是前面提到的"最优性原理",它仅仅是决策最优性的必要条件。

证明 反证法

若 $p_{1,n}^*$ 不是最优策略,则有

$$V_{k,n}(s_k^*,p_{k,n}^*) \prec \underset{p_{k,n}\in p_{k,n}((s_k^*)}{opt}\{V_{k,n}(s_k^*,p_{k,n})\}$$

此处符号"$\prec$"的含义是:当 opt 表示 max 时就表示"<",当 opt 表示 min 时就表示">"。故

$$\begin{aligned}V_{1,n}(s_1,p_{1,n}^*)&=V_{1,k-1}(s_1,p_{1,k-1}^*)+V_{k,n}(s_k^*,p_{k,n}^*)\\&\prec V_{1,k-1}(s_1,p_{0,k-1}^*)+\underset{p_{k,n}\in p_{k,n}(s_k^*)}{opt}\{V_{k,n}(s_k^*,p_{k,n})\}\\&\prec \underset{p_{1,k-1}\in p_{1,k-1}(s_1)}{opt}\{V_{1,k-1}(s_1,p_{1,k-1})+\underset{p_{k,n}\in p_{k,n}(s_{\tilde{k}})}{opt}\{V_{k,n}(s_{\tilde{k}},p_{k,n})\}\end{aligned}$$

这与上述定理证明的必要性相矛盾,假设不成立。证毕。

最优性定理表明,如果一个决策问题有最优策略,则该问题的最优值函数一定可以用动态规划的基本方程来表示,反之亦然。

1.3.3 最优性原理与最优性定理的关系

最优性定理反映了动态规划基本方程,它是策略最优性的充要条件,而最优性原理仅仅是策略最优性的必要条件,它是最优性定理的推论。求解最优策略时,更需要的是其充分条件,因此,动态规划的基本方程或者说最优性定理才是动态规划的理论基础。

1.4 应用一:有限备选项动态规划

1.4.1 背包问题

一位旅行者带一个背包上山,已知他能承受的物品重量最多为 a 公斤。现有 n 种物品可供他选择装入背包中,第 i 种物品的单件重量为 w_i 公斤,物品在上山过程中的价值是携带数量 x_i 的函数 $c_i(x_i)(i=1,2,\cdots,n)$,问旅行者应如何选择携带物品的件数,以使总价值最大?

设 x_i 为第 i 种物品装入的件数,则该问题的数学模型为:

$$\max z=\sum_{i=1}^{n} c_i(x_i)$$

$$s.t.\begin{cases}\sum_{i=1}^{n} w_i x_i \leqslant a \\ x_i \geqslant 0 \text{ 且为整数}(i=1,2,\cdots,n)\end{cases}$$

用动态规划方法求解,首先定义如下变量:

阶段:$k=1,2,\cdots,n$,表示可装入物品 $1,2,\cdots,n$ 种

状态变量:s_k 表示第 k 种物品到第 n 种物品的重量

决策变量:x_k 表示装入第 k 种物品的件数

状态转移方程:设 $s_{k+1}=s_k-w_k x_k$

允许决策集合:$D_k(s_k)=\left\{x_k \mid 0\leqslant x_k\leqslant \frac{s_k}{w_k}, s_k \text{ 为整数}\right\}$

指标函数:$P_k(x_k)$ 表示第 k 阶段装入第 k 种物品的价值

最优指标函数:$f_k(s_k)$ 表示第 k 阶段到最后一阶段背包中装入物品的最大价值

递推关系:

$$\begin{cases} f_k(s_k)=\max\limits_{x_k}\{P_k(x_k)+f_{k+1}(s_{k+1})\}, x_k=0,1,2,\cdots,\left[\frac{s_k}{w_k}\right] \\ f_n(s_n)=0 \end{cases}$$

这就是著名的背包问题,又称装载问题。类似的问题有车间的下料问题,车、船、人造卫星等工具的最优装载等,有着广泛的实用意义。

【例 1-1】 某地根据疫情防控指挥部的工作部署,确保与其他省市的物资运输畅通,要求卡车运输价值最大化(这里的价值最大化是指最大化的补给其他省市物资),假设某卡车最大货运量为 10 吨,用于装载三种货物,每种货物的单位重量及相应单位价值如表 1-1 所示:

表 1-1　每种货物的重量及相应的单位价值

货物编号(i)	1	2	3
单位重量(t_i)	3	4	5
单位价值(c_i)	4	5	6

如何装载可使总价值最大?

解:

设第 i 种货物的装载件数为 $x_i(i=1,2,3)$,则可建立数学模型

$$\max z=4x_1+5x_2+6x_3$$

$$s.t. \begin{cases} 3x_1+4x_2+5x_3 \leqslant 10 \\ x_i \geqslant 0 \text{ 且为整数}(i=1,2,3) \end{cases}$$

用动态规划求解此问题时，此问题转变为求解 $f_3(10)$，又由于决策变量是离散值，因此用列表法求解。

阶段：第 k 次装载第 k 种货物（$k=1,2,3$）

状态变量：s_k 表示第 k 阶段到第 3 阶段卡车上装入的货物重量

决策变量：x_k 表示第 k 次装载第 k 种货物的件数

状态转移方程：设 $s_{k+1}=s_k-w_k x_k$

允许决策集合：$D_k(s_k)=\left\{x_k \mid 0 \leqslant x_k \leqslant \dfrac{s_k}{w_k}, s_k \text{ 为整数}\right\}$

指标函数：$P_k(x_k)$ 表示第 k 次装载第 k 种货物的价值

最优指标函数：$f_k(s_k)$ 为第 k 阶段到最后一阶段装入背包中物品的最大价值

递推关系：$f_k(s_k)=\max\limits_{x_k}\{P_k(x_k)+f_{k+1}(s_{k+1})\}, x_k=0,1,2,\cdots,\left[\dfrac{s_k}{w_k}\right]$

下面从最后一阶段开始向前递推计算：

当 $k=3$ 时，$s_3=\{0,1,2,\cdots,10\}$，$D_3(s_3)=\left\{0,1,2,\cdots,\left[\dfrac{s_3}{5}\right]\right\}$

$$f_3(s_3)=\max_{x_3}\{6x_3\}$$

其数值计算如表 1-2 所示：

表 1-2　当 $k=3$ 时，卡车装载货物的重量与可取到的最大价值

s_3 \ x_3	$6x_3$			$f_3(s_3)$	x_3^*
	0	1	2		
0	0			0	0
1	0			0	0
2	0			0	0
3	0			0	0
4	0			0	0
5	0	6		6	1
6	0	6		6	1
7	0	6		6	1
8	0	6		6	1
9	0	6		6	1
10	0	6	12	12	2

当 $k=2$ 时，$s_2=\{0,1,2,\cdots,10\}$，$D_2(S_2)=\left\{0,1,2,\cdots,\left[\frac{s_2}{4}\right]\right\}$

$$f_2(S_2)=5x_2+f_3(s_2-4x_2)$$

其数值计算如表 1-3 所示：

表 1-3　当 $k=2$ 时，卡车装载货物的重量与可取到的最大价值

x_2 / s_2	$5x_2+f_3(s_2-4x_2)$			$f_2(S_2)$	x_2^*
	0	1	2		
0	0			0	0
1	0			0	0
2	0			0	0
3	0			0	0
4	0	5		5	1
5	6	5		6	0
6	6	5		6	0
7	6	5		6	0
8	6	5		6	0
9	6	11		11	1
10	12	11	10	12	0

当 $k=1$ 时，$s_1=\{0,1,2,\cdots,10\}$，$D_1(s_1)=\left\{0,1,2,\cdots,\left[\frac{s_1}{3}\right]\right\}$

$$f_1(s_1)=4x_1+f_2(s_1-3x_1)$$

其数值计算如表 1-4 所示：

表 1-4　当 $k=1$ 时，卡车装载货物的重量与可取到的最大价值

x_1 / s_1	$4x_1+f_2(s_1-3x_1)$				$f_1(s_1)$	x_1^*
	0	1	2	3		
0	0				0	0
1	0				0	0
2	0				0	0
3	0	4			4	0
4	5	4			5	1
5	6	4			6	0
6	6	4	8		8	0
7	6	4	8		8	2
8	6	10	8		10	2

续表

s_1 \ x_1	$4x_1+f_2(s_1-3x_1)$				$f_1(s_1)$	x_1^*
	0	1	2	3		
9	11	10	8	12	12	3
10	12	10	13	12	13	2

综上,物资运输获得的最大价值为13,此时 $x_1^*=2,x_2^*=1,x_3^*=0$。

1.4.2 最优路径问题(货郎担问题)

有一个走村串户的卖货郎,他从某个村庄出发,通过若干个村庄,选择要走的路径限制是每个村庄只能拜访一次,最后要回到原来出发的村庄,问:卖货郎应如何选择路径,使得所选择的路径路程为所有路径之中的最小值?

设有 n 个村庄,以 $1,2,\cdots,n$ 表示。d_{ij} 表示从 i 村庄到 j 村庄的距离。一个卖货郎从村庄 1 出发到其他村庄去售卖,每个村庄去一次,该卖货郎应如何选择路径,使其总路程最短?

用动态规划方法求解,首先定义如下变量:

阶段:$k=1,2,\cdots,n-1$,表示从村庄 1 出发到村庄 n 间相互联系的阶段

状态变量:s_k 表示各个阶段开始的位置

决策变量:x_k 表示第 k 阶段初选择的路径

状态转移方程:设 $s_{k+1}=x_k(s_k)$

阶段指标:v_k 表示第 k 阶段 s 状态下选择的路径长度

最优指标函数:$f_k(s_k)$ 表示第 k 阶段到最后一阶段的最短路径长

递推关系:

$$\begin{cases} f_k(s_k)=min\{v_k(s_k,x_k)+f_{k+1}(s_{k+1})\},k=1,2,\cdots,n-1 \\ f_n(s_n)=0 \end{cases}$$

类似的问题有旅行路线问题,管梅谷教授于1960年提出的"中国邮路问题",如何铺设城市地下排水管道使管子耗材最少,等等。

【例1-2】 某影视公司计划拍摄一部电影,因剧情需要,电影计划从S影视城转移到E影视城进行拍摄,并在途中对沙漠、瀑布和海滩进行取景,如图1-3所示。其中,A_1、A_2 符合沙漠景色拍摄需求,B_1、B_2、B_3 符合瀑布景色拍摄需求,C_1、C_2 符合海滩拍摄需求。各地可达路线及搬运设备和转移人力的成本如图1-3所示,连线表示可达路线,连线上的数字表示搬运设备和转移人力的成本。如何以最低的成本完成拍摄需求?

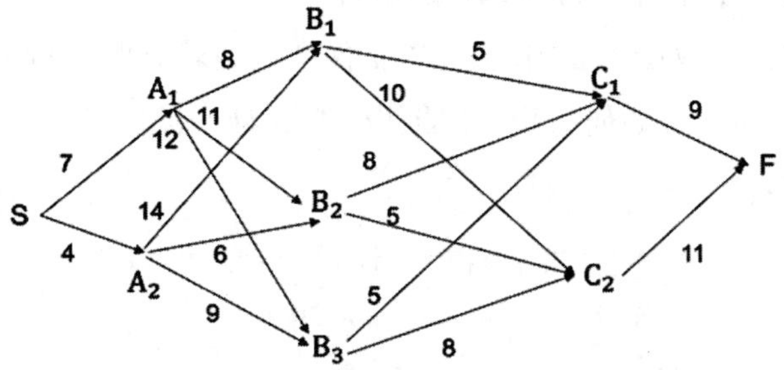

图 1-3　S 影视城到 E 影视城之间取景的拍摄路线图

解：

阶段：$k=1,2,3,4$

状态变量：s_k 表示各个状态开始的位置

决策变量：x_k 表示第 k 阶段初选择的路径

状态转移方程：设 $s_{k+1}=x_k(s_k)$

阶段指标：$v_k(s_k,x_k)$ 表示第 k 阶段 s 状态下选择的路径长度

最优指标函数：$f_k(s_k)$ 表示第 k 阶段到最后一阶段的最短路径长

递推关系：

$$\begin{cases} f_k(s_k)=min\{v_k(s_k,x_k)+f_{k+1}(s_{k+1})\},k=1,2,3,4 \\ f_5(s_5)=0 \end{cases}$$

下面从最后一阶段开始向前递推计算：

当 $k=4$ 时，$f_4(C_1)=9, x_4(C)=F$，$f_4(C_2)=11, x_4(C_1)=F$

当 $k=3$ 时，$f_3(B_1)=min\{5+f_4(C_1);10+f_4(C_2)\}=14, x_3(B_1)=C_1$

$f_3(B_2)=min\{8+f_4(C_1);5+f_4(C_2)\}=16, x_3(B_2)=C_2$

$f_3(B_3)=min\{5+f_4(C_1);8+f_4(C_2)\}=14, x_3(B_3)=C_1$

当 $k=2$ 时，$f_2(A_1)=min\{8+f_3(B_1);11+f_3(B_2);12+f_3(B_3)\}=22$

$=min\{8+14;11+16;12+14\}=22, x_2(A_1)=B_1$

$f_2(A_2)=min\{14+f_3(B_1);6+f_3(B_2);9+f_3(B_3)\}$

$=min\{14+14;6+16;9+14\}=22, x_2(A_2)=B_2$

当 $k=1$ 时，$f_1(S)=min\{7+f_2(A_1);4+f_2(A_2)\}=26, x_1(S)=A_2$

综上，S 点到 F 点的最短路径为 $S\to A_2\to B_2\to C_2\to F$，最短路长为 26。即按此路径取景，可以用最低的成本完成拍摄需求。

1.4.3　资源分配问题

所谓分配问题，就是将数量一定的一种或若干种资源（资金、原材料、设备、劳动力等）恰当地分配给若干使用者，以获取最大效益。

设有某种原材料，总数量为 a，用于生产 n 种产品。若分配数量 x_i 用于生产第 i 种产品，其收益为 $g_i(x_i)$。问：应如何分配，才能使生产 n 种产品的总收入最多？

可建立数学模型：

$$\max z=g_1(x_1)+g_2(x_2)+\cdots+g_n(x_n)$$

$$s.t.\begin{cases}x_1+x_2+\cdots+x_n=a\\ x_i\geqslant 0 \text{ 且为整数}(i=1,2,\cdots,n)\end{cases}$$

用动态规划方法求解，首先定义如下变量：

阶段：$k=1,2,\cdots,n$，表示将资源分配给使用者的过程

状态变量：s_k 表示分配给第 k 个使用者到第 n 个使用者的资源数量

决策变量：x_k 表示分配给第 k 个使用者的资源数量

状态转移方程：设 $s_{k+1}=s_k-x_k$

允许决策集合：$D_k(s_k)=\{x_k|0\leqslant x_k\leqslant s_k\}$

指标函数：$P_k(s_k,x_k)$ 表示第 k 阶段分配给第 n 个使用者的资源数量为 x_k 所获得的收益

最优指标函数：$f_k(s_k)$ 表示资源量 x_k 分配给第 k 个使用者到第 n 个使用者所获得的最大收益

递推关系：

$$\begin{cases}f_k(s_k)=\max\limits_{0\leqslant x_k\leqslant s_k}\{P_k(s_k,x_k)+f_{k+1}(s_{k+1})\},k=1,2,\cdots,n\\ f_{n+1}(s_{n+1})=0\end{cases}.$$

【例 1-3】 某公司打算开发一系列新游戏，按照游戏制作规模，游戏可以分为三种：A 类成本 100 万元，预计卖出 200 万元；B 类成本 60 万元，预计卖出 110 万元；C 类成本 30 万，预计卖出 70 万。公司目前共计划投入 350 万元，每个规模的游戏不超过 3 款，问：如何分配资金，才能使利润最高？

解：

设 A、B、C 三类游戏制作规模的开发数量为 $x_i(i=1,2,3)$，则可建立数学模型：

$$\max z=100x_1+50x_2+40x_3$$

$$s.t.\begin{cases}100x_1+60x_2+30x_3\leqslant 350\\ 0\leqslant x_i\leqslant 3 \text{ 且为整数}(i=1,2,3)\end{cases}$$

利用动态规划逆向思维求解：

阶段：$k=1,2,3$，分别表示 A、B、C 三类游戏制作规模

状态变量：s_k 表示公司在进行第 k 类游戏制作时资金的数量

决策变量：x_k 表示第 k 类游戏制作规模的游戏开发数量

状态转移方程：设 $s_3=s_2-60x_1$，$s_2=s_1-100x_2$，$s_1=350$

允许决策集合：$D_k(s_k)=\{x_k|0\leqslant x_k\leqslant 3\}$

指标函数：$P_k(x_k)$表示第 k 类游戏制作规模的利润

最优指标函数：$f_k(s_k)$表示第 k 类游戏制作规模到第 3 类游戏制作规模的最高收入

递推关系：

$$\begin{cases} f_k(s_k)=\max\limits_{x_k}\{P_k(x_k)+f_{k+1}(s_{k+1})\}, k=0,1,2,3 \\ f_4(s_4)=0 \end{cases}$$

下面从最后一阶段开始向前递推计算：

第三阶段：设将 s_3 资金数量全部分配给 C 类游戏制作规模，则最大利润为：

$$f_3(s_3)=\max\limits_{x_3}\{P_3(x_3)+f_4(s_4)\}=\max\limits_{x_3}\{P_3(x_3)\}=40x_3$$

其数值计算如表 1-5 所示：

表 1-5　当 $k=3$ 时，分配给 C 类游戏制作规模的资金数量与可获取的最大利润

s_3 \ x_3	$40x_3$				$f_3(s_3)$	x_3^*
	0	1	2	3		
0—20	0				0	0
30—50	0	40			40	1
60—80	0	40	80		80	2
90—350	0	40	80	120	120	3

表中 x_3^* 表示使 $f_3(s_3)$ 为最大值的最优决策。

第二阶段：设将 s_2 资金数量全部分配给 B、C 两类游戏制作规模时，对每个 s_2 值有一种最优分配方案，使最大利润为：

$$f_2(S_2)=\max\limits_{x_2}\{P_2(x_2)+f_3(s_3)\}=\max\limits_{x_2}\{50x_2+f_3(s_3)\}$$

给 B 类游戏制作规模 x_2 的资金数量，其利润为 $P_2(x_2)$，余下的 s_3 资金数量给 C 类游戏制作规模。现在选择 x_2 的值，使 $P_2(x_2)+f_3(s_3)$ 取最大值。其数值计算如表 1-6 所示：

表 1-6　当 $k=2$ 时，分配给 B、C 类游戏制作规模的资金数量与可获取的最大利润

s_2 \ x_2	$50x_2+f_3(s_3)$				$f_2(S_2)$	x_2^*
	0	1	2	3		
0—20	0				0	0
30—50	0+40				40	0
60—80	0+80	50			80	0

续表

s_2 \ x_2	$50x_2+f_3(s_3)$				$f_2(S_2)$	x_2^*
	0	1	2	3		
90—110	0+120	50+40			120	0
120—140	0+120	50+80	100		130	1
150—170	0+120	50+120	100+40		170	1
180—200	0+120	50+120	100+80	150	180	2
210—230	0+120	50+120	100+120	150+40	220	2
240—260	0+120	50+120	100+120	150+80	230	3
270—350	0+120	50+120	100+120	150+120	270	3

第一阶段:设将 s_1 资金数量全部分配给 A、B、C 三类游戏制作规模时,最大利润值为:

$$f_1(s_1)=\max_{x_1}\{P_1(x_1)+f_2(S_2)\}=\max_{x_1}\{100x_1+f_2(S_2)\}$$

给 A 类游戏制作规模 x_1 的资金数量,其利润为 $P_1(x_1)$,余下的资金数量给 B、C 类游戏制作规模。现在选择 x_1 的值,使 $P_1(x_1)+f_2(S_2)$ 取最大值。其数值计算如表 1-7 所示:

表 1-7　当 $k=1$ 时,分配给 A、B、C 类游戏制作规模的资金数量与可获取的最大利润

s_1 \ x_1	$100x_1+f_2(S_2)$				$f_1(s_1)$	x_1^*
	0	1	2	3		
50	0+270	100+230	200+170	300+40	370	2

综上,当 $x_1^*=2,x_2^*=1,x_3^*=3$ 时,即 A 类游戏开发 2 款,B 类游戏开发 1 款,C 类游戏开发 3 款时,公司收入最多,最大利润为 370 万元。

1.4.4　复合系统可靠性问题

可靠性问题通常是指诸如开关网络、电子系统、数字计算机等多元件的可靠性,它起源于复杂系统的设计问题。当系统使用的元件可靠性不足时,如何才能提高系统的可靠性呢？解决这一问题的方法之一就是为可靠性低的元件提供多个备份,以降低故障发生的可能性。

若某种机器的工作系统由 n 个部件串接组成,如图 1-4 所示。只要其中一个部件失灵,整个系统便不能正常工作。为了提高系统工作的可靠性,在每个部件上均装有主要元件的备用件,并设计了备用元件自动使用装置。显然,备用件越多,整个系统的可靠性越高,但同时也会导致系统的成本、重量、体积增大,工作精度也降低。在考虑上述限制条件下，应如何选择各部件的元件数（包括主要元件及其备用元件），使整个系统正常工作的可靠性最大呢？

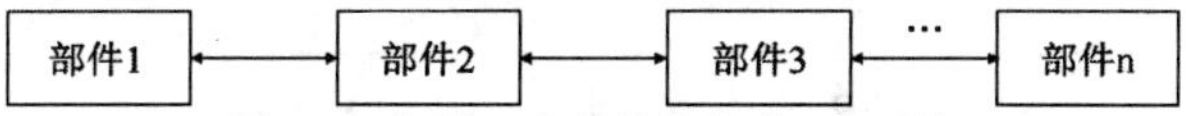

图 1-4　机器 n 个部件的串联工作系统

设部件 $i(i=1,2,\cdots,n)$ 上装有 x_i 个备用元件时，正常工作的概率为 $p_i(x_i)$，则整个系统正常工作的可靠性用正常工作概率 P 表示为：

$$P=\prod_{i=1}^{n}p_i(x_i)$$

假设一个部件 i 装有 u_i 个元件的费用为 $c_i(u_i)$，要求元件总费用不得超过 C，则系统的可靠性问题为如何选择 u_i，使系统正常工作的概率 P 最大。该问题的数学模型为：

$$maxP=\prod_{i=1}^{n}p_i(x_i)$$

$$s.t.\begin{cases}\sum_{i=1}^{n}c_i(u_i)\leqslant C\\ u_i\text{ 为正整数}(i=1,2,\cdots,n)\end{cases}$$

用动态规划方法求解，首先定义如下变量：

阶段：$k=1,2,\cdots,n$，分别表示系统部件 $1,2,\cdots,n$

状态变量：u_k 表示第 k 个部件安装元件的件数

决策变量：x_k 表示分配给第 k 至第 n 个部件用于安装元件的资金

状态转移方程：设 $x_{k+1}=x_k-c_k(u_k)$

允许决策集合：$D_k(x_k)=\{u_k|0\leqslant c_k(u_k)\leqslant x_k,u_k\text{ 为正整数}\}$

目标函数：$V_{kn}(x_k,u_k,\cdots,u_n)$ 表示用 x_k 资金分配给第 k 至第 n 个部件安装元件 $u_k,\cdots,u_n$

最优指标函数：$f_k(x_k)$ 表示用 x_k 资金分配给第 k 至第 n 个部件安装元件使系统正常工作的最大概率

递推关系：

$$\begin{cases}f_k(x_k)=\max\limits_{u_k\in D_k(x_k)}\{P_k(u_k)\times f_{k+1}(x_k-c_k(u_k))\},k=n-1,\cdots,3,2,1,\\ f_n(x_n)=P_n(u_n),u_n\in D_n(x_n)\end{cases}$$

【例 1-4】　学校为参加创新创业大赛，从经管学院派出一个团队参加比赛，团队内部又分为三个小组（A、B、C），分别负责市场调研、财务分析、技术处理，每个小组的工作可靠性都影响着整个团队的运作，三个小组的可靠性概率分别为 0.6、0.4、0.2，为增加团队获得冠军的概率，学校特聘请 2 名指导教师指导小组工作，增加指导教师后各小组夺冠概率如表 1-8 所示。问：如何分配指导老师才能使学校夺冠概率最大？

表 1-8　增加指导教师后各小组的夺冠概率

指导教师	小组		
	A	B	C
0	0.6	0.4	0.2
1	0.8	0.6	0.5
2	0.85	0.8	0.7

解：

阶段：$k=1,2,3$，分别表示三个小组

状态变量：s_k 表示阶段 k 时，可分配于阶段 $k,\cdots,n$ 的指导老师人数

决策变量：x_k 表示分配给第 k 小组的指导老师数量，相应的成功概率为 $P_k(x_k)$

状态转移方程：设 $x_{k+1}=s_k-x_k$

允许决策集合：$D_k(s_k)=\{x_k|0\leqslant x_k\leqslant s_k\}$

递推关系：

$$\begin{cases} f_k(x_k)=\max\limits_{0\leqslant x_k\leqslant s_k}\{P_k(x_k)\times f_{k+1}(s_k-x_k)\},k=1,2,3 \\ f_4(s_4)=1 \end{cases}$$

当 $k=3$ 时，设 s_3 位老师（$s_3=0,1,2$）分配给小组 C，则成功概率为：

$$f_3(x_3)=\max\limits_{x_3=s_3}\{P_3(x_3)\times f_4(s_4)\}=\max\limits_{x_3=s_3}\{P_3(x_3)\}$$

计算值如表 1-9 所示：

表 1-9　当 $k=3$ 时，分配给 C 组的老师数量与最大成功率

x_3 / s_3	$P_3(x_3)$			$f_3(s_3)$	x_3^*
	0	1	2		
0	0.2			0.2	0
1		0.5		0.5	1
2			0.7	0.7	2

当 $k=2$ 时，设 s_2 位老师（$s_2=0,1,2$）分配给小组 B、C，则成功概率为：

$$f_2(x_2)=\max\limits_{0\leqslant x_2\leqslant s_2}\{P_2(x_2)\times f_3(s_2-x_2)\}$$

计算值如表 1-10 所示：

表 1-10　当 $k=2$ 时，分配给 B、C 组的老师数量与最大成功率

x_2 / s_2	$P_2(x_2)\times f_3(s_2-x_2)$			$f_2(S_2)$	x_2^*
	0	1	2		
0	0.4×0.2			0.08	0

续表

s_2 \ x_2	$P_2(x_2)\times f_3(s_2-x_2)$			$f_2(S_2)$	x_2^*
	0	1	2		
1	0.4×0.5	0.6×0.2		0.20	0
2	0.4×0.7	0.6×0.5	0.8×0.2	0.30	2

当 $k=1$ 时，设 s_1 位老师（$s_1=2$）分配给小组 A、B、C，则成功概率为：

$$f_1(x_1)=\max_{0\leq x_1\leq 2}\{P_1(x_1)\times f_2(2-x_1)\}$$

计算值如表 1-11 所示：

表 1-11 当 $k=1$ 时，分配给 A、B、C 组的老师数量与最大成功率

s_1 \ x_1	$P_1(x_1)\times f_2(2-x_1)$			$f_1(s_1)$	x_1^*
	0	1	2		
2	0.6×0.3	0.8×0.2	0.85×0.08	0.18	0

综上，当 $x_1^*=0, x_2^*=2, x_3^*=0$ 时，即第二小组分配两位指导老师时，该团队夺冠率最大。

1.4.5 生产与存储问题

一个有关生产的项目，在生产数量、车间生产成本、存储产生的费用等都是确定数值的情况下，如何根据市场不同时期的需求量制定生产计划，以确定实际的生产量和库存量呢？这个问题其实就是一个多阶段决策问题，企业在发展过程中面临着市场需求的变化，需要将生产计划划分为几个时期，将不同的时期看作不同阶段。如果在某一阶段增加生产量，则可以利用规模效应降低成本，但如果超出了该时期市场的实际需求量，那么就需要存储部分产品，增加库存成本。因此，正确地制定生产计划是生产经营中的关键环节，确定各个时期的产量，使不同时期的生产成本与库存成本之和最小，就是生产与存储的最优性问题。

设某车间需要对某种产品制定生产（或采购）计划，并将该计划划分为 n 个阶段。已知它的初始库存量为零，每阶段生产（或采购）该产品的数量有上限的要求；每阶段市场对该产品的需求量是已知的，公司保证满足供应量；在第 n 阶段末的库存量最终为零。问：该公司应如何制定每个阶段的生产（或采购）计划，使花费的总成本最小呢？

假设 d_k 为第 k 阶段对产品的需求量，x_k 为第 k 阶段该产品的生产量（或采购量），v_k 为第 k 阶段结束时该产品的库存量，则有，$v_k=v_{k-1}+x_k-d_k$。

$c_k(x_k)$ 表示第 k 阶段生产产品 x_k 时的成本，其包括两项费用，即生产准备成本 K 和产品成本 ax_k（其中 a 是单位产品成本）。下文中，m 表示生产上限。

$$c_k(x_k)=\begin{cases}0 & \text{当}x_k=0\\ K+ax_k & \text{当}x_k=1,2,\cdots,m\\ \infty & \text{当}x_k>m\end{cases}$$

$h_k(v_k)$表示第 k 阶段结束时 v_k 库存量所产生的存储费用,则第 k 阶段的总成本为 $c_k(x_k)+h_k(v_k)$。

用动态规划方法求解,首先定义如下变量:

阶段:$k=1,2,\cdots,n$,表示 n 个生产时期

状态变量:v_{k-1} 表示第 k 阶段的库存量

决策变量:x_k 表示第 k 阶段的生产量

状态转移方程:设 $v_k=v_{k-1}+x_k-d_k$

最优指标函数:$f_k(v_k)$表示从第 1 阶段库存量为 0 到第 k 阶段末库存量为 v_k 时的最小总成本

递推关系:

$$\begin{cases}f_k(v_k)=\max\limits_{0\leqslant x_k\leqslant w_2}\{c_k(x_k)+h_k(v_k)+f_{k-1}(v_{k-1})\},k=1,2,\cdots,n\\ f_0(v_0)=0\ or\ f_1(v_1)\end{cases}$$

其中,$w_k=min\ (v_k+d_k,m)$。

【例 1-5】 为保证谷物基本自给、口粮绝对安全,某地建立了粮库以调节本区域粮食供求总量、稳定粮食市场并应对重大自然灾害或者其他突发事件。根据市场调研,该地区对小麦的需求量如表 1-12 所示。

假设该地每年收购小麦的固定成本为 3 万元,若该年不收购,则此项费用为 0。收购一单位小麦的费用为 1 万元。考虑到仓库存储量,每年最多收购 6 单位小麦,每单位小麦的库存费用为每年 0.5 万元。考虑到食品卫生安全,小麦需在 4 年内完成轮转,即小麦从收购入库到分配出库不超过 4 年。如何在满足上述假设的情况下,安排各个时期的小麦收购与库存,使得总成本最低?

表 1-12 某地区不同时期对小麦的需求量

时期(年)	需求量(单位)
1	2
2	3
3	2
4	4

解：

设 x_k 为第 k 阶段小麦的收购量，d_k 为第 k 阶段小麦的需求量，$C_k(x_k)$ 表示第 k 阶段小麦的收购成本，$h_k(v_k)$ 为第 k 阶段结束时 v_k 库存量产生的存储费用，则总成本为 $C_k(x_k)+h_k(v_k)$。

$$C_k(x_k)=\begin{cases}0 & ,x_k=0\\ 3+x_k & ,x_k=1,2,3,4,5,6\\ \infty & ,x_k>6\end{cases}$$

$$h_k(v_k)=0.5v_k$$

阶段：从收购到分配出库的时期，$k=1,2,3,4$

状态变量：v_k 表示第 k 阶段开始小麦的库存量

决策变量：x_k 表示第 k 阶段的小麦收购量

状态转移方程：$v_k=v_{k-1}+x_k-d_k$

允许决策集合：$D_k(v_k)=\{x_k|0\leqslant x_k\leqslant v_k+d_k\}$

指标函数：$P_k(v_k)$ 表示第 k 阶段的总成本

最优指标函数：$f_k(v_k)$ 表示从第 1 阶段库存量为 0 到第 k 阶段库存量为 v_k 时的最小总成本

递推关系：

$$\begin{cases}f_k(v_k)=\min\limits_{0\leqslant x_k\leqslant\delta_k}\{C_k(x_k)+h_1(v_k)+f_{k-1}(v_{k-1})\}\ k=1,2,3,4\\ f_0(v_0)=0\end{cases}$$

$$\delta_k=min\ (v_k+d_k,6)$$

当 $k=1$ 时，$f_1(v_1)=\min\limits_{x_1=min\ (v_1+d_1,6)}\{C_1(x_1)+h_1(v_1)\}$

对 v_1 在 0 到 $\min\left\{\sum\limits_{j=2}^{4}d_j,m-d\right\}=\min\{9,6-2\}=4$ 之间的值分别进行计算：

$v_1=0$ 时，$f_1(0)=\min\limits_{x_1=2}\{3+x_1+0.5\times0\}=5,x_1=2$

$v_1=1$ 时，$f_1(1)=\min\limits_{x_1=3}\{3+x_1+0.5\times1\}=6.5,x_1=3$

$v_1=2$ 时，$f_1(2)=\min\limits_{x_1=4}\{3+x_1+0.5\times2\}=8,x_1=4$

$v_1=3$ 时，$f_1(3)=\min\limits_{x_1=5}\{3+x_1+0.5\times3\}=9.5,x_1=5$

$v_1=4$ 时，$f_1(4)=\min\limits_{x_1=6}\{3+x_1+0.5\times4\}=11,x_1=6$

当 $k=2$ 时，$f_2(v_2)=\min\limits_{0\leqslant x_2\leqslant\delta_k}\{C_2(x_2)+h_2(v_2)+f_1(v_2+3-x_2)\}$

$\delta_2=min\ (v_2+3,6)$

对 v_2 在 0 到 $\min\left\{\sum\limits_{j=3}^{4}d_j,6-3\right\}=\min\{6,3\}=3$ 之间的值分别进行计算：

$$f_2(0)=\min_{0\leq x_2\leq 3}\{C_2(x_2)+h_2(0)+f_1(3-x_2)\}$$

$$=min\begin{Bmatrix}C_2(0)+h_2(0)+f_1(3)\\C_2(1)+h_2(0)+f_1(2)\\C_2(2)+h_2(0)+f_1(1)\\C_2(3)+h_2(0)+f_1(0)\end{Bmatrix}=min\begin{Bmatrix}0+0+9.5\\4+0+8\\5+0+6.5\\6+0+5\end{Bmatrix}=9.5,x_2=0$$

$$f_2(1)=\min_{0\leq x_2\leq 4}\{C_2(x_2)+h_2(1)+f_1(4-x_2)\}$$

$$=min\begin{Bmatrix}C_2(0)+h_2(1)+f_1(4)\\C_2(1)+h_2(1)+f_1(3)\\C_2(2)+h_2(1)+f_1(2)\\C_2(3)+h_2(1)+f_1(1)\\C_2(4)+h_2(1)+f_1(0)\end{Bmatrix}=min\begin{Bmatrix}0+0.5+11\\4+0.5+9.5\\5+0.5+8\\6+0.5+6.5\\7+0.5+5\end{Bmatrix}=11.5,x_2=0$$

$$f_2(2)=\min_{0\leq x_2\leq 5}\{C_2(x_2)+h_2(2)+f_1(5-x_2)\}$$

$$=min\begin{Bmatrix}C_2(0)+h_2(2)+f_1(5)\\C_2(1)+h_2(2)+f_1(4)\\C_2(2)+h_2(2)+f_1(3)\\C_2(3)+h_2(2)+f_1(2)\\C_2(4)+h_2(2)+f_1(1)\\C_2(5)+h_2(2)+f_1(0)\end{Bmatrix}=min\begin{Bmatrix}0+1+\infty\\4+1+11\\5+1+9.5\\6+1+8\\7+1+6.5\\8+1+5\end{Bmatrix}=14,x_2=5$$

$$f_2(3)=\min_{0\leq x_2\leq 6}\{C_2(x_2)+h_2(3)+f_1(6-x_2)\}$$

$$=min\begin{Bmatrix}C_2(0)+h_2(3)+f_1(6)\\C_2(1)+h_2(3)+f_1(5)\\C_2(2)+h_2(3)+f_1(4)\\C_2(3)+h_2(3)+f_1(3)\\C_2(4)+h_2(3)+f_1(2)\\C_2(5)+h_2(3)+f_1(1)\\C_2(6)+h_2(3)+f_1(0)\end{Bmatrix}=min\begin{Bmatrix}0+1.5+\infty\\4+1.5+\infty\\5+1.5+11\\6+1.5+9.5\\7+1.5+8\\8+1.5+6.5\\9+1.5+5\end{Bmatrix}=15.5,x_2=6$$

当 $k=3$ 时，$f_3(v_3)=\min_{0\leq x_3\leq 3}\{C_3(x_3)+h_3(v_3)+f_2(v_3+2-x_3)\}$

$$\delta_2=min\ (v_3+2,6)$$

对 v_3 在 0 到 $\min\left\{\sum_{j=3}^{4}4,6-2\right\}=\min\{4,4\}=4$ 之间的值分别进行计算

$$f_3(0)=\min_{0\leq x_3\leq 2}\{C_2(x_3)+h_2(0)+f_1(2-x_2)\}$$

$$=min\begin{Bmatrix}C_2(0)+h_2(0)+f_1(2)\\C_2(1)+h_2(0)+f_1(1)\\C_2(2)+h_2(0)+f_1(0)\end{Bmatrix}=min\begin{Bmatrix}0+0+14\\4+0+11.5\\5+0+9.5\end{Bmatrix}=14,x_3=0$$

$$f_3(1)=\min_{0\leqslant x_3\leqslant 3}\{C_2(x_3)+h_2(1)+f_1(3-x_2)\}$$

$$=min\begin{Bmatrix}C_2(0)+h_2(1)+f_1(3)\\C_2(1)+h_2(1)+f_1(2)\\C_2(2)+h_2(1)+f_1(1)\\C_2(3)+h_2(1)+f_1(0)\end{Bmatrix}=min\begin{Bmatrix}0+0.5+15.5\\4+0.5+14\\5+0.5+9.5\\6+0.5+9.5\end{Bmatrix}=16,x_3=0$$

$$f_3(2)=\min_{0\leqslant x_3\leqslant 3}\{C_2(x_3)+h_2(2)+f_1(4-x_2)\}$$

$$=min\begin{Bmatrix}C_2(0)+h_2(2)+f_1(4)\\C_2(1)+h_2(2)+f_1(3)\\C_2(2)+h_2(2)+f_1(2)\\C_2(3)+h_2(2)+f_1(1)\\C_2(4)+h_2(2)+f_1(0)\end{Bmatrix}=min\begin{Bmatrix}0+1+\infty\\4+1+15.5\\5+1+14\\6+1+11.5\\7+1+9.5\end{Bmatrix}=17.5,x_3=4$$

$$f_3(3)=\min_{0\leqslant x_3\leqslant 5}\{C_2(x_3)+h_2(3)+f_1(5-x_2)\}$$

$$=min\begin{Bmatrix}C_2(0)+h_2(3)+f_1(5)\\C_2(1)+h_2(3)+f_1(4)\\C_2(2)+h_2(3)+f_1(3)\\C_2(3)+h_2(3)+f_1(2)\\C_2(4)+h_2(3)+f_1(1)\\C_2(5)+h_2(3)+f_1(0)\end{Bmatrix}=min\begin{Bmatrix}0+1.5+\infty\\4+1.5+15.5\\5+1.5+15.5\\6+1.5+14\\7+1.5+11.5\\8+1.5+9.5\end{Bmatrix}=19,x_3=5$$

$$f_3(4)=\min_{0\leqslant x_3\leqslant 6}\{C_2(x_3)+h_2(4)+f_1(6-x_2)\}$$

$$=min\begin{Bmatrix}C_2(0)+h_2(4)+f_1(6)\\C_2(1)+h_2(4)+f_1(5)\\C_2(2)+h_2(4)+f_1(4)\\C_2(3)+h_2(4)+f_1(3)\\C_2(4)+h_2(4)+f_1(2)\\C_2(5)+h_2(4)+f_1(1)\\C_2(6)+h_2(4)+f_1(0)\end{Bmatrix}=min\begin{Bmatrix}0+2+\infty\\4+2+\infty\\5+2+\infty\\6+2+15.5\\7+2+14\\8+2+11.5\\9+2+9.5\end{Bmatrix}=20.5,x_3=6$$

当 $k=4$ 时,因为要求第 4 年年末时的库存量为 0,所以 $v_4=0$

$$f_4(v_4)=\min_{0\leqslant x_4\leqslant 4}\{C_4(x_4)+h_4(0)+f_3(4-x_4)\}$$

$$=\min\begin{Bmatrix}C_2(0)+h_2(0)+f_1(4)\\C_2(1)+h_2(0)+f_1(3)\\C_2(2)+h_2(4)+f_1(2)\\C_2(3)+h_2(4)+f_1(1)\\C_2(4)+h_2(4)+f_1(0)\end{Bmatrix}=\min\begin{Bmatrix}0+0+20.5\\4+0+19\\5+0+17.5\\6+0+16\\7+0+14\end{Bmatrix}=20.5,x_4=0$$

最后，将计算顺序逆向反推，求得每个阶段的最优收购决策为 $x_1^*=5$，$x_2^*=0$，$x_3^*=6$，$x_4^*=0$，此时，最小总成本为 20.5 万元。

1.4.6 设备更新问题

企业经营过程中，不可避免会遇到生产车间、管理部门、销售部门等使用的设备随着使用年限的增加需要进行更新的问题。一般来说，一台设备比较新时，使用效率高，故障少，维修费用也少；随着使用年限的增加，使用效率降低，故障变多，维修费用也增加。那么从经济角度分析，一台设备应该使用多少年后进行更新能使企业从中取得最大效益呢？

已知一台设备的效益函数为 $r(t)$，维修费用函数为 $u(t)$，更新费用函数为 $c(t)$，要求在 n 年内的每年年初做出决策，是继续使用旧设备还是更换一台新设备，最终使 n 年的总效益最大。

设 $r_k(t)$ 为在第 k 年设备已经使用了 t 年，再使用 1 年时的效益；$u_k(t)$ 为在第 k 年年初设备已经使用了 t 年，再使用 1 年时的维修费用；$c_k(t)$ 为在第 k 年卖掉一台使用了 t 年的设备，买入一台新设备的更新净费用。

用动态规划方法求解，首先定义如下变量：

阶段：$k=1,2,\cdots,n$，表示计划使用该设备的年限数

状态变量：s_k 表示第 k 年年初，设备已使用过的年数

决策变量：x_k 表示设备在第 k 年年初更新或是保留，用 R（更新）和 K（保留）表示

状态转移方程：

$$s_{k+1}=\begin{cases}s_k+1 & 当x_k=K\\1 & 当x_k=R\end{cases}$$

阶段指标：

$$v_k(s_k,x_k)=\begin{cases}r_k(s_k)-u_k(s_k) & 当x_k=K\\r_k(0)-u_k(0)-c_k(0) & 当x_k=R\end{cases}$$

指标函数：

$$v_{k,n}=\sum_{j=k}^{n}v_j(s_k,x_k),(k=1,2,\cdots,n)$$

最优指标函数：$f_k(s_k)$表示第 k 年年初，使用一台已经用了 s_k 年的设备，到第 n 年年末的最大效益

递推关系：

$$\begin{cases}f_k(s_k)=\max\limits_{x_k=K\text{或}R}\{v_k(s_k,x_k)+\alpha f_{k+1}(s_{k+1})\},k=n,n-1,\cdots,1\\ f_{n+1}(s_{n+1})=0\end{cases}$$

其中，α 为折扣因子($0\leqslant\alpha\leqslant1$)。

【例 1-6】 影视剧的制作往往需要调配使用大型设备，设备每年需要进行检修与维护，为追求更好的呈现效果，还需要根据设备使用情况和市场的变化对设备进行更新换代，该设备最长使用时限为 5 年。假设某台设备的役龄(已经使用了的年限)为 t 年时，其再使用一年的效益、维修费用、更新经费用如表 1-13 所示。问：如何制定设备更新策略，使 5 年内该设备创造的总效益最大？

表 1-13　设备不同役龄对应的效益、维修费及更新费

项目 \ 役龄	0	1	2	3	4	5
效益	5	4.5	4	3.75	3	2.5
维修费	0.5	1	1.5	2	2.5	3
更新费	0.5	1.5	2.2	2.5	3	3.5

解：

阶段：以年限划分阶段 $k=1,2,3,4,5$

状态变量 s_k：设役龄为 s_k，即第 k 年年初，设备已经使用过的年份

决策变量 x_k：第 k 年年初设备更新(R)或保留(K)

$$x_k=\begin{cases}0 & \text{第 } k \text{ 年年初保留使用 } K\\ 1 & \text{第 } k \text{ 年年初更新 } R\end{cases}$$

状态转移方程：

$$s_{k+1}=\begin{cases}s_k+1 & x_k=K\\ 1 & x_k=R\end{cases}$$

阶段指标：

$$v_k(s_k,x_k)=\begin{cases}r_k(s_k)-u_k(s_k) & x_k=0\\ r_k(0)-u_k(0)-c_k(0) & x_k=1\end{cases}$$

指标函数：设第 k 年，该设备已使用过 t 年。若再使用一年，效益为 $r(t)$，维修费为 $u(t)$；若更新，费用为 $c(t)$。$P_k(x_k)$ 表示第 k 年维修或更新后的利润，则：

$$P_k(x_k)=\begin{cases} r_k(s_k)-u_k(s_k) & x_k=K \\ r_k(0)-u_k(0)-c_k(s_k) & x_k=R \end{cases}$$

最优指标函数：第 k 年年初，使用一台已经用了 s_k 年的设备，到第 5 年年末的最大效益值为：

$$f_k(s_k)=max\begin{cases} r_k(s_k)-u_k(s_k)+f_{k+1}(s_{k+1}) & x_k=K \\ r_k(0)-u_k(0)-c_k(s_k)+f_{k+1}(1) & x_k=R \end{cases}$$

递推关系：

$$\begin{cases} f_k(s_k)=\max\limits_{x_k=K\ or\ R}\{v_k(x_k)+f_{k+1}(s_{k+1})\},k=5,4,3,2,1 \\ f_6(s_6)=0 \end{cases}$$

下面从最后一阶段开始向前递推计算：

当 $k=5$ 时，$f_5(s_5)=\max\limits_{x_5=K\ or\ R}\{v_5(x_5)+f_6(s_6)\}$

$$=max\begin{cases} r_5(s_5)-u_5(s_5) & x_5=K \\ r_5(0)-u_5(0)-c_5(s_5) & x_5=R \end{cases}$$

此时，s_5 可能取值 1，2，3，4。

$$f_5(1)=max\begin{cases} r_5(1)-u_5(1) & x_5=K \\ r_5(0)-u_5(0)-c_5(1) & x_5=R \end{cases}$$

$$=max\begin{cases} 4.5-1 & x_5=0 \\ 5-0.5-1.5 & x_5=1 \end{cases}$$

$$=3.5$$

$$x_5^*(1)=K$$

$$f_5(2)=max\begin{cases} r_5(2)-u_5(2) & x_5=K \\ r_5(0)-u_5(0)-c_5(2) & x_5=R \end{cases}$$

$$=max\begin{cases} 4.5-1 & x_5=K \\ 5-0.5-2.2 & x_5=R \end{cases}$$

$$=2.5$$

$$x_5^*(2)=K$$

$$f_5(3)=max\begin{cases} r_5(3)-u_5(3) & x_5=K \\ r_5(0)-u_5(0)-c_5(3) & x_5=R \end{cases}$$

$$=max\begin{cases}3.75-2 & x_5=K\\ 5-0.5-2.5 & x_5=R\end{cases}$$

$$=2$$

$$x_5^*(3)=R$$

$$f_5(4)=max\begin{cases}r_5(4)-u_5(4) & x_5=K\\ r_5(0)-u_5(0)-c_5(4) & x_5=R\end{cases}$$

$$=max\begin{cases}3-2.5 & x_5=K\\ 5-0.5-3 & x_5=R\end{cases}$$

$$=1.5$$

$$x_5^*(2)=R$$

计算值如表 1-14 所示：

表 1-14　当 $k=5$ 时，设备保留与更新的最大总效益

x_5 / s_5	$\begin{cases}r_5(s_5)-u_5(s_5) & x_5=K\\ r_5(0)-u_5(0)-c_5(s_5) & x_5=R\end{cases}$		$f_5(s_5)$	x_5^*
	K	R		
1	3.5	3	3.5	K
2	2.5	2.3	2.5	K
3	1.75	2	2	R
4	0.5	1.5	1.5	R

当 $k=4$ 时，$f_4(s_4)=\max\limits_{x_4=K\ or\ R}\{v_4(x_4)+f_5(s_5)\}$

$$=max\begin{cases}r_4(s_4)-u_4(s_4)+f_5(s_4+1) & x_4=K\\ r_4(0)-u_4(0)-c_4(s_4)+f_5(1) & x_4=R\end{cases}$$

此时，s_4 可能取值 1,2,3。

$$f_4(1)=max\begin{cases}r_4(1)-u_4(1)+f_5(1+1) & x_4=K\\ r_4(0)-u_4(0)-c_4(1)+f_5(1) & x_4=R\end{cases}$$

$$=max\begin{cases}4.5-1+2.5 & x_4=K\\ 5-0.5-1.5+3.5 & x_4=R\end{cases}$$

$$=6.5$$

$$x_4^*(1)=R$$

$$f_4(2)=max\begin{cases}r_4(2)-u_4(2)+f_5(2+1) & x_4=K\\ r_4(0)-u_4(0)-c_4(2)+f_5(1) & x_4=R\end{cases}$$

$$=max\begin{cases}4-1.5+2 & x_4=K\\ 5-0.5-2.2+3.5 & x_4=R\end{cases}$$

$$=5.8$$

$$x_4^*(2)=R$$

$$f_4(3)=max\begin{cases}r_4(3)-u_4(3)+f_5(3+1) & x_4=K\\ r_4(0)-u_4(0)-c_4(3)+f_5(1) & x_4=R\end{cases}$$

$$=max\begin{cases}3.75-2+1.5 & x_4=K\\ 5-0.5-2.5+3.5 & x_4=R\end{cases}$$

$$=5.5$$

$$x_4^*(3)=R$$

计算值如表 1-15 所示：

表 1-15　当 $k=4$ 时，设备保留与更新的最大总效益

s_4 \ x_4	$\begin{cases}r_4(s_4)-u_5(s_4)+f_5(s_4+1) & x_4=K\\ r_4(0)-u_4(0)-c_4(1)+f_5(1) & x_4=R\end{cases}$		$f_4(s_4)$	x_4^*
	K	R		
1	6	6.5	6.5	R
2	4.5	5.8	5.8	R
3	3.25	5.5	5.5	R

当 $k=3$ 时，$f_3(s_3)=\max\limits_{x_3=K\ or\ R}\{v_3(x_3)+f_4(s_4)\}$

$$=max\begin{cases}r_3(s_3)-u_3(s_3)+f_4(s_3+1) & x_3=K\\ r_3(0)-u_3(0)-c_3(s_3)+f_4(1) & x_3=R\end{cases}$$

此时，s_3 可能取值 1，2。

$$f_3(1)=max\begin{cases}r_3(1)-u_3(1)+f_4(1+1) & x_3=K\\ r_3(0)-u_3(0)-c_3(1)+f_4(1) & x_3=R\end{cases}$$

$$=max\begin{cases}4.5-1+5.8 & x_3=K\\ 5-0.5-1.5+6.5 & x_3=R\end{cases}$$

$$=9.5$$

$$x_3^*(1)=R$$

$$f_3(2)=max\begin{cases}r_3(2)-u_3(2)+f_4(2+1) & x_3=K\\ r_3(0)-u_3(0)-c_3(2)+f_4(1) & x_3=R\end{cases}$$

$$=max\begin{cases}4-1.5+5.5 & x_3=K\\ 5-0.5-2.2+6.5 & x_3=R\end{cases}$$

$$=8.8$$

$$x_3^*(2)=R$$

计算值如表 1-16 所示：

表 1-16　当 $k=3$ 时，设备保留与更新的最大总效益

s_3 \ x_3	$\begin{cases}r_3(s_3)-u_3(s_3)+f_4(s_3+1) & x_3=K\\ r_3(0)-u_3(0)-c_3(s_3)+f_4(1) & x_3=R\end{cases}$		$f_3(s_3)$	x_3^*
	K	R		
1	9.3	9.5	9.5	R
2	8	8.8	8.8	R

当 $k=2$ 时，$f_2(S_2)=\max\limits_{x_2=K\ or\ R}\{v_2(x_2)+f_3(s_3)\}$

$$=max\begin{cases}r_2(S_2)-u_2(S_2)+f_3(s_3+1) & x_2=K\\ r_2(0)-u_2(0)-c_2(S_2)+f_3(1) & x_2=R\end{cases}$$

此时，s_2 只能取 1。

$$f_2(1)=max\begin{cases}r_2(1)-u_2(1)+f_3(1+1) & x_2=K\\ r_2(0)-u_2(0)-c_2(1)+f_3(1) & x_2=R\end{cases}$$

$$=max\begin{cases}4.5-1+8.8 & x_2=K\\ 5-0.5-1.5+9.5 & x_2=R\end{cases}$$

$$=12.5$$

$$x_2^*(1)=R$$

计算值如表 1-17 所示：

表 1-17　当 $k=2$ 时，设备保留与更新的最大总效益

s_2 \ x_2	$\begin{cases}r_2(S_2)-u_2(S_2)+f_3(s_3+1)\\ r_2(0)-u_2(0)-c_2(S_2)+f_3(1)\end{cases}$		$f_2(S_2)$	x_2^*
	K	R		
1	12.3	12.5	12.5	R

当 $k=1$ 时，$f_1(s_1)=\max\limits_{x_1=K\ or\ R}\{v_1(x_1)+f_2(S_2)\}$

$$=max\begin{cases}r_1(s_1)-u_1(s_1)+f_2(s_1+1) & x_1=K\\ r_1(0)-u_1(0)-c_1(s_1)+f_2(1) & x_1=R\end{cases}$$

此时，s_2 只能取 0。

$$f_2(0)=max\begin{cases}r_1(0)-u_1(0)+f_2(0+1) & x_1=K\\ r_1(0)-u_1(0)-c_1(0)+f_2(1) & x_1=R\end{cases}$$

$$=max\begin{cases}5-0.5+12.5 & x_1=K\\ 5-0.5-0.5+12.5 & x_1=R\end{cases}$$

$$=17$$

$$x_1^*(0)=K$$

计算值如表 1-18 所示：

表 1-18　当 $k=1$ 时，设备保留与更新的最大总效益

x_1 / s_1	$\begin{cases}r_1(s_1)-u_1(s_1)+f_2(s_1+1) & x_1=K\\ r_1(0)-u_1(0)-c_1(s_1)+f_2(1) & x_1=R\end{cases}$		$f_1(s_1)$	x_1^*
	K	R		
1	17	16.5	12.5	K

综上，最优策略为 $\{K,R,R,R,K\}$，即第一年年初选择保留设备，第二、三、四年年初选择更新设备，第五年年初保留设备。到第五年年末，可获得总效益 17 万元。

1.5　应用二：无限备选项动态规划

前文提到的物品、路线选择或者概率等问题，都是离散型的动态系统，可选择的决策是有限的。而实际生活中，时间、价格等是连续变化的，当允许决策集合由连续的点组成时，可选择的决策是无限的。例如，在斯塔克尔伯格模型中，竞争厂商之间的地位不对称，导致决策次序不对称，小企业可以先观察大企业的行为，再决定自己的对策。此时，利用逆向思维，大企业在制定策略时，能够提前考虑到小企业的反应，从而制定出对自己有利的决策。处于支配地位的寡头厂商和处于追随者地位的小企业的决策相互影响，这些决策往往涉及价格，而价格是连续的，企业的决策范围中有无限个价格备选，即无限备选动态规划。

除了价格外，在前文提到的背包问题中，当装入的物品为酒精、汽油等物品时，决策变量由离散转为连续，可做出的决策由有限转变为无限。在前文提到的最优路径问题中，卖货郎可选的路线是固定的、可数的，而如果将视野放在太空，当发射火箭或卫星时，其运行轨道有无限种可能，航天工作者需要根据火箭运动时发动机与地平线夹角方向的无量纲推力、火箭与地球中心的距离、地球自转角度等选择出最优轨线。无限备选项动态规划问题在实际生活中有丰富的实践场景。

总的来说,无限备选项动态规划问题与有限备选项动态规划问题的基本特征相似,都能根据时间、空间或人为赋予的时间意义划分为几个相互关联的阶段,只是每个阶段可选择的决策数量由有限转变为了无限。所以,无限备选项动态规划的思路与有限备选项动态规划的思路相似:首先建立动态规划模型,具体来说,包括划分出阶段、定义状态变量、确定决策变量和允许决策集合、确定状态转移方程、定义指标函数、写出最优指标函数;其次,根据案例背景列出递推关系;最后,利用逆向思维求解。

下面我们通过例题更加透彻地理解无限备选项动态规划中的逆向思维。

【例1-7】 某文化传媒公司计划在4年内拨款1 600万元用于投资影视剧目的制作和发行。根据市场调研,若一年内投资影视剧目 a 元,预计能从中获得 $\sqrt{a}$ 元利润。当年投资剩余的金额可获得利息,以年利率10%计算,本金和利息均可用于下一年的投资。问:应如何分配该笔资金使公司获得最大利润?最大利润是多少?

解:

阶段:$k=1,2,3,4$,分别表示计划投资的四年

状态变量:s_k 表示第 k 年年初时,可供投资的金额

决策变量:x_k 表示分配给第 k 年实际用于投资的金额

状态转移方程:设 $s_{k+1}=1.1(s_k-x_k)$

允许决策集合:$D_k(s_k)=\{x_k|0\leqslant x_k\leqslant s_k\}$

最优指标函数:$f_k(s_k)$ 表示第 k 年年初至第4年年末投资 s_k 数量的资金可获得的最大效益

递推关系:

$$\begin{cases} f_k(x_k)=\max\limits_{0\leqslant x_k\leqslant s_k}\{\sqrt{x_k}+f_{k+1}(s_{k+1})\},k=1,2,3,4 \\ f_5(s_5)=0 \end{cases}$$

当 $k=4$ 时,$f_4(x_4)=\max\limits_{0\leqslant x_4\leqslant s_4}\{\sqrt{x_4}\}=\sqrt{s_4}$,$x_4^*=s_4$

当 $k=3$ 时,$f_3(x_3)=\max\limits_{0\leqslant x_3\leqslant s_3}\{\sqrt{x_3}+f_4(s_4)\}=\max\limits_{0\leqslant x_3\leqslant s_3}\{\sqrt{x_3}+\sqrt{s_4}\}$

$$=\max_{0\leqslant x_3\leqslant s_3}\{\sqrt{x_3}+\sqrt{1.1(s_3-x_3)}\}=\sqrt{2.1s_3}$$

令关于 x_3 的一阶导为0,求得 $x_3^*=\dfrac{1}{2.1}s_3$

当 $k=2$ 时,$f_2(x_2)=\max\limits_{0\leqslant x_2\leqslant s_2}\{\sqrt{x_2}+f_3(s_3)\}=\max\limits_{0\leqslant x_2\leqslant s_2}\{\sqrt{x_2}+\sqrt{2.1s_3}\}$

$$=\max_{0\leqslant x_2\leqslant s_2}\{\sqrt{x_2}+\sqrt{2.1\times1.1(s_2-x_2)}\}=\sqrt{3.31s_2}$$

令关于 x_2 的一阶导为0,求得 $x_2^*=\dfrac{1}{3.31}s_2$

当 $k=1$，$f_1(x_1)=\max\limits_{0\leq x_1\leq s_1}\{\sqrt{x_1}+f_2(S_2)\}=\max\limits_{0\leq x_1\leq s_1}\{\sqrt{x_1}+\sqrt{3.31s_2}\}$

$$=\max\limits_{0\leq x_1\leq s_1}\{\sqrt{x_1}+\sqrt{3.31\times1.1(s_1-x_1)}\}=\sqrt{4.46s_1}$$

同理，求得 $x_1^*=\dfrac{1}{4.46}s_1$

又因为 $s_1=400$，所以 4 年内的最大效用：$f_1(400)=\sqrt{4.46\times400}\approx42$（万元）

逆向求解可得：

$x_1^*=\dfrac{1}{4.461}s_1=\dfrac{400}{4.461}\approx90$（万元）

$x_2^*=\dfrac{1}{3.31}s_2=\dfrac{1}{3.31}\times1.1(s_1-x_1^*)=\dfrac{1}{3.31}\times1.1(400-90)\approx103$（万元）

$x_3^*=\dfrac{1}{2.1}s_3=\dfrac{1}{2.1}\times1.1(s_2-x_2^*)=\dfrac{1}{2.1}\times1.1(341-103)\approx125$（万元）

$x_4^*=s_4=1.1(s_3-x_3^*)\approx150$（万元）

综上，第一年投资 90 万元、第二年投资 103 万元，第三年投资 125 万元，第四年投资 150 万元，可使公司获得最大利润，最大利润为 42 万元。

【例 1-8】 某货车车队购入了 1 000 辆大型卡车，预计明年投入使用。假设卡车在高负荷运输情况下，年利润与卡车数量的函数为 $y_1=8x_1$，这时卡车的年完好率为 70%；在低负荷运输情况下，年利润与卡车数量的函数为 $y_2=5x_2$，这时卡车的年完好率为 90%。问：该如何分配这 1 000 辆卡车的负荷状况，使车队在 5 年内获利最多呢？

解：

阶段：$k=1,2,3,4,5$，分别表示卡车行驶年限，每年为一个阶段

状态变量：s_k 表示第 k 阶段拥有完好卡车的数量

决策变量：x_k 表示第 k 阶段分配给在高负荷下运输的卡车数量

状态转移方程：设 $s_{k+1}=0.7x_k+0.9(s_k-x_k)$

允许决策集合：$D_k(s_k)=\{x_k|0\leq x_k\leq s_k\}$

指标函数：$P_k(x_k)$ 表示第 k 年的利润

$$d_k(s_{k+1},x_k)=8x_k+5(s_k-x_k)$$

最优指标函数：$f_k(s_k)$ 表示第 k 阶段至第 5 阶段投入 s_k 数量的卡车可获得的最大效益

递推关系：

$$\begin{cases}f_k(x_k)=\max\limits_{0\leq x_k\leq s_k}\{8x_k+5(s_k-x_k)+f_{k+1}(s_{k+1})\},k=1,2,\cdots,5\\f_6(s_6)=0\end{cases}$$

当 $k=5$ 时，$f_5(x_5)=\max\limits_{0\leqslant x_5\leqslant s_5}\{8x_5+5(s_5-x_5)+f_6(s_6)\}$,

$=\max\limits_{0\leqslant x_5\leqslant s_5}\{8x_5+5(s_5-x_5)\}$

得 $x_5^*=s_5$, $f_5(x_5)=8s_5$

当 $k=4$ 时，$f_4(x_4)=\max\limits_{0\leqslant x_4\leqslant s_4}\{8x_4+5(s_4-x_4)+f_5(s_5)\}$

$=\max\limits_{0\leqslant x_4\leqslant s_4}\{8x_4+5(s_4-x_4)+8[0.7x_4+0.9(s_4-x_4)]\}$

$=\max\limits_{0\leqslant x_4\leqslant s_4}\{13.6x_4+12.2(s_4-x_4)\}$

得 $x_4^*=s_4$, $f_4(x_4)=13.6s_4$

当 $k=3$ 时，$f_3(x_3)=\max\limits_{0\leqslant x_3\leqslant s_3}\{8x_3+5(s_3-x_3)+f_4(s_4)\}$

$=\max\limits_{0\leqslant x_3\leqslant s_3}\{8x_3+5(s_3-x_3)+13.6[0.7x_3+0.9(s_3-x_3)]\}$

$=\max\limits_{0\leqslant x_3\leqslant s_3}\{17.52x_3+17.24(s_3-x_3)\}$

得 $x_3^*=s_3$, $f_3(x_3)=17.52s_3$

当 $k=2$ 时，$f_2(x_2)=\max\limits_{0\leqslant x_2\leqslant s_2}\{8x_2+5(s_2-x_2)+f_3(s_3)\}$

$=\max\limits_{0\leqslant x_2\leqslant s_2}\{8x_2+5(s_2-x_2)+17.52[0.7x_2+0.9(s_2-x_2)]\}$

$=\max\limits_{0\leqslant x_2\leqslant s_2}\{20.264x_2+20.768(s_2-x_2)\}$

得 $x_2^*=s_2$, $f_2(x_2)=20.264s_2$

当 $k=1$ 时，$f_1(x_1)=\max\limits_{0\leqslant x_1\leqslant s_1}\{8x_1+5(s_1-x_1)+f_2(S_2)\}$

$=\max\limits_{0\leqslant x_1\leqslant s_1}\{8x_1+5(s_1-x_1)+20.264[0.7x_2+0.9(s_2-x_2)]\}$

$\approx\max\limits_{0\leqslant x_1\leqslant s_1}\{22.18x_1+22.24(s_1-x_1)\}$

得 $x_1^*=s_1$, $f_1(x_1)=22.18s_1$

$$8x_5+5(s_5-x_5)+f_6(s_6)$$

又因为 $s_1=1000$，得 $f_1(x_1)=22180$

综上，最优策略为：$x_1^*=0$，$x_2^*=0$，$x_3^*=s_3$，$x_4^*=s_4$，$x_5^*=s_5$

每年的初始状态：$s_1=1000$，$x_1^*=0$

$s_2=0.7x_1^*+0.9(s_1-x_1^*)=0.9s_1=900$，$x_2^*=0$

$s_3=0.7x_2^*+0.9(s_2-x_2^*)=0.9s_2=810$，$x_3^*=s_3$

$s_4=0.7x_3^*+0.9(s_3-x_3^*)=0.7s_3=567$，$x_4^*=s_4$

$s_5=0.7x_4^*+0.9(s_4-x_4^*)=0.7s_4=396.9$，$x_5^*=s_5$

$s_6=0.7x_6^*+0.9(s_5-x_5^*)=0.7s_5=277.83$，即第五年年末的收益。

?课后习题

1. 什么是逆向思维？你可以举出生活中的例子吗？

2. 某核酸检测机构拟将 5 台某种检测设备分配给甲、乙、丙三个检测点。各检测点获得此设备后，预测每日可检测的人数如表 1-19 所示（单位百万），问：这 5 台设备应如何分配给这 3 个检测点，使得每日检测的总人数最多？

表 1-19　甲、乙、丙三个检测点分配设备后预计每日可检测的人数

检测点 检测数 设备数	甲检测点	乙检测点	丙检测点
0	0	0	0
1	2	2	3
2	5	4	6
3	8	7	9
4	10	10	12
5	13	12	14

3. 某公司准备筹划一系列音乐节，预计在全国 10 个城市进行。为了满足消费者多样化的需求，提高演出效率，给更多演员提供表演机会，公司计划将参与音乐节的歌手分为 3 组。根据市场调研，预计 A 组演出天数 x_1 和获得利润 y_1 满足函数关系 $y_1=4x_1$；预计 B 组演出天数 x_2 和获得利润 y_2 满足函数关系 $y_2=9x_2$；预计 C 组演出天数 x_3 和获得利润 y_3 满足函数关系 $y_3=2x_3^2$，问：应如何分配 A、B、C 三组演员的场次，使公司获得最大效益？

4. 某市为实现 5G 网络全覆盖，计划在第一年加快对重点场所（如城区、机场、车站等）的 5G 基站建设。受频率和距离的影响，信号传递频率越高，绕射能力越差。由 S 地开始建设到 F 地之间经过了城区（A）和车站（B）以及机场（C），可选择建设发射塔的节点以及两个发射台之间传递信号时的能量消耗值如图 1-5 所示，其中箭头表示两地间的可传递信号路线，线上的数字表示能量消耗值。为尽量减少能量的消耗，基站应如何建设，能使 S 地到 F 地的信号传播能量消耗最小，提高 5G 信号的覆盖范围？

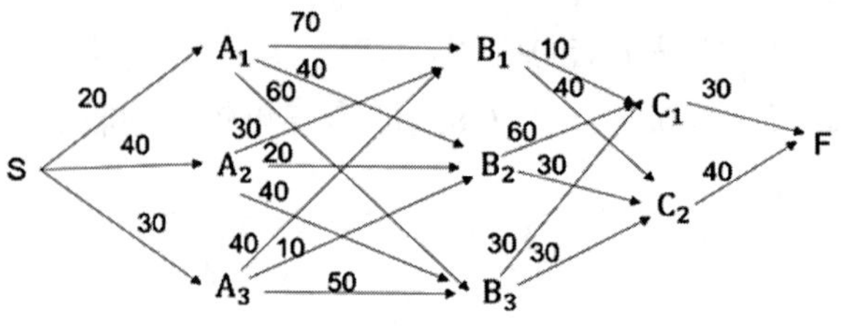

图 1-5

5. 传传是动画学院的一名学生，他设计的某动画形象在网上受到动漫迷们的喜爱，在网友的鼓励下，他准备将该动画形象转为实物周边售卖给动漫迷群体，根据动漫迷群体对该动画形象的喜爱程度，估计该周边产品在未来4个月的销售量分别为400、500、300、200件，该周边产品的生产准备费用每批为500元，每件的生产费用为1元。假定第1个月月初的存货为100件，第4个月月底的存货为0。那么传传应该如何设计最优生产计划，使自己投入的成本最低?

参考资料

[1]韩伯棠. 管理运筹学(第5版)[M]. 北京:高等教育出版社,2020.

[2]尼尔. 逆向思考的艺术:与众不同的投资获利之道[M]. 丁圣元,译. 北京:地震出版社,2010.

[3]韩红梅. 生活中的运筹学[M]. 北京:电子工业出版社,2017.

[4]胡运权,郭耀煌. 运筹学教程(第5版)[M]. 北京:清华大学出版社,2018.

[5]钱颂迪. 运筹学(第4版)[M]. 北京:清华大学出版社,2012.

[6]腾宇,梁方楚. 动态规划原理及应用[M]. 成都:西南交通大学出版社,2011.

[7]HILLIER F S,LIEBERMAN G J. Introduction to operations research[M]. New York:McGraw-Hill Education,2015.

[8]TAHA H A. Operations research:an introduction[M]. New York:Pearson Education,2016.

[9]库柏 L,库柏 M W. 动态规划导论[M]. 张有为,译. 北京:国防工业出版社,1985.

第2章 博弈思维

引导案例

当面临非人格化的市场力量时，行为主体的决策不需要考虑对方的反应，因而会采用边际主义分析工具：优化自己。当面临其他相互影响的决策者时，行为主体的决策则需要考虑对方的反应，因而会采用博弈论分析工具：制衡对方。

煮熟的鸭子有可能会飞走

1986年，美洲杯帆船赛如期举行。澳大利亚在先前的比赛中均笑到了最后。为了夺得冠军，这一次美国队准备充分，拥有大笔的赞助，也设计了新型的帆船龙骨，找了水平最高的帆船团队，同时拥有一个航海经验丰富的老船长做统领。因此，美国队对冠军奖杯志在必得。比赛开始后，果然如预料中那样，美国队一路领先，径直向前。在离终点还有3海里的时候，美国队领先澳大利亚队4海里。眼看着要胜利了，海上刮起了一阵大风。帆船是要根据风的方向调节帆的方向才能前进的。海上的风有两种，一种是阵风，一种是旋风。阵风过来的时候调帆，旋风不用调帆，因为旋风会刮过来再刮过去，调了帆也白调。这个时候如何选择？是调帆还是不调？老船长根据自己多年的经验，判断是阵风，于是调帆。但是等帆调整好以后，风向又变了，最后发现这是一种阵风式的旋风。于是美国队的帆船在原地打转，浪费了很多时间。期间，澳大利亚队的帆船赶了上来。澳大利亚队没有调帆，一路向前，超过了美国队。当美国队离终点还有两海里的时候，澳大利亚队到达了终点。

思考题：(1)澳大利亚队为什么会赢？(2)美国队有没有必胜的办法呢？

海盗分金：鱼和熊掌真的不能兼得？

5个海盗抢得100枚金币，他们按抽签的顺序依次提方案：首先由1号海盗提出分配方案,然后 5 人表决,投票不低于半数,方案才被通过,否则他将被扔入大海喂鲨鱼,以此类推。

思考题:(1)如果你是其中之一,你会选择作为几号来提出你的方案?(2)1 号会不会被喂鲨鱼?如果不想被喂鲨鱼,他该如何提方案?

猜数游戏:就是为了让你输

一场猜数游戏,赛事举办方要求参赛者在 1 到 100 之间选出一个数字,如果恰好选出举办方预先设定的数字,举办方会支付参赛者 100 元。这个数字一猜即中的概率很小,仅为 1%。为了增加参赛者赢的机会,举办方可以让其猜五轮,且每轮猜错后都会告诉参赛者猜得小了还是大了。当然,越早猜中奖励也越丰厚。若参赛者在第二轮猜中,将得到奖励 80 元;第三轮才猜中,奖励就降为 60 元;第四轮奖励为 40 元;第五轮奖励为 20 元。若五轮皆未猜中,游戏便会结束,参赛者将一无所获。

思考题:(1)你会不会玩这个游戏?(2)你认为你能拿到的奖励是多少?

一美元陷阱:耶鲁本科生都是“傻瓜”的证明

耶鲁大学教授马丁·舒比克(Martin Schubic)设计了下面这个陷阱博弈:一名拍卖人拿出一张 1 美元钞票,请大家给这张钞票开价。每次叫价以 5 美分为单位上升,出价最高者得到这一美元钞票,但出价最高和次高者都要向拍卖人支付相当于出价数目的费用。教授们在课堂实验上和毫无疑心的本科生们玩这个游戏,最后赚了一笔钱,这些钱至少够在教工俱乐部吃一两顿午饭了。

思考题:(1)如果是你,你会出价吗?为什么?(2)你认为教授们设计该实验的动机是什么?只是为了赚钱吗?

通过以上的案例,可以发现博弈无处不在,我们必须对博弈思维有一个充分且科学的认识。本章聚焦博弈思维,以博弈论为科学理论基础,结合生动形象的事例,突出博弈思维的魅力,并系统阐述博弈思维的具体应用。本章具体包含以下内容:博弈思维的表现及其重要意义;博弈思维的含义、科学理论基础及基本体系;纳什均衡的含义、判别方式和重要意义;静态博弈和动态博弈两类场景的现实问题,以富有生活气息的语言和完整的思维逻辑突出博弈思维的具体应用。

2.1 博弈思维的表现和意义

古往今来,小到个人私利竞争,大到大国竞争,均充分证明了博弈是智慧的较量,充满了攻守和制约。有利益就有竞争,有竞争就有博弈。人生充满博弈,若想在新时代不做被动者,就必须具备博弈思维并懂得如何应用。本节用通俗易懂但又不乏理论支撑的语言对学习、生活和工作中的博弈事件的基本表现和意义进行探讨,详细介绍了囚徒困境、最后通牒博弈、公共物品博弈、信任博弈、礼物交换博弈、智猪博弈、枪手博弈、蜈蚣博弈、分蛋糕博弈和脏脸博弈等博弈模型的基本内涵,以实现博弈思维的通俗化、简单化。

2.1.1 博弈思维的表现

【例 2-1】 囚徒困境

两个犯罪嫌疑人被关入监狱,不能相互沟通。如果两个人都不揭发对方,则由于部分罪行证据不充分,两个人各入狱 2 年。若一人坦白,而另一人选择不坦白,则坦白者因为立功而立即获释,不坦白者因事实清楚且没有自首情节而入狱 8 年。若两人都选择坦白,则因证据确凿且有自首情节,二者均被判刑 5 年。不难发现:两个犯罪嫌疑人都不坦白是他们最好的选择。但是由于双方都不知道对方的选择,那么对于单一个体而言,选择坦白的结果是要么入狱 5 年,要么被释放;而选择不坦白的结果是入狱 8 年或者入狱 2 年。假设对方坦白与否的概率都是 50%,那么坦白的坐牢期望年限是 2.5 年,而不坦白的期望年限是 5 年。所以,对于任何一个理性的人,如果对对方没有很深的了解,均会选择坦白作为自己的最后选择。

【例 2-2】 最后通牒博弈

最后通牒博弈由德国柏林洪堡大学经济学教授古斯(Werner Guth)提出。在这一博弈中,两名参与者分别担任提议方和回应方。提议方有主动选择提案的权利,即可以选择分多少钱给自己,以及分多少钱给回应方。回应方则选择是接受还是拒绝。如果回应方接受,则按照提议方的建议进行实际分配;如果回应方拒绝,那么提议方和回应方均将一无所有。

假设两个人可以分的金额为 100 元。提议方是一个贪婪之人,给自己分了 80 元,而给回应方分了 20 元。面对这样不公平的分配,回应方十分生气,于是拒绝了该分配方案,结果提议方和回应方均一无所有。

假设两个人可以分的金额为 100 元。提议方是一个公平正义之人,打算分给自己和回应方各 50 元。回应方表示很满意,于是接受了分配,最后提议方和回应方各得 50 元。

基于最后通牒博弈,有研究者提出了独裁者博弈。不同于最后通牒博弈,独裁者博弈中的回应方没有权力拒绝,即提议方拥有绝对权力,他提出的任何一个分配方案,回应方必须得接受。

此外,最后通牒博弈的变式是免惩罚博弈。不同于最后通牒博弈,免惩罚博弈中回应方拒绝只会导致自己的净收益为 0,而不会对提议方的净收益造成任何影响。

思考题:如果你是提议方或者回应方,你会如何应对上述不同的博弈?你的选择是基于足够理性还是存在感性成分?

【例2-3】 公共物品博弈

在公共物品博弈中,每个参与者开始时均拥有一定数量的资金,他们被要求各自给一个公共账户进行投资,投资的金额不限。当公共账户的资金积累到一定数量后,首先乘上一个增值系数实现投资增值,然后将总收益进行平均分配。明显可以看出,参与者投资得越多,个人获得收益越多。若是所有参与者均不投资,公共账户没有资金,大家则不会有任何收益。

假设A、B、C三个参与者参与一个项目,每个人的初始资金均为1 000元。其中,A比较小气,试图搭便车,所以其选择投资0元;B比较谨慎,选择投资800元;C对该项目比较信任,选择投资1 000元。此时,公共账户资金为1 800元。如果增值系数为2,则投资后的总收益为3 600。接下来将总收益平均分成三份,则A、B、C每人均得1 200元。最后,A有2 200元,B有1 400元,C有1 200元。不难发现,搭便车有时会成为利益最大化的策略。

【例2-4】 信任博弈

信任博弈是由著名实验经济学家伯格(Joyce Berg)等人于1995年提出的。在该博弈中有两名参与者,一名充当委托人,一名充当代理人。委托人拥有一笔资金,并决定是否对代理人进行投资。如果委托人投资x元,那么代理人能利用该投资实现投资收益,获得的收益为$3x$元。接着,作为投资回报,代理人可选择返还给委托人y元,其中$0\leqslant y\leqslant 3x$。显然,如果委托人选择投资而且代理人选择返还一个大于x的投资回报,那么双方均能从这次投资中获益。

假如委托人投资1 000元给代理人,代理人获得投资收益为3 000元。如果该代理人大方,选择返还2 000元给委托人作为红利。于是委托人净收益为1 000元,而代理人净收益为1 000元。

假如委托人投资1 000元给代理人,代理人获得投资收益为3 000元。如果该代理人自私,选择返还500元给委托人作为红利。于是委托人净收益为-500元,而代理人净收益为2 500元。

【例2-5】 礼物交换博弈

礼物交换博弈是由著名经济学家阿克洛夫(Akerlof)于1982年提出的。该博弈模拟的是劳动力市场。在该博弈中,有两名参与者,一名作为雇主,一名作为工人。雇主给工人任意金额作为工资。工人可以选择接受或不接受。如果工人不接受工资,则双方的收益均为 0。如果工人接受了工资,其需要选择愿意提供的努力程度(可以理解为生产投入成本)。工人选择的努力水平越高,雇主的收益会越大,但是工人的净效用会越低。

假如雇主发给工人的工资为 100 元,工人拿了工资后积极性大涨,非常努力地工作(假设努力折算成本为 80 元),结果为雇主赚了 240 元。因此,雇主净收益 140 元,而工人净收益 20 元。

假如雇主发给工人的工资为 100 元,但是工人不认真工作(假设努力折算成本为 20 元),结果只为雇主赚了 60 元。因此,雇主净亏损 40 元,而工人净收益 80 元。

【例 2-6】 智猪博弈

假设猪圈里有一头大猪和一头小猪。猪圈的一端有猪食槽,另一端安装着可以由大小猪控制的猪食供应按钮。按一下按钮则会有 10 个单位的猪食进槽,但是谁按按钮的话,则需要首先付出 2 个单位的成本。若大猪先到槽边,大小猪吃到的猪食量分别为 9 单位和 1 单位;若大小猪同时到槽边,大小猪吃到的猪食量分别为 7 单位和 3 单位;若小猪先到槽边,大小猪吃到的猪食量分别为 6 单位和 4 单位。在大小猪均有智慧的前提下,小猪应该如何选择?

最好的办法是小猪选择等待,让大猪去按控制按钮,而自己选择"搭便车"。从小猪的视角出发,假定大猪选择按按钮,如果小猪也选择按按钮,则小猪的净收益为 1 个单位(吃到了 3 个单位猪食的同时也耗费了 2 个单位的成本);而如果小猪选择等待的话,则可以获得 4 个单位猪食的净收益。因此,当大猪选择按按钮时,小猪选择等待优于其选择行动。假定大猪选择等待策略,如果小猪选择行动,小猪的收益将低于成本,净收益为 -1 单位;如果小猪也选择等待策略,那么小猪的净收益为零。因此,当大猪选择等待时,小猪选择等待优于其选择行动。综上所述,无论大猪是不是选择按按钮,小猪的策略都为等待。

【例 2-7】 枪手博弈

有三个枪手 A、B、C,三人的命中率分别为 80%、60%、40%。现在给他们每人一颗子弹,要求他们同时瞄准同伴射击,目标是使自己活下来。如果 A 选择瞄准射击 B,B 选择瞄准射击 A,而 C 选择瞄准射击 A,三人存活的概率分别为:$p_A=(1-0.6)(1-0.4)=0.24$,$p_B=1-0.8=0.2$,$p_C=1$。因此,枪法最不准的 C 活下来的概率最大。

如果将规则改为三个人轮流射击,且 A 先射击,那么谁活下来的概率最大呢?在该规则下,A 会选择射击 B,如果 B 倒下了,则下一个射击的就是 C,那么此时 A 活下来的概率为 60%,而 C 活下来的概率依然是 100%;如果 B 没有倒下,则下一轮在 B 射击时会选择 A,此时 A 活下来的概率为 40%,不管 A 是否倒下,第三轮 A、B 的命运由 C 决定。

如果游戏规则改为必须是 C 先开枪,那么其应该怎么选择呢?答案是不针对 A 和 B

任何一人地胡乱射击即可。这是因为如果C不小心射中了A和B任何一人,其活下来的概率会大大降低。只要C没有机会成为A和B的最大威胁,当其射击完毕,A和B依然会陷入互相攻击的困境。

【例2-8】 蜈蚣博弈

蜈蚣博弈属于双人博弈,要求两个局中人A和B轮流行动,局中人A先行动,轮到B时,B可以有两种选择:一为不合作;二为合作,且合作能给双方带来更大的总收益。第一轮,当局中人A选择了不合作,博弈直接结束,局中人A和B的收益均为0。当局中人A选择了合作,博弈将继续进行,此时轮到局中人B进行选择:如果局中人B不合作,结束博弈,局中人B获得比局中人A更高的收益;如果局中人B选择合作,博弈将会进入下一轮。随着博弈的不断进行,两个局中人的收益之和将越来越高。博弈进行有限轮,若两个局中人一直选择合作,最后,两个局中人的收益将会相同。

【例2-9】 分蛋糕博弈

分蛋糕博弈模型强调了讨价还价策略的重要意义。该博弈模型的显著特征是:“分蛋糕”无法一次性完成,需要多回合,而且期间需要承担蛋糕会融化的成本。如果局中人不能及时达成交易,不仅令集体的收益受损,而且会降低个体的收益。因此,部分博弈可以利用时间成本、威胁或者承诺来使某些局中人获得有利位置。

【例2-10】 脏脸博弈

三位帅哥坐在屋子里,安安静静。

一位美女进来说:“你们三位之中至少有一个人的脸是脏的。”

三人互相看了看,都哈哈大笑。

美女接着说道:“你们知道吗?”

三人再看了看彼此,顿悟,瞬间脸都红了。

这是为什么呢?原因如下:美女的第一句话令三位帅哥均知道脏脸的存在。帅哥们的哈哈大笑则进一步推测出每一位帅哥都知道对方也知道了脏脸的存在。美女的第二句话则提醒了每位帅哥,其实他们的脸都是脏的,所以最后所有人都脸红了。其背后的逻辑是:假设三位帅哥分别是A、B和C,从A的角度看,如果自己的脸不是脏的,那么B笑的原因肯定是因为C脸脏。但为什么C没有意识到B笑的原因是自己的脸脏呢(至少没有表现出来)?这说明B笑的原因只能是A的脸脏,因为只有这样C才不会意识到B笑的原因是其自己的脸脏,而在C的潜意识里B笑的原因是A的脸脏。同理,分别站在B和C的角度看,就会发现每个人都推测出了自己的脸脏的事实。

2.1.2 学习博弈思维的意义

博弈论是博弈思维的科学理论基础,学习博弈思维的重要性可以通过博弈论的重要性体现出来。

1970年诺贝尔经济学奖获得者保罗·萨缪尔森(Paul Samuelson)曾经说:“要想在现代社会做一个有文化的人,必须对博弈论有一个大致的了解。”博弈论正在成为经济学、政治学、军事科学、法学、社会学等领域极其有用的分析工具。学习博弈论对学习者的创新能力培养也起到很大的作用。第一,博弈分析的关键步骤是找出在别人选择既定的情况下自己的最优反应策略(给自己带来最大收益的策略),找到最优的过程其实就是创新的过程。第二,博弈分析的过程是解决问题的过程。解决问题的过程一般包括三个步骤:首先,我们需要明确问题;其次,找出各种可能的方案;最后,对比研究选择最优方案。

2.2 博弈思维的定义及其科学理论基础

博弈思维的定义是什么?博弈思维的理论基础是什么?博弈论的基本理论体系是什么?博弈如何分类?本小节将依次对上述问题进行回答和阐述。

2.2.1 博弈思维的定义

博弈的本意是指下棋,适用的情境为一切有对抗、有对手、有输赢的游戏。比赛、战争、投机、打牌等,均是博弈活动。博弈思维不同于其他思维方式,它是对抗性的,赢或输的结果不仅仅取决于自己,还取决于对手。很多时候,博弈的胜利者之所以赢,并不是其有多强,而是对手不够强。

《辞海》对“博弈”的解释包括:(1)局戏和围棋。局戏也是古代弈棋之类的游戏。(2)赌博:这伙人出为盗贼,聚为博弈。

《辞海》对“思维”的解释包括:(1)与“感性认识”相对,指理性认识,即思想;或指理性认识的过程,即思考。“思维”是人脑对客观事物间接的和概括的反映。“思维”包括逻辑思维和形象思维,通常指逻辑思维。(2)与“存在”相对,指意识、精神。

依据上述的分析,本书将博弈思维定义如下:

博弈思维指的是行为主体以决策结果建立在与其有“利益”关系的其他行为主体的选择的基础之上为特征,并以偏理性的认知观念来衡量各行为主体决策组合所产生的收益的思想或意识。

在上述定义中,“行为主体”可以是自然人,也可以是企业和政府,也可以是社会组织等;“利益”可以是金钱,也可以是基于特殊评价体系(如体验价值和情感价值等)被量化后的效用;强调“偏理性”是因为行为主体可能没有绝对理性的能力,也可能因为行为主体基于价值观的不同或者对社会责任认识的不同而在构建自身收益时会部分突出感性层面的价值。

2.2.2　博弈思维的理论基础:博弈论

博弈论(Game Theory),又称对策论,是一门以数学为基础,研究发生对抗与冲突时如何做最佳选择的学问,其本身属于运筹学的一个分支。鉴于博弈论是研究局中人的策略选择或行动发生直接相互作用时的决策以及附带产生的均衡问题,2005 年诺贝尔经济学奖获得者罗伯特·约翰·奥曼(Robert John Aumann)将博弈论定义为“交互的决策论”。后来,奥曼将经济主体的理性纳入其分析框架,将博弈论进一步定义为交互式条件下的“最优理性决策”,具体表现为博弈的每个局中人均以能实现其偏好的最大满足为决策准则。

博弈论的精髓体现在任何局中人在决策时均是以系统思维为基础,并会理性换位思考。也就是说,某一局中人在考虑其收益并选择其行动或策略时,应当理性地用其他局中人的收益去推测其行动或策略,从而选择对自己最有利的行动或策略。更具体地说,局中人往往需要先考虑竞争对手可能会怎么做,然后选择自己的行动或策略。与此同时,如果该局中人的行为是以竞争对手可能的行动或策略为依据的话,那么竞争对手在行动或策略的选择上,也会考虑该局中人将会如何行动。因此,在某种程度上,任何局中人的行动或策略选择都是建立在其认为竞争对手认为其会如何行动的基础之上的。

博弈论为交互的决策提供了一个分析框架,为博弈思维的应用奠定了理论基础,它的应用已远远超出了经济学的范畴,在政治学、社会学、哲学、法学、军事科学、金融学、国际关系、计算机科学、证券学、生物学和其他很多学科中都有广泛的应用。随着平台经济、数字经济和低碳经济的快速发展,以博弈论为基础的博弈思维将继续显示出其发展与应用的强大生命力。

2.2.3　博弈论的基本体系

(1)博弈思维构建的基本要素

局中人(Player):指博弈的参与人,又称博弈方,是博弈中能独立决策、独立行动并承担决策结果的个人或组织。只要有独立的决策和行动,便可视为博弈方,也就是决策的主体。有两个局中人参与的博弈叫二人博弈,而多于两人的博弈叫多人博弈。

行动(Action or Move):行动是局中人在博弈的某个时间点的决策变量。当博弈是静态博弈时，行动和策略可以等同；当博弈是动态博弈时，行动和策略是不同的概念，此时策略是行动的规则而不是行动本身。

策略与策略集（Strategy and Strategy Set）：策略是指局中人的行动。一局博弈中，每个局中人都有多个可选择的行动，每个行动称为该局中人的一个策略。每一个策略都对应相应的结果，供局中人选择的策略数量越多，博弈就越困难、越复杂。一个局中人所有策略的集合称为该局中人的策略集或行动空间，局中人在实际行动中总会选择切实可行的策略付诸实施。在一局博弈中，如果局中人的个数有限，且每个局中人的策略集均是有限集合，则称该局博弈为“有限博弈”，否则，称该局博弈为“无限博弈”。不管对方采用什么策略，本方不会改变的策略称为占优策略（Dominant Strategy）。

支付与支付函数（Payoff and Payoff Function）：支付是指每个局中人选择出策略后所获得的收益。支付是局中人进行判断和决策的依据。博弈胜负的评判结果主要依靠策略选择后的得失衡量。每个局中人的支付不仅取决于自己的策略选择，也依赖于其他局中人的策略选择，因此它是所有局中人策略选择的函数，也称为支付函数或收益函数。支付函数的值既可以是某种量值，也可以是量化后的效用，其值既可为正也可为负。

信息（Information）：信息是指局中人在进行博弈时有关其他局中人的特征和行动的知识，是参与人有关博弈的知识，包括随机状态下不是人为选择而是类比为市场等“自然”的选择。

结果（Outcome）：结果是博弈分析者所感兴趣的集合，如均衡战略组合、均衡行动组合、均衡支付组合等。

均衡（Equilibrium）：所有局中人的最优策略形成的局势或行动的集合，是博弈最可能出现的结果。

每局博弈至少包含局中人、策略和支付函数三个要素，具体的博弈还需要有信息、结果和均衡等其他要素。

（2）基本假设

理性：博弈论的基本假设是强调行为主体的理性，即行为主体必须在能够充分考虑行为主体之间的行为的相互作用及其可能产生的影响的前提下，做出合乎理性的选择。所谓合乎理性是指博弈局中人在最优化自己的目标函数的动机下，选择使其目标最理想的策略。该假设符合人们在社会实践中的心理规律，因为在绝大多数情境中，各行为主体都有自己的利益或目标函数，都面临着行动或策略的选择问题。在绝大部分的博弈活动中，涉及的理性是利己主义原则下的理性，不会考虑情感、公德、良心和道德等因素，一切行动均以最大化自身利益为决策基准。需要强调的是，博弈论中理性假设的具体体现是：不仅博弈的每个局中人都是理性的，并且彼此也都知道对方是理性的。

共同知识：共同知识指的是“所有局中人知道，所有局中人知道所有局中人知道，所有局中人知道所有局中人知道所有局中人知道……”的知识。共同知识是博弈论中一个非常强的假定。但是，在现实的许多博弈中，即使所有局中人共同享有某种知识，每个局中人也可能并不知道其他局中人知道这些知识，或者并不知道其他人知道自己拥有这些知识。

2.2.4 博弈表述模型

（1）标准式：适合表示二人、三人博弈的列表形式。其中二人博弈的标准式如表2-1所示，其中左侧第一列表示局中人1的策略集合，第一行为局中人2的策略集合，收益组合代表两个局中人在不同策略组合下的收益值。

表2-1 二人博弈的标准式

局中人2 / 局中人1	策略1	……	策略m
策略1	收益组合11	……	收益组合1m
……	……	……	……
策略n	收益组合n1	……	收益组合nm

（2）扩展式：可表示多人博弈（动态多人博弈）的博弈树形式。假定有两家影视公司（影视公司A和影视公司B）均想对某一个具有知识产权（Intellectual Property）的内容进行影视制作，通过前期的调研和大数据的分析，得出该影视内容的受众比较小，即该影视作品的市场需求较低。面对这样的情境，两家影视公司该如何选择呢？为了构建一个动态博弈，假定影视公司A先决策，影视公司B在观察到A的选择后再决策。那么博弈的扩展式表述如图2-1所示。从图中可以看到，A只有一个信息集，两个可选的行动，因此影视公司A的行动空间（也即战略空间）为$S_A=\{$制作，不制作$\}$。但B有两个信息集，每个信息集有两个可选的行动，因此影视公司B有四个纯战略，分别为：影视公司A制作我制作，影视公司A不制作我制作；影视公司A制作我制作，影视公司A不制作我不制作；影视公司A制作我不制作，影视公司A不制作我制作；影视公司A制作我不制作，影视公司A不制作我不制作。

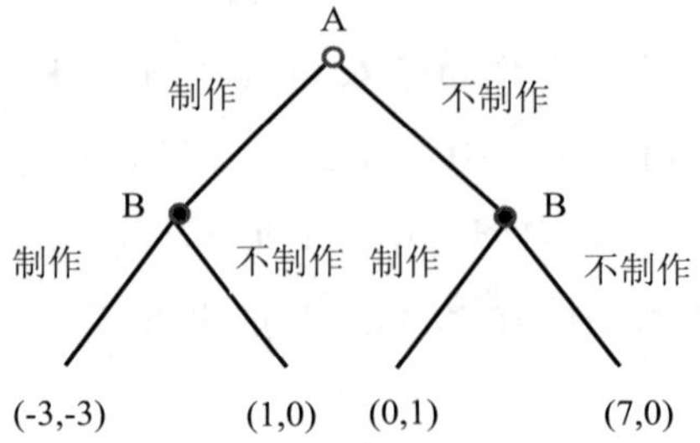

图 2-1 影视制作博弈树

表 2-2 影视剧制作博弈:战略式表述

		影视公司 B			
		{制作,制作}	{制作,不制作}	{不制作,制作}	{不制作,不制作}
影视公司 A	制作	-3,-3	-3,-3	1,0	1,0
	不制作	0,1	0,0	0,1	0,0

(3)特征函数式:出现在合作博弈的一般表述中。假设一个博弈的局中人数为 n,则所有局中人的集合可以为 $I=(1,2,\cdots,n)$。对于任一子集 $S\subseteq I$,定义一个实函数 $V(S)$,其满足以下两个条件:$V(\varphi)=0$,其中,φ 表示空集;当 $S_1\cap S_2=\varphi$ 且 $S_1\subseteq I,S_2\subseteq I$ 时,$V(S_1\cup S_2)\geqslant V(s_1)+V(S_2)$(称之为超可加性,也称协同效应)。将$[I,V]$称为一个 n 人合作博弈,称 $V(S)$ 为该博弈的特征函数,其中 S 是 I 的任意子集(联盟),$V(S)$ 描述了联盟的效益。特征函数式对 n 人合作博弈的每一种可能联盟都给出了相应的联盟收益。

需要指出的是,如果一个博弈可以表示成标准式,则其也可以表示成扩展式。

2.2.5 博弈的分类

(1)静态博弈和动态博弈

按照博弈局中人做策略是否存在先后顺序,可以将博弈分为静态博弈和动态博弈。静态博弈是指博弈局中人同时选择行动,或者尽管局中人行动的选择有先后顺序,但后行动的局中人并不知晓先采取行动的局中人选择了什么行动。动态博弈是指博弈局中人的行动有先后顺序,且后行动的局中人知晓先采取行动的局中人所选择的行动。举例来说,“石头剪子布”、囚徒困境、密封竞标活动等均是同时决策的,属于静态博弈;棋牌游戏、英格兰式拍卖(English Auction)和荷兰式拍卖(Dutch Auction)等活动的决策有先后次序,属于动态博弈。

下面,我们以教师对学生进行考核成绩认定和学生对教师评教为例,来进一步说明静态博弈与动态博弈之间的区别。每门课程结束后,学生需要给授课教师评分,授课教师也要评定学生的期末成绩。如果授课教师先给学生期末成绩，学生看到期末成绩后，会根据期末成绩的高低给授课教师评分。一般情况下，如果授课教师给学生的期末成绩高，学生给授课老师的评分自然也高；反之亦然。如果学生先给授课教师的评分高，授课教师自然也会给学生高的期末成绩；反之亦然。显然，上述两种情形是典型的动态博弈，学生和授课教师知道对方给自己的分数，然后再决定自己给对方的评分，就会导致学生和授课教师因害怕对方给自己低分而不敢给对方中差的个体打低分。

为了避免上述体制带来的弊端，也为了让学生和授课老师对彼此均给出最真实的评分，学校教务处出台了新的体制规则：让学生们在每次课程考试之前对学习课程和授课老师打分；打完分后，分数暂时对授课老师保密。等课程考试结束后，授课老师给出学生们的期末成绩并输入学校教务系统，此时，学生们才可知道各自的期末成绩。过一段时间后，教务系统再公布学生们对该课程的授课内容和授课老师的打分情况。不难发现，在上述过程中，师生相互评分博弈虽然存在物理时间上的先后顺序，但是并没有逻辑时间上的先后顺序，因为大家都不知道彼此的打分情况，等同于同时决策，因此属于静态博弈。

(2)完全信息博弈和不完全信息博弈

按照局中人是否明晰博弈策略的各种选择以及相应的支付函数大小，博弈可分为完全信息博弈和不完全信息博弈。完全信息博弈是指每个局中人对其他局中人的类型、策略空间及损益函数等信息均能精确知晓。如果局中人对其他局中人的类型、策略空间及损益函数的信息无法做到准确了解，或者不是对所有局中人的类型、策略空间及损益函数都有准确的信息，这样的博弈则属于不完全信息博弈。现实生活中存在很多信息不对称的博弈，比如“假货”和“假广告”，均是商家利用消费者对产品信息缺乏充分了解而采取的欺骗行为。

如果将静态博弈与动态博弈、完全信息博弈与不完全信息博弈这两种分类进行组合，就会出现四种更为具体的博弈类型，它们分别是完全信息静态博弈、完全信息动态博弈、不完全信息静态博弈、不完全信息动态博弈。与上述四种博弈相对应的均衡概念分别为纳什均衡、子博弈精炼纳什均衡、贝叶斯纳什均衡、精炼贝叶斯纳什均衡。关于纳什均衡，下一节内容将会呈现。

(3)其他分类

关于博弈的分类，按照局中人之间是否存在约束力的协议，可分为合作博弈和非合作博弈。根据在每一种局势中全体局中人的收益总和是否为一个常数，博弈可分为常和博弈和非常和博弈。按照局中人是否结盟，博弈可分为结盟博弈和不结盟博弈。

2.3 纳什均衡

诺贝尔经济学奖获得者萨缪尔森曾经说:“如果你想把一只鹦鹉训练成经济学家,只需要让它掌握两个词语——供给与需求。”后来博弈论专家坎多瑞又补充说:“想成为经济学家,只懂得供给与需求还不够,你还需要多掌握一个词,那就是‘纳什均衡’(Nash Equilibrium)”。因此,可以看出纳什均衡在经济中的重要性。本节重点阐述纳什均衡的含义、判定方法及其重要意义。

2.3.1 纳什均衡的定义

“纳什均衡”的概念来自纳什的两篇论文“Equilibrium Points in n-Person Games”和“Non-Cooperative Games”,纳什在论文中介绍了合作博弈与非合作博弈的区别,并给出了定义。

纳什均衡以美国数学家约翰·纳什(John Nash)的姓氏命名。本质上,纳什均衡描述了这样的场景:每个局中人选择一个策略,当一个局中人不改变策略时,没有局中人会选择偏离均衡策略,因为偏离不能使他们从中获益。纳什均衡是博弈论的重要概念,而博弈论是运筹学的一个分支,因此,纳什均衡肯定存在数学表达形式。下面给出纳什均衡的数学定义:

在博弈 $G=\{S_1,\cdots,S_n:u_1,\cdots,u_n\}$ 中,如果在由各个博弈方的各个策略组成的某个策略组合 $(s_1^*,\cdots,s_n^*)$ 中,任一博弈方 i 的策略 s_i^* 都是对其余博弈方策略的组合 $(s_1^*,\cdots,s_{i-1}^*,s_{i+1}^*,\cdots,s_n^*)$ 的最佳对策,也即 $u_i(s_1^*,\cdots,s_{i-1}^*,s_i^*,s_{i+1}^*,\cdots,s_n^*)\geqslant u_i(s_1^*,\cdots,s_{i-1}^*,s_j,s_{i+1}^*,\cdots,s_n^*)$ 对任意 $s_j\in S_i$ 都成立,则称策略组合 $(s_1^*,\cdots,s_n^*)$ 为博弈 $G=\{S_1,\cdots,S_n:u_1,\cdots,u_n\}$ 的一个“纳什均衡”。简单地讲,纳什均衡是能够满足任一局中人在假设其他局中人策略不变的前提下,自身不会偏离的策略得以稳定实现的策略组合。

根据纳什均衡能否直接存在,可以将纳什均衡分成“纯战略纳什均衡”和“混合战略纳什均衡”。首先区别纯战略与混合战略。前者是给局中人提供一个完整的、如何进行比赛的方案路径。而后者则是为每个纯战略分配一个概率而形成的战略。混合战略允许局中人随机选择一个纯战略。因为混合战略博弈中的每一种策略的选择均具有随机性,因此潜在的均衡出现的可能性需要用概率来计算。严格地说,每个纯战略都是一个“退化”的混合战略,表现为某一特定纯战略的概率为 1,其他的概率则为 0。

因此,“纯战略纳什均衡”指的是所有局中人都选择纯战略,而“混合战略纳什均衡”指的是至少有一位局中人会选择混合战略。此外,并不是每次博弈都会有纯战略纳什均衡,而有些博弈能同时有纯战略和混合战略均衡。

没有特殊说明时,现代经济学家所谈的博弈一般指的是非合作博弈,该博弈是社会利益博弈中的常见类型。进一步,可以将非合作博弈继续划分成完全信息静态博弈、不完全信息静态博弈、完全信息动态博弈和不完全信息动态博弈。具体如表2-3所示。

表2-3　纳什均衡的分类

行动顺序 / 信息类别	静态	动态
完全信息	纳什均衡(纳什)	子博弈精炼纳什均衡(泽尔腾)
不完全信息	贝叶斯纳什均衡(海萨尼)	精炼贝叶斯纳什均衡(泽尔腾等)

2.3.2　纳什均衡的判断方法

判断某一策略组合结果是不是纳什均衡的一般做法是看局中人是否可以通过单方面的背离而受益。如果还有其他策略让某一个局中人获得更高的收益,该局中人一定会偏离现有的策略组合。也就是说,当前的策略组合是不稳定的,因此不可能构成纳什均衡。

从表2-3可以看出,纳什均衡是完全信息静态博弈均衡解的一般概念。构成纳什均衡的策略一定是经过重复剔除严格劣策略后不能被剔除的策略。换句话说,没有一种策略会严格优于纳什均衡中的策略。需要强调的是,如果一个博弈不存在占优策略均衡或重复剔除的占优策略均衡,并不能说明其不存在纳什均衡。也就是占优策略均衡一定是纳什均衡策略,但纳什均衡策略不一定是占优策略均衡。

纳什均衡与重复剔除的占优策略均衡一样,不仅要求所有的局中人均是理性的,而且要求每个局中人都了解所有其他局中人也都是理性的。因为只有这样,均衡结果才有可能实现。

纳什均衡的判断方法包括画线法、重复剔除法、反应函数法。

(1)画线法

利用囚徒困境的例子进行说明。首先以标准式将博弈的潜在结果表示出来,如表2-4所示。

表2-4　囚徒困境支付矩阵

嫌疑人2 / 嫌疑人1	坦白	不坦白
坦白	-5,-5	0,-8
不坦白	-8,0	-2,-2

分析犯罪嫌疑人 1 的策略选择时,在既定列(即犯罪嫌疑人 2 的策略不变)下,比较行中代表犯罪嫌疑人 1 的收益的数字大小,数字大的下面进行画线。同理,分析犯罪嫌疑人 2 的策略选择时,在既定行(即犯罪嫌疑人 1 的策略不变)下,比较列中代表犯罪嫌疑人 2 的收益的数字大小,数字大的下面进行画线。需要注意的是,如果比较的数字相等时,对比较的数字同时画线。当某一策略组合下的收益数字均被画线时,该策略组合则为纳什均衡。经过画线法处理过的表格如表 2-5 所示。

表 2-5　囚徒困境支付矩阵(画线后)

嫌疑人 1 \ 嫌疑人 2	坦白	不坦白
坦白	$\underline{-5}$,$\underline{-5}$	$\underline{0}$,-8
不坦白	-8,$\underline{0}$	-2,-2

不难发现,策略组合(坦白,坦白)下的收益数字均被画线,因此该策略即纳什均衡。进一步,可以发现策略组合(不坦白,不坦白)下的收益数字均大于策略组合(坦白,坦白)下的收益数字,但策略组合(不坦白,不坦白)并没有构成纳什均衡。这就构成了囚徒困境。下面给出囚徒困境的含义:

囚徒困境指的是博弈局中人会在博弈决策时陷于这样一种困境,在该困境下,博弈局中人基于个体理性形成的一个纳什均衡组合策略劣于一个并不是纳什均衡策略组合的其他策略组合。

(2)重复剔除法

该方法的精髓在于剔除绝对占优的策略组合,如果最后剩下的策略组合唯一,则该策略组合为重复剔除的占优均衡,也是唯一的纳什均衡。下面举例说明:假设局中人 A 有两个策略 $S_A=(L,R)$,局中人 B 有三个策略 $S_B=(U,M,D)$,相应的收益支付矩阵如表 2-6 所示。

表 2-6　重复剔除占优均衡支付矩阵-I

A \ B	*U*	*M*	*D*
L	2,1	2,3	1,2
R	1,4	1,2	3,1

首先,通过比较发现,局中人的两个策略不存在一个严格占优的策略(这是因为当局中人 B 选择策略 *U* 和策略 *M* 时,局中人 A 会选择 *L*;但当局中人 B 选择策略 *D* 时,局中人 A 会选择策略 *R*)。接着,运用相同的思路,发现局中人 B 选择策略 *M* 会优于选择策略 *D*(这是因为 3>2 且 2>1),因此比起策略 *D*,策略 *M* 是局中人 B 的占优策略。剔除策略 *D*

后,得到更新后的支付矩阵表格如表 2-7 所示。

表 2-7　重复剔除占优均衡支付矩阵–II

B / A	*U*	*M*
L	2,1	2,3
R	1,4	1,2

基于表 2-7,运用相同的思路,发现局中人 A 选择策略 *L* 会优于选择策略 *R*(这是因为 2>1),因此比起策略 *R*,策略 *L* 是局中人 A 的占优策略。剔除策略 *R* 后,得到更新后的支付矩阵表 2-8。

表 2-8　重复剔除占优均衡支付矩阵–III

B / A	*U*	*M*
L	2,1	2,3

基于表 2-8,运用相同的思路,发现局中人 B 选择策略 *M* 会优于选择策略 *U*(这是因为 3>1),因此比起策略 *U*,策略 *M* 是局中人 A 的占优策略。剔除策略 *U* 后,得到更新后的支付矩阵表 2-9。

表 2-9　重复剔除占优均衡支付矩阵–IV

B / A	*M*
L	2,3

因此,局中人 A 选择策略 *L* 而局中人 B 选择策略 *M* 的组合是重复剔除的占优均衡策略组合,也是唯一的纳什均衡策略组合。

最后需要指出的是,均衡结果与劣策略的剔除顺序有关。如果每次剔除的是严格劣策略,均衡结果与剔除顺序无关;如果剔除的是弱劣策略,均衡结果可能与劣策略的剔除顺序有关。举例说明如下:假设局中人 A 有三个策略 $S_A=(U_1,M_1,D_1)$,局中人 B 有三个策略 $S_B=(U_2,M_2,D_2)$,相应的收益支付矩阵如表 2-10 所示。

表 2-10　重复剔除占优均衡支付矩阵—弱劣策略情形

B / A	U_2	M_2	D_2
U_1	3,13	2,11	2,13
M_1	1,13	1,11	1,12
D_1	1,13	1,11	1,14

上述博弈中,如果剔除顺序是 D_1、D_2、M_2、M_1,则(U_1,U_2)是最后剩下的策略组合;如果剔除顺序是 M_2、M_1、U_2、D_1,则(U_1,D_2)是最后剩下的策略组合。此时,可以选择严格劣策略剔除,此时不会存在重复剔除的占有均衡,但会存在两个纳什均衡,分别为(U_1,U_2)和(U_1,D_2)。

(3)反应函数法

该法主要面对的是局中人决策变量是连续类型的情形,需要借助运筹学的最优性理论进行分析求解。读者可以参考决策产量的古诺模型和斯塔克尔柏格模型来进行学习和理解。

2.3.3 纳什均衡的意义

(1)改变了经济学的体系和结构。非合作博弈论的概念、内容、模型和分析工具等,均已渗透到微观经济学、宏观经济学、平台经济学、劳动经济学、信息经济学、国际经济学、环境经济学等经济学科的绝大部分学科领域。

(2)扩展了经济学研究经济问题的范围。原有经济学缺乏将不确定因素、变动环境因素以及经济个体之间的交互作用模型化的有效办法,因而不能进行微观层次经济问题的解剖分析。

(3)形成了基于经典博弈的研究范式体系。可以将各种问题或经济关系,按照经典博弈的类型或特征进行分类,并根据相应的经典博弈的分析方法和模型进行研究。

(4)扩大和加强了经济学与其他社会科学、自然科学的联系。纳什均衡之所以伟大,就因为它几乎无处不在。纳什均衡理论既适用于人类的行为规律,也适用于人类以外的其他生物的生存、运动和发展的规律。

2.4 应用一:静态博弈思维

【例 2-11】 产品生产:诚信至上

两家企业 A 和 B 同时销售具有仿制替代性的商品。它们面对的策略包括诚信和作假。诚信是指生产具有知识产权的高质量产品;而作假则是生产没有知识产权的低质量仿制品。不同的策略组合会产生不同的收益支付矩阵。具体收益支付矩阵如表 2-11 所示。

表 2-11 不同生产经营模式下的支付矩阵

企业 A \ 企业 B	诚信	作假
诚信	1,1	-5,5
作假	5,-5	-1,-1

问题：

(1)该博弈是否存在纳什均衡？

(2)该博弈是否存在囚徒困境？

(3)该博弈结果暗含什么管理启示？

解：(1)根据画线法，可以得到表 2-12：

表 2-12 不同生产经营模式下的支付矩阵—画线法

企业 A \ 企业 B	诚信	作假
诚信	1,1	-5,<u>5</u>
作假	<u>5</u>,-5	<u>-1</u>,<u>-1</u>

因此，该博弈存在的纳什均衡为企业 A 选择作假且企业 B 也选择作假。

(2)依据囚徒困境的定义，该博弈存在囚徒困境。因为如果两个企业同时选择诚信生产，二者的收益均为 1，均大于同时作假的-1。

(3)该博弈结果的启示是：诚信的企业形象可以实现双赢，而作假的企业形象会造成竞争企业双输，不利于企业的健康发展。因此，国家需要从政府层面构建诚信的市场环境，企业需要牢守诚信，拒绝弄虚作假，个人也应该坚决抵制购买假冒产品。

【例 2-12】 婆媳宫斗：两败俱伤

婆媳关系折射出很多博弈思维的应用。当婆婆和儿媳妇在某些问题上无法达成一致时，各自面对的策略包括斗争和忍让。不同的策略组合会产生不同的收益支付矩阵。具体收益支付矩阵如表 2-13 所示：

表 2-13 婆媳宫斗博弈下的支付矩阵

儿媳妇 \ 婆婆	斗争	忍让
斗争	-1,-1	1,-2
忍让	-2,1	0,0

问题：

(1)该博弈是否存在纳什均衡？

(2)该博弈是否存在囚徒困境？

(3)该博弈结果暗含什么管理启示？

解：(1)根据画线法，可以得到表2-14：

表2-14 婆媳宫斗博弈下的支付矩阵—画线法

儿媳妇 \ 婆婆	斗争	忍让
斗争	-1,-1	1,-2
忍让	-2,1	0,0

因此，该博弈存在的纳什均衡为儿媳妇选择斗争且婆婆也选择斗争。

(2)依据囚徒困境的定义，该博弈存在囚徒困境。因为如果婆婆和儿媳妇同时选择忍让，二者的收益均为0，均大于同时斗争的-1。

(3)该博弈结果的启示是：与人相处时要懂得谦虚，学会包容，明白退一步海阔天空的道理。斗争虽然能释放一定的情绪，但不利于与他人建立友善关系，还可能令人遭受更大的损失，比如失去友情、淡化亲情。

【例2-13】 狭路相逢勇者胜：亮剑的魅力

两军对峙，在无法判定对方作战策略的前提下进行作战部署。两军的统帅面对的策略包括亮剑和退让。不同的策略组合会产生不同的收益支付矩阵。具体收益支付矩阵如表2-15所示：

表2-15 狭路相逢勇者胜的支付矩阵

甲 \ 乙	亮剑	退让
亮剑	-2,-2	1,-1
退让	-1,1	-1,-1

问题：

(1)该博弈是否存在纳什均衡？

(2)该博弈是否存在囚徒困境？

(3)该博弈结果暗含什么管理启示？

解：(1)根据画线法，可以得到表2-16：

表 2-16　狭路相逢勇者胜的支付矩阵—画线法

甲＼乙	亮剑	退让
亮剑	-2,-2	1,-1
退让	-1,1	-1,-1

因此,该博弈存在两个纳什均衡,分别为:甲选择退让而乙选择亮剑;甲选择亮剑而乙选择退让。

(2)依据囚徒困境的定义,该博弈不存在囚徒困境,因为不是纳什均衡的策略组合(即甲乙同时选择亮剑或者同时选择退让)无法支配任何一个存在的纳什均衡。

(3)该博弈结果的启示是:两军交战时,一味地妥协或者求和不一定会换来好的结果,必要时,我们应该敢于行动,敢于出手。当前世界正处于百年未有之大变局,国家关系充满了不确定性和挑战。作为大国,我们必须有敢于亮剑的精神。

【例 2-14】　狩猎博弈:合作下的双赢

甲和乙均以狩猎为生,具备不同的狩猎能力。二人可以单独捉住兔子,但只有通过合作才能捉住鹿,即无法单独捉住鹿。在面对猎物时,他们的策略包括猎鹿和猎兔。不同的策略组合会产生不同的收益支付矩阵。具体收益支付矩阵如表 2-17 所示:

表 2-17　狩猎博弈支付矩阵

猎人甲＼猎人乙	猎鹿	猎兔
猎鹿	4,4	0,2
猎兔	2,0	2,2

问题:

(1)该博弈是否存在纳什均衡?

(2)该博弈是否存在囚徒困境?

(3)该博弈结果暗含什么管理启示?

解:(1)根据画线法,可以得到表 2-18:

表 2-18　狩猎博弈支付矩阵—画线法

猎人甲＼猎人乙	猎鹿	猎兔
猎鹿	4,4	0,2
猎兔	2,0	2,2

因此,该博弈存在两个纳什均衡,分别为:猎人甲乙同时猎鹿;猎人甲乙同时猎兔。

(2)依据囚徒困境的定义,该博弈不存在囚徒困境,因为不是纳什均衡的策略组合(即猎人甲乙分别选择猎取不同的猎物)无法支配任何一个存在的纳什均衡。但需要强调的是,相对于猎人甲乙同时猎兔的纳什均衡,猎人甲乙同时猎鹿的纳什均衡能够实施帕累托改进,即一种策略的改变不仅不会使原先局中人的情况变差而且至少会使其中一个局中人的情况变好,因此可以说,帕累托改进是人们最希望看到的稳定均衡状态。

(3)该博弈结果的管理启示是:合作能形成合力,实现收益的超可加性,而单打独斗无法使自己获得更好的收益。在这个充满挑战也充满希望的时代,我们要拧成一股绳,铆足一股劲,推动全球发展,共创普惠平衡、协调包容、合作共赢、共同繁荣的发展格局。

【例 2-15】 卷的世界:也许不卷的世界更美好

“卷”已经成为当前社会发展的新现象,入选了《语言文字周报》主办的 2021 年十大网络流行语。社会潮流下的各种活动是否真的合理和科学呢?为了不让自己的孩子输在起跑线上,家长会给孩子报各种辅导班,如提升个人竞争力的才艺班或者奥数班。假设博弈的局中人包括某家长 A 和家长 B,他们面对潮流时的策略包括加入和不加入。不同的策略组合会产生不同的收益支付矩阵。具体收益支付矩阵如表 2-19 所示:

表 2-19 社会潮流影响下的支付矩阵

家长 A / 家长 B	加入	不加入
加入	-5,-5	10,-10
不加入	-10,10	5,5

问题:

(1)该博弈是否存在纳什均衡?

(2)该博弈是否存在囚徒困境?

(3)该博弈结果暗含什么管理启示?

解:(1)根据画线法,可以得到表 2-20:

表 2-20 社会潮流影响下的支付矩阵—画线法

家长 A / 家长 B	加入	不加入
加入	$\underline{-5}$,$\underline{-5}$	$\underline{10}$,-10
不加入	-10,$\underline{10}$	5,5

因此,该博弈存在的纳什均衡为家长 A 和家长 B 同时选择跟风。

(2)依据囚徒困境的定义,该博弈存在囚徒困境。因为如果家长 A 和家长 B 同时选择不跟风,二者的收益均为 5,均大于同时跟风的-5。

(3)该博弈结果的管理启示是:在社会层面上,不科学的社会潮流是不值得提倡的,需要立即制止。在家长层面上,盲目追随社会潮流、剥夺孩子学习的自主权,也会使孩子对学习的意义产生扭曲的理解。近年来,我国先后对中招和高考乱加分现象进行了治理,增强了加分项的合理性和科学性。同时,我国对线上线下的各种培训都制定了明确的指导意见。上述政策的实施正是对不公平的“卷”的动机和不科学的“卷”的行为的有力回应。

【例 2-16】　学历的困惑:高学历可能让你错失好的就业时机

随着学历教育的改革和高校招生规模的不断扩大,从 2012 年到 2021 年,10 年里面我国的硕士研究生增加了 710.85 万人,并且这群高学历者已经成为社会里面的就业群体。为了使自己在未来就业时不被学历拖后腿,越来越多的大学毕业生在毕业后并没有选择直接就业,而是选择了继续深造,攻读研究生。这种盲目追求研究生学历的社会潮流和个体行为是否真的合理?假设博弈的局中人包括某大学毕业生 A 和大学毕业生 B,他们面对高学历潮流时的策略包括读研究生和毕业工作。不同的策略组合会产生不同的收益支付矩阵。具体收益支付矩阵如表 2-21 所示:

表 2-21　学历的困惑支付矩阵

毕业生 A / 毕业生 B	读研究生	毕业工作
读研究生	1,1	10,0
毕业工作	0,10	5,5

问题:

(1)该博弈是否存在纳什均衡?

(2)该博弈是否存在囚徒困境?

(3)该博弈结果暗含什么管理启示?

解:(1)根据画线法,可以得到表 2-22:

表 2-22　学历的困惑支付矩阵—画线法

毕业生 A / 毕业生 B	读研究生	毕业工作
读研究生	1,1	10,0
毕业工作	0,10	5,5

因此,该博弈存在的纳什均衡为毕业生 A 和毕业生 B 同时选择读研究生。

(2)依据囚徒困境的定义,该博弈存在囚徒困境,因为如果毕业生 A 和毕业生 B 同时选择毕业工作,二者的收益均为 5,均大于同时读研的 1。

(3)该博弈结果的管理启示是:在社会层面上,盲目追求高学历,不仅可能会降低高学历人才的质量,也可能会让社会缺失有价值的劳动力,因此需要对学历教育进行改革,也需要对就业市场进行规划和引导,不宜唯学历论。在大学毕业生层面上,高学历不能保证高质量的工作和生活,要根据自己的真实能力和兴趣需求进行就业和读研究生的抉择,不能盲目追求潮流。近些年,我国高度重视职业教育的发展,这间接回应了盲目追求高学历的不良社会潮流。

【例 2-17】 低碳经济:做环境的守护者

低碳经济是以低能耗、低污染、低排放为基础的经济模式,其实质是高耗能源利用效率和清洁能源结构问题,其核心是能源技术创新、制度创新和人类生存发展观念的根本性转变。低碳经济给企业的生产带来了机遇和挑战。面临竞争市场的企业是否一定会选择低碳技术的生产模式?现有两家产品提供厂商 A 和 B,他们可以选择的生产策略包括低碳技术生产和高碳技术生产。不同的策略组合会产生不同的收益支付矩阵。具体收益支付矩阵如表 2-23 所示:

表 2-23 不同生产技术模式下的支付矩阵

厂商 B 厂商 A	低碳技术生产	高碳技术生产
低碳技术生产	10,10	0,20
高碳技术生产	20,0	1,1

问题:

(1)该博弈是否存在纳什均衡?

(2)该博弈是否存在囚徒困境?

(3)该博弈结果暗含什么管理启示?

解:(1)根据画线法,可以得到表 2-24:

表 2-24 不同生产技术模式下的支付矩阵—画线法

厂商 B 厂商 A	低碳技术生产	高碳技术生产
低碳技术生产	10,10	0,<u>20</u>
高碳技术生产	<u>20</u>,0	<u>1</u>,<u>1</u>

因此,该博弈存在的纳什均衡为厂商 A 选择高碳技术生产且厂商 B 也选择高碳技术生产。

(2)依据囚徒困境的定义,该博弈存在囚徒困境。如果两个厂商同时选择低碳技术生产,二者的收益均为 10,均大于同时选择高碳技术生产的 1。

(3)该博弈结果的管理启示是:仅仅依靠企业的自我激励来实现低碳经济的快速发展是远远不够的,需要从政府层面对低碳经济的落实和发展进行引导和规范。可以实施补贴策略,甚至在必要时实施强制策略。此外,企业不应该完全以利润为导向,应该充分考虑企业的社会责任,需要将社会价值落实在自身的发展中,实现企业发展和社会进步的同频共振。

【例 2-18】　共同富裕:富人行善,穷人点赞

党的十八大以来,党中央把逐步实现全体人民共同富裕摆在更加重要的位置,采取有力措施保障和改善民生,打赢脱贫攻坚战,全面建成小康社会,为促进共同富裕创造了良好条件。共同富裕的过程中,避免不了有人先富,有人后富。如何理解先富带动后富?本节试图通过智猪博弈的变异版本来解释。在区域协调推动共同富裕的战略下,富地区和穷地区在面对实施某项重大工程项目时的策略包括作为和不作为。不同的策略组合会产生不同的收益支付矩阵。具体收益支付矩阵如表 2-25 所示:

表 2-25　共同富裕支付矩阵

富区域 \ 穷区域	作为	不作为
作为	5,1	4,4
不作为	9,-1	0,0

问题:

(1)该博弈是否存在纳什均衡?

(2)该博弈是否存在囚徒困境?

(3)该博弈结果暗含什么管理启示?

解:(1)根据画线法,可以得到表 2-26:

表 2-26　共同富裕支付矩阵—画线法

富区域 \ 穷区域	作为	不作为
作为	5,1	$\underline{4}$,$\underline{4}$
不作为	$\underline{9}$,-1	0,$\underline{0}$

因此,该博弈存在的纳什均衡为富区域选择作为且穷区域选择不作为。

(2)依据囚徒困境的定义,该博弈不存在囚徒困境。不是纳什均衡的三对策略组合无法支配由富区域选择作为且穷区域选择不作为组成的纳什均衡。

(3)该博弈结果的管理启示是:智猪博弈虽然突出的是搭便车现象,但并不能因此认为搭便车现象是需要杜绝的,这需要针对具体问题的属性进行回答。针对该博弈问题,国家和社会应该鼓励这种搭便车行为,因为它能提升社会公平性,也能加快社会经济发展。

2.5 应用二:动态博弈思维

在实际应用中,动态博弈的发生频率更高,其背后的博弈思维也更能彰显人类的智慧。本节内容聚焦动态博弈思维的具体应用,阐述海盗分金、一美元陷阱、在位者和进入者博弈、自我博弈、信号博弈、重复博弈和减法博弈等情境下动态博弈思维的具体应用。

对“海盗分金”的分析

4 号提出的方案肯定是最终方案,因为不管 5 号同意不同意,4 号的方案都能通过,所以 4 号和 5 号不必担心自己被投入大海。如果轮到 4 号提方案,5 号获得的金币为 0,4 号获得的金币为 100。

对于 5 号而言,没有机会分得金币。由于 4 号提方案的时候,5 号获取的金币为 0,所以,只要 4 号之前的人分配给 5 号的金币大于 0,5 号就同意该方案。

对于 4 号而言,如果轮到其提方案,4 号留 100 枚金币就能获得通过。即 4 号的方案是:100,0。但是,考虑到 3 号提的方案一定能获得通过(原因:3 号给 5 号的金币大于 0,5 号就同意),那 4 号获得的金币就为 0,所以只要 2 号让 4 号获得的金币大于 0,4 号就会同意。

对于 3 号而言,如果轮到其提方案,可以给 5 号 1 枚金币而自己留 99 枚金币就能获得通过。即 3 号的方案是:99,0,1。但考虑到 2 号提方案时给 4 号 1 枚金币,2 号的方案就会通过,那 3 号获得的金币就为 0,所以只要 1 号的分配方案能让 3 号获得的金币大于 0,其就会同意。

对于 2 号而言,如果轮到其提方案,不用顾及 3 号和 5 号的意见,只需给 4 号 1 枚金币而自己留 99 枚金币就能获得通过。即 2 号的方案是:99,0,1,0。所以只要 1 号的方案给 2 号的分配低于 99 枚金币,2 号就不会同意。

对于 1 号而言,2 号肯定不会同意。但是,只要其给 3 号和 5 号各 1 块金币就能获得通过。因为如果他们不同意的话,2号会行使分配权,此时,他们什么都得不到。

综合上述的分析,可以得到1号的方案是:98,0,1,0,1。

对案例"一美元陷阱"的分析

假定当前最高叫价是60美分,你的出价为55美分,排在第二位。出价最高者稳赚40美分,而你却不得不损失55美分。如果你追加10美分,出价65美分,你就可以和他调换位置。哪怕领先的叫价达到3.60美元,而你的出价3.55美元排在第二位,这一逻辑仍然成立。如果你不肯追加10美分,"胜者"就会亏损2.60美元,而你则要亏损3.55美元。

一美元陷阱的续集:哈佛大学和普林斯顿大学的学生亦是如此。

哈佛大学教授马克斯·巴泽曼(Max H. Bazerman)每次在上谈判课的第一节课时都要做一个拍卖实验。他挥舞着一张20美元面值的钞票进行拍卖,拍卖有两个规则:第一,竞价的加价单位是1美元;第二,竞拍的第二名也必须兑现自己的竞拍价格。在巴泽曼教授所进行的拍卖游戏中,无论是大学生还是参加研讨会的企业总经理,始终都无法逃脱亏损的结局。很多时候,他们为自己挖的坑越深,就越会继续挖下去。

阿维纳什·K.迪克西特(Avinash K. Dixit)是普林斯顿大学教授,一次本科博弈论课程结束时,他拿出20美元对学生们说,谁鼓掌时间最长就把20美元给谁。最后胜出的学生鼓掌竟然持续了4个半小时。

更不可思议的是,有一次迪克西特教授在演讲结束后拿出40美元奖励鼓掌时间最长的听众,结果其中的6个听众连续鼓掌超过了两个小时,考虑到再这么竞争下去也不是个办法,他最后决定由这6位听众平分了这笔钱。

这个案例给我们的启示:超级大国之间的核装备升级过程与此有什么分别吗?双方都付出了亿万美元的代价,为的是博取区区"一美元"的胜利。这些大国联合起来和平共处,才是一个更好的解决方案。

这些陷阱通常有以下三个特征:(1)有一个明显的诱饵;(2)通往诱饵之路是单向的,可进不可出;(3)参与者越想挣脱就会陷得越深,变得不能自拔,最后为此付出惨痛的代价。

避免此类陷阱的建议:(1)确立你投入的极限及预先的约定,譬如你计划花多少钱或多少时间去做一件事;(2)极限一经确立,就要坚持到底,一定不要轻易改变;(3)自己打定主意,尽量不受他人影响,避免出现"从众心理";(4)不断提醒自己继续投入的代价;(5)得有博弈思维:站在竞争者和博弈规则制定者的角度去思考自己的策略。

【例2-19】 分红谈判

甲乙两个投资者投资一本生意后获得红利10万元,此时他们面对的问题是如何分红。甲认为自己的投资多于乙,所以其分得的金额要比乙多。然而,乙认为虽然甲出资比自己高,但其在后期项目的执行过程中的贡献要明显比甲大,所以其分得的金额要比甲多。二者争执不下,不得不进行第三方谈判,具体的谈判规则如下:首先,甲提出一个分配方案,乙可以选择接受该方案,也可以选择拒绝该方案。如果乙接受甲的方案,那么博弈结束。博弈的结果是按照甲的分配方案来执行。如果乙拒绝甲的方案,则轮到乙提出自己的分配方案,然后由甲来决定是否接受乙提出的方案。如此循环下去,直到双方均接受所提方案为止。为了叙述问题的简洁,这里假设博弈只有三个阶段,即在第三阶段时,红利的分配方案会被强制执行。同时,由于乙是后行动者,所以假定乙至少能获得3万的分红。为了说明谈判成本的重要影响,这里首先处理没有谈判成本的情形。

采用逆序归纳法,首先考虑第三阶段,此时甲提出分配方案,且该方案是最终的分配方案。依据基本要求和个体理性的原则,甲会选择给自己分配7万元而给乙分配3万元,即第三阶段的分配方案是(7万,3万)。

接着,考虑第二阶段,此时是乙提出分配方案。由于甲会在第三阶段给自己分配7万元,所以在第二阶段的谈判中,乙必须至少要给甲分配7万元,否则甲会拒绝乙提出的方案。结合个体理性的原则,在第二阶段谈判中,乙只会给甲分配7万元而给自己分配3万元,即第二阶段的分配方案是(7万,3万)。

最后,考虑第一阶段,此时是甲提出分配方案。由于乙会在第二阶段给自己分配3万元,所以在第一阶段,甲必须至少要给乙分配3万元,否则乙会拒绝甲提出的方案。结合个体理性的原则,在第一阶段,甲只会给乙分配3万元而给自己分配7万元,即第一阶段的分配方案是(7万,3万)。

上述的博弈结果可以用图2-2的博弈树来表示。从中可以发现,在没有谈判成本的情形下,每一阶段的分配方案均为(7万,3万)。

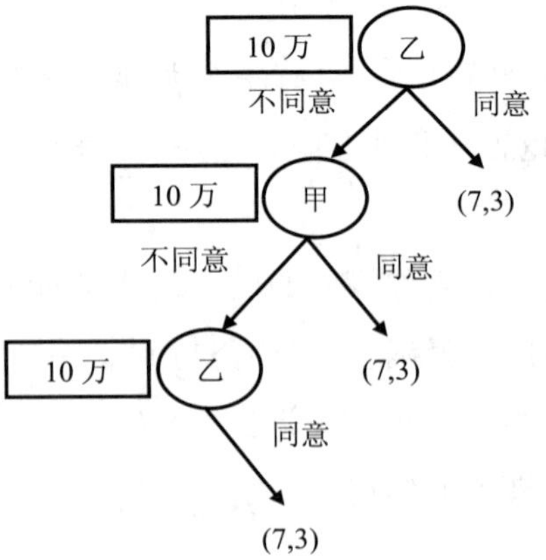

图2-2 没有谈判成本的分红谈判

但谈判肯定会消耗一定的成本,假设每轮谈判需要消耗待分配红利总额的10%。具体来说,开始阶段由于没有涉及谈判,所以红利总额依然是10万元。如果要进行第一轮谈判,红利总额则为9万元。如果要进行第二轮谈判,红利总额则为8.1万元。在其他条件保持不变的情形下,上述博弈的结果会发生什么变化呢?

依然采用逆序归纳法,首先考虑第三阶段,此时甲提出分配方案,且该方案是最终的分配方案。依据基本要求和个体理性的原则,甲会选择给自己分配5.1万元而给乙分配3万元,即第三阶段的分配方案是(5.1万,3万)。

接着,考虑第二阶段,此时是乙提出分配方案。由于甲会在第三阶段给自己分配5.1万元,所以在第二阶段的谈判中,乙必须至少要给甲分配5.1万元,否则甲会拒绝乙提出的方案。结合个体理性的原则,在第二阶段谈判中,乙只会给甲分配5.1万元而给自己分配3万元,即第二阶段的分配方案是(5.1万,3.9万)。

最后,考虑第一阶段,此时是甲提出分配方案。由于乙会在第二阶段给自己分配3.9万元,所以在第一阶段,甲必须至少要给乙分配3.9万元,否则乙会拒绝甲提出的方案。结合个体理性的原则,在第一阶段,甲只会给乙分配3.9万元而给自己分配6.1万元,即第一阶段的分配方案是(6.1万,3.9万)。

上述的博弈结果可以用图2-3的博弈树来表示。从中可以发现,在有谈判成本的情形下,乙的分红数量得到了改善,而甲的分红数量却变少了。在该博弈下,甲既是博弈的最先行动者也是最后阶段的行动者,但谈判成本的存在却使得其在这些方面的优势转变成了劣势。这说明,有时在谈判中,处于劣势的一方可以凭借谈判机制来提升自己的实际收益。

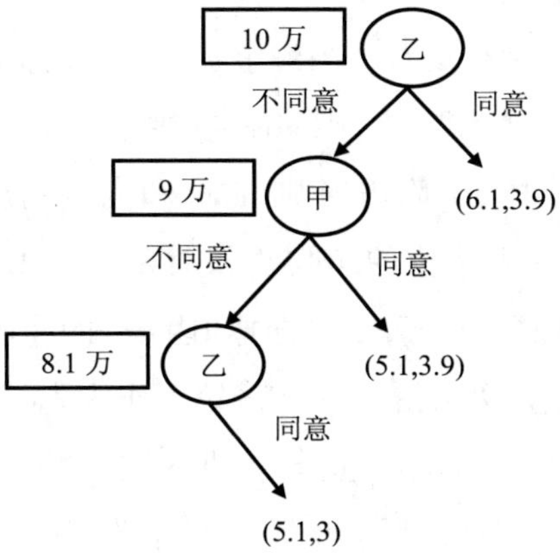

图2-3 有谈判成本的分红谈判

【例 2-20】 在位者和进入者博弈:淘宝和 ebay 的“世纪大战”

1999 年 8 月,易趣在上海创立,成为第一个把美国 C2C 在线销售的概念引入中国的公司。2002 年,eBay 收购了易趣,改名为 eBay. cn,正式成为当时中国刚刚兴起的电商市场的行业老大,大约占有全国网购市场的三分之二。2003 年 5 月,淘宝成立。2005 年,淘宝网购市场的规模超过中国 eBay,此后淘宝一路突飞猛进,直到占据全国市场份额的 80%以上。而 eBay 则一路下滑到个位数,最终选择把公司转手出让,退出中国 C2C 市场。eBay 作为在位企业,为什么被进入者身份的淘宝给挤出了中国市场呢?

(资料来源:http://mp. weixin. qq. com/s/ecMj9u7LXULPqguEWA9low)

可以通过两个博弈树模型来探讨其背后的原理。淘宝与 ebay 的世纪大战博弈树 I 如图 2-4 所示:

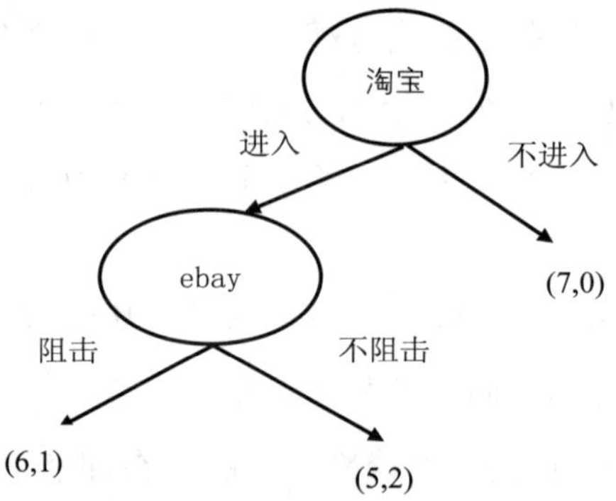

图 2-4 淘宝与 ebay 的“世纪大战”博弈树 I

假设淘宝的策略包括“进入”和“不进入”,而 ebay 的策略包括“阻击”和“不阻击”。淘宝作为先行动者,ebay 作为后行动者。当淘宝选择了“不进入”,则 ebay 和淘宝的净收益分别为 7 和 0。当淘宝选择了“进入”,则 ebay 在观察到这个行动后,可以选择“阻击”或者“不阻击”。如果 ebay 选择了“阻击”,则 ebay 和淘宝的净收益分别为 6 和 1;如果 ebay 选择了“不阻击”,则 ebay 和淘宝的净收益分别为 5 和 2。采用逆序归纳法,首先观察作为后行动者的 ebay 的选择。由于 ebay 选择“阻击”的净收益是 6,而选择“不阻击”的净收益是 5,因此,ebay 会选择“阻击”。接着,轮到作为先行者的淘宝做选择。如果淘宝选择“进入”,其净收益为 1;如果淘宝选择“不进入”,其净收益为 0。因此,淘宝会选择“进入”。综上分析,可以得出该动态博弈的均衡结果为:淘宝选择“进入”,而 ebay 会选择“阻击”。

接下来,考虑另外一种情形下的博弈树,即淘宝与 ebay 的世纪大战博弈树 II,如图 2-5 所示:

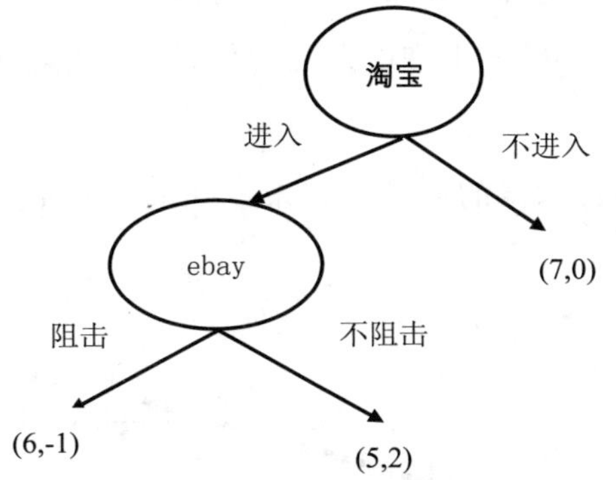

图 2-5 淘宝与 ebay 的“世纪大战”博弈树 II

通过比较发现:除了在淘宝选择“进入”而 ebay 选择“阻击”时,淘宝的净收益由 1 改成-1,其他博弈元素均一样。依据上面的分析方法,当淘宝选择了“不进入”,则 ebay 和淘宝的净收益分别为 7 和 0。当淘宝选择了“进入”,如果 ebay 选择了“阻击”,则 ebay 和淘宝的净收益分别为 6 和-1;如果 ebay 选择了“不阻击”,则 ebay 和淘宝的净收益分别为 5 和 2。由于 ebay 选择“阻击”的净收益是 6,而选择“不阻击”的净收益是 5,因此,ebay 会选择“阻击”。接着,轮到作为先行者的淘宝做选择。如果淘宝选择“进入”,其净收益为-1;如果淘宝选择“不进入”,其净收益为 0。因此,淘宝会选择“不进入”。综上分析,可以得出该动态博弈的均衡结果为:淘宝选择“不进入”,而 ebay 会选择“阻击”。

通过上面的分析,可以得出以下结论:如果 ebay 的阻击力度足够大,迫使淘宝没有动机进入市场,则其依然会是行业的领导者,最后也不会被淘宝反超,直至退出中国市场。

【例 2-21】 自我博弈:现在的自己 vs 将来的自己

当前,很多人习惯给自己设立目标,以此激励自己改变现状,赋予未来的自己更好的形象、能力或者品格。从本质上讲,这是属于现在的自己与将来的自己之间的博弈,可以用博弈思维来进行分析。又因为现在的自己的行动和未来的自己的行动存在先后关系,因此可以通过动态博弈思维进行分析。接下来,通过一个例子来阐述动态博弈思维的应用。

每天夜间,传传可能决心第二天要早起跑步晨练。但是传传内心也知道,当第二天清晨来临时,他会更愿意在床上再赖 30 分钟或 50 分钟。很明显,这是夜间一直坚决的传传和清晨意志薄弱的传传之间的一个博弈,而且清晨的传传具有后行动的有利条件。此时,夜间的传传可以怎么做呢?他可以通过设置闹钟来改变博弈,以创造和抓住先行者的有利条件。这种做法可以被看作是一种承诺:承诺闹钟一响就会起床晨练。但是,这种承诺有效吗?闹钟设有贪睡按钮,清晨的传传可能会重复地按下按钮。夜间的传传还可以通过把闹钟放在衣柜上而不是床头柜上,使承诺兑现。因此,这样的安排会迫使清晨的传传不得不下床去关掉闹钟。如果这样的安排依然没有阻止清晨的传传赖床的话，那么夜间的传传必须得另想办法，也许可以和父母设置一个赌局：如果没有按时起床，就做家务一个星期。

借用博弈树来说明闹钟承诺的原理。如果夜间的传传不采取行动，博弈树如图 2-6 所示：

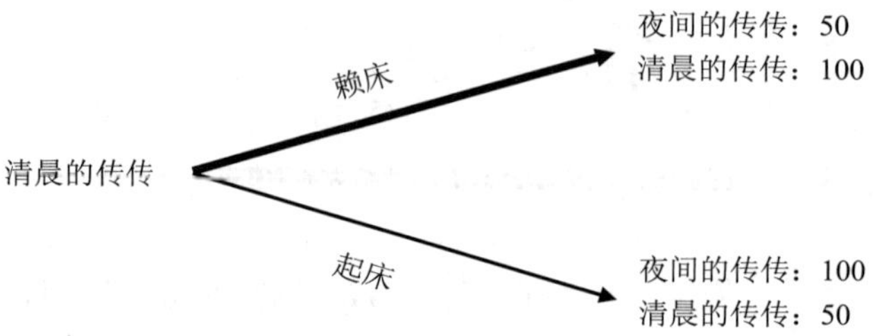

图 2-6　清晨的传传的博弈树

清晨的传传赖在床上，做了其偏爱的选择，收益记为 100，而夜间的传传收益记为 50。上述数字并不是绝对的含义，只是相对的含义：最受偏爱的选择比其次偏爱的选择被赋予更大的收益。

夜间的传传可以将博弈改成图 2-7 所示的博弈。

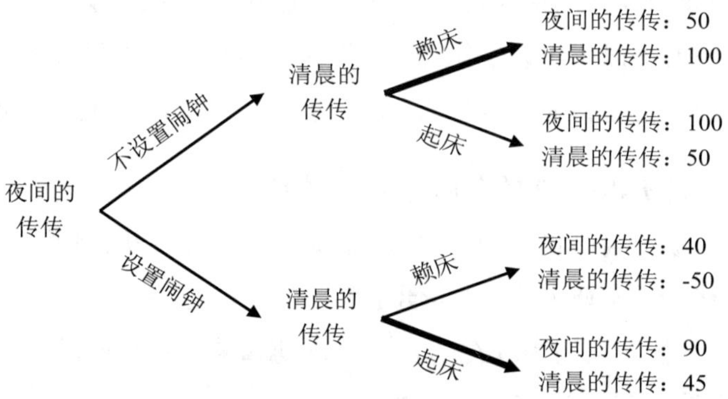

图 2-7　夜间的传传的博弈树

当夜间的传传不设置闹钟时，博弈树与图 2-6 相同，此时清晨的传传的最优选择是赖床，这是因为赖床的收益大于起床的收益，即 100>50。当夜间的传传设置闹钟时，假设设置闹钟的动作需要消耗一定的成本，将成本设置为 10。如果清晨的传传听到闹钟后起床了，夜间的传传得到的收益为 90（通过 100−10 求得）。如果清晨的传传忽视闹钟，进而选择了赖床，那么夜间的传传的收益为 40（通过 50−10 求得）。对于清晨的传传而言，听到闹钟需要付出一定的厌恶成本。如果清晨的传传迅速起床关闭闹钟，该成本只有 5，此时净收益为 45(通过 50−5 求得);但是如果清晨的传传一直赖在床上,闹钟会不停地响下去,给清晨的传传带来巨大的厌恶成本,记为 150,此时,清晨的传传的净收益为 100−150=−50。由于赖床的净收益−50 远远小于起床的净收益 45,所以清晨的传传会选择起床。此时,根据逆向归纳法,轮到夜间的传传做决策:设置闹钟还是不设置闹钟?通过比较发现:由于设置闹钟为夜间的传传带来的净收益为 90,明显大于不设置闹钟为其带来的净收益 50,所以,夜间的传传会毫不犹豫地选择设置闹钟。因此,该动态博弈的子博弈精炼纳什均衡为:夜间的传传设置闹钟,清晨的传传选择起床晨练。

如果利用博弈表(如表 2-27 所示)而不是博弈树来表示该博弈,可以发现承诺的另一面。该表显示,对于清晨的传传"赖床"或"起床"的特定策略,夜间的传传不设置闹钟的净收益均大于其设置闹钟的净收益,具体表现为 50 大于 40,且 100 大于 90。因此,对夜间的传传来说,不设置闹钟的策略是占优策略。明显不同于之前分析得出的结论,因为之前的结论是选择设置闹钟。

表 2-27 自我博弈支付矩阵

清晨的传传 / 夜间的传传	赖床	起床
不设置闹钟	50,100	100,50
设置闹钟	40,−50	90,45

为什么选择一个被占优策略,而不是选择占优策略呢?从夜间的传传的角度来看,不设置闹钟是占优策略。因为对于清晨的传传的每一个特定策略(赖床或者起床)来说,夜间的传传不设置闹钟的净收益均大于设置闹钟的净收益。具体来说,如果清晨的传传选择赖床,那么,夜间的传传不设置闹钟的净收益为 50,设置闹钟的收益为 40;如果清晨的传传选择起床,那么,夜间的传传不设置闹钟的净收益为 100,设置闹钟的收益为 90。如果起床和上闹钟的行动是同时发生,或者夜间的传传后行动,那么他不可能影响清晨的传传的选择。但是,策略行动的真正目的是改变另一个参与者的选择,而不是接受它。如果夜间的传传选择设置闹钟,清晨的传传就会选择起床,而夜间的传传的净收益为 90;如果夜间的传传选择不设置闹钟,清晨的传传就会选择赖床,而夜间的传传的净收益为 50。90 明显大于 50。净收益 100 和 40,以及它们分别与 90 和 50 的比较,已经没有任何意义。所以,对于序贯行动博弈中的先行者而言,占优策略的概念没有意义。

【例 2-22】 信号博弈:信息的价值

在现实中,很多博弈存在以下特征:在博弈中,存在一个或一个以上局中人缺失某些关键的信息,而其他局中人却拥有这些信息。拥有更多信息的局中人可能会选择隐瞒甚至扭曲这些信息,或者根据竞争者的性格来选择是否将自己知道的信息告诉其竞争对手,一般情况下,处于信息劣势的局中人会希望识别出信息。这就使得局中人的真实博弈演变成了操纵信息的博弈:隐瞒、透露和解释信息。由于这部分知识属于研究生层次的内容,本书不给予详细的介绍,感兴趣的读者可以参考这方面的书籍和研究论文。

【例 2-23】 重复博弈

重复博弈属于动态博弈的一种类型,即同样结构的博弈重复多次。在重复博弈中,博弈者每一阶段都面对相同的"阶段博弈"。重复博弈虽然在形式上是重复进行原博弈,但局中人的行为和博弈结果并不一定是原博弈的简单重复。这是因为如果局中人的行为在每一阶段未能被观察到,那么其他局中人就可能参考这些策略选择来选择自己的策略,这样均衡结果便不同于只进行一次的博弈均衡结果。这意味着重复博弈并不是原博弈的若干次线性叠加,而是需要基于整个过程来进行研究。

在一次性博弈中会滋生出很多机会主义行为。这是因为只要有可能,理性的局中人都会倾向于利用自身的优势为自己谋求最大的利益,进而可能给其他局中人造成伤害;而其他局中人也会有同样的动机。于是会带来利益的冲突,迫使博弈双方都必须采取措施来防范和限制对方,因此一次性博弈会增加"交易成本"。但是,重复博弈不仅可以减少欺骗,而且会增加局中人相互之间的信任,因为上当受骗的人会发起"一报还一报"的报复行动。所以,博弈的长期结果是:报复、制裁和威胁等约束行为会使理性的博弈人认识到欺骗没有好处,必须寻求合作,创造追求共同利益的机会。

【例 2-24】 减法博弈:巴什博弈(Bash Game)

巴什博弈是一个双人博弈:有总数为 n 的一堆物品,两名玩家轮流从中取出物品。每次至少需要取出 1 件,至多取出 m 件,最终取出最后一件物品者获胜。巴什博弈除了两人轮流按一定数量取出物品,先取出最后一件物品者获得胜利的规则,还存在一种更易操作的等价形式:两人轮流报数,先报数者必须报 1 到 m 之间的正整数(包含 1 或 m),后面报数者所报数字必须比前一个报数者所报之数大 1 到 m(包含 1 或 m),最后说出 n 者获得胜利。

巴什博弈是一种较为简单的减法博弈(Subtraction Game),减法博弈的共同特征为玩家轮流从某一总数(对应 n 件物品)中减去某个数值(对应取出一定数量的物品),所减去的数值限定在某个集合中(对应 1 到 m),先将数值减至 0 者(先取出最后物品者)获胜。

通过上面的分析可以发现:(1)物品的数量总在严格减少,因此该博弈是有限博弈;(2)局中人可知晓对手的报数,因此局中人均具有完全信息;(3)博弈中不含运气成分。根据策梅洛定理(Zermelo's Theorem)可以得到:先行动者或后行动者当中必有一方有必胜/必不败的策略。

在取出最后物品者获得胜利的巴什博弈中,若 n 可被 $m+1$ 整除,则后行动者必胜,否则先行动者必胜。下面给出具体的策略分析:

首先,考虑两种简单情形,定义某一 n 的值是先行动者/后行动者的制胜位置,即在此 n 值下,先行动者/后行动者有必胜策略:

当 $n<m+1$:此时先行动者行动,由于物品数量小于 $m+1$,故至多为 m 件物品,先行动者一次性拿完所有物品即可获得胜利。依据上述定义,可知 $n=1,2,\cdots,m$ 是先行动者的制胜位置。

当 $n=m+1$:此时先行动者只能拿取 1 至 m 件物品,这意味着其无法一次取完物品,只能给后行动者留下 1 至 m 件物品,而该数量的物品恰好可被后行动者一次性拿完。依据上述定义,可知 $n=m+1$ 是后行动者的制胜位置。

下面考虑所有的 n,不妨设 $n=k(m+1)+r$,其中 $0\leqslant r<m+1$。由带余数除法知识可知,满足上面条件的整数 k 与 r 是唯一的。继续分为两种情形讨论:

- $r=0$,此时 $n=k(m+1)$。不妨设先行动者取出了 x 个物品,后行动者只需要取出 $m+1-x$ 个物品,使得未被取走的物品数量 $n=(k-1)(m+1)$,故使得 n 仍然整除 $m+1$。如此操作下去,直到出现 $n=m+1$ 的情形为止。这就证明了当 n 可被 $m+1$ 整除时,n 是后行动者的制胜位置。
- $r\neq0$,此时 $0<r<m+1$。此时先行动者可取走 r 件物品,使得 n 可被 $m+1$ 整除,且自身处于后行动者的位置,再由上面的讨论可知有必胜策略。这就证明了当 n 不可被 $m+1$ 整除时,n 是先行动者的制胜位置。

结合上述分析,被赋予先行者的角色应当按照如下规则或者策略取出物品:首先,求出 n 整除 $m+1$ 的余数 r,若 $r\neq0$,则拿取 r 件物品,此时已经处于必胜位置;若 $r=0$,则从 1 到 m 中任意拿取一定数量的物品,如果对方后续不犯错,此时已经处于必败位置,所以要想逆转取胜,只能寄希望于对方犯错。

巴什博弈中若将规则改为取走最后物品者失败,则可得到一种变体。此时若 n 整除 $m+1$ 的余数为 1,则后行动者必胜,否则先行动者必胜。

?课后习题

1. 博弈思维的核心观点是什么?

2. 动态博弈和静态博弈有什么不同?

3. 如何用枪手博弈来解释赤壁之战的历史背景?

4. 某一档娱乐节目安排了两组队伍(每队 5 人)轮流拿取 41 面旗帜:要求每组每次只能选择取走 1 面旗帜或者 2 面旗帜或者 3 面旗帜,取走最后 1 面旗帜的队伍获胜。每轮输掉比赛的队伍必须淘汰一名自己的组员。显然,损员不利于最后的胜利。如果你是其中一支队伍的队长,你会怎么安排?

参考资料

[1]陈叶烽,叶航,汪丁丁.超越经济人的社会偏好理论:一个基于实验经济学的综述[J].南开经济研究,2012(1):63-100.

[2]金永红,奚玉芹,叶中行.风险投资中的逆向选择:分离均衡式契约安排[J].系统工程学报,2002(6):556-561.

[3]骆欣庆,刘剑锋,谢骏杰.惩罚、奖励与合作行为——基于礼物交换博弈实验的对比研究[J].经济与管理,2019,33(3):26-35.

[4]弗登博格,梯若尔.博弈论[M].黄涛,等译.北京:中国人民大学出版社,2015.

[5]张维迎.博弈论与信息经济学[M].上海:上海人民出版社,2004.

[6]BERG J,DICKHAUT J,MCCABE K. Trust,reciprocity,and social history[J]. Games & economic behavior,1995,10(1):122-142.

[7]GÜTH W,SCHMITTBERGER R,SCHWARZE B. An experimental analysis of ultimatum bargaining[J]. Journal of economic behavior & organization,1982,3(4):367-388.

[8]NASH J F. Equilibrium points in n-person games[J]. Proceedings of the national academy of sciences,1950,36(1):48-49.

[9]NASH J F. Non-cooperative games[J]. Annals of Mathematics,1951,54(2):286-295.

[10]XU H,CHEN J,WHINSTON A. B. Identity management and tradable reputation[J]. MIS quarterly,2018,42(2):577-593.

[11]YAN Y C,ZHAO R Q,LAN Y F. Asymmetric retailers with different moving sequences:group buying vs. individual purchasing[J]. European journal of operational research,2017,261(3):903-917.

第3章 拼凑思维

▷引导案例

美团酒店的资源拼凑与崛起之路

2010年美团成立，是以团购起家的本地生活服务平台。2012年美团酒店在美团平台上线，此时正值千团大战时期，美团酒店根植于美团团购业务进行拓展，初现雏形。2012年至2014年是美团酒店的初建阶段。在资源匮乏的初期，美团酒店将美团团购原有消费者引流至美团酒店团购，如在医院、大学周边等频繁出现住宿需求的商圈推出钟点房业务，使这些用户在美团购买餐饮团购产品的同时，培养起寻找酒店团购的习惯，以产生用户黏性。在此阶段，美团酒店的盈利模式是团购，资源拼凑通过“将就”美团既有团购业务，以及电话销售等渠道，确定推广手段并确立目标客户。

2014年至2016年是美团酒店的成长阶段，随着美团酒店业务量的增加，美团成立了酒旅事业部，建立了酒店业务的供应链团队。然而此时，美团酒店却进入了增长的平台期，其核心问题是团购酒店无法保证客人的入住。于是，美团酒店利用既有的技术，上线酒店预订功能，解决了这一问题。2015年，美团酒店成为继携程后的第二大酒店在线交易平台。2016年，美团将酒旅定位为公司的“三驾马车”之一，在细分酒旅业务后，布局三四线城市及低星酒店。美团酒店的资源拼凑形式为利用并整合手边现有资源创造了更大价值。美团酒店根据业务需要，利用原有美团平台技术资源，构建酒店线上预订系统，完善酒店业务逻辑，为酒店商家提供数据支持，解决用户引流、酒店营销、员工培训管理等问题。

2016年至今为美团酒店的拓展阶段。在此阶段，美团酒店利用大众点评平台大数据优势，对现有加盟酒店等资源进行整合，创办“美酒学院”，为酒店商家培养管理人才，解决运营痛点。在此期间,美团酒店采取的"酒+餐""CD 模式"以及"美酒学院"等措施,已经在帮助酒店提质增效、精细管理方面取得了实质性成效。2017 年,美酒商城上线,为加盟酒店提供优质价廉的酒店用品供应、物流及商品设计等服务。至此,美团酒店利用资源拼凑,建立了以酒店预订为主体的旅游生态系统,整合消费者对门票、餐饮、娱乐等多方需求,打通酒店上下游生态,使美团酒店的战略定位由酒店预订平台升级为酒店生态服务平台。

在美团酒店初创、成长、拓展的这三个阶段,资源拼凑都起到了非常重要的作用。美团酒店在初建阶段,资源赋能主要体现在用户赋能上。在美团酒店成长及拓展阶段,资源赋能主要体现在平台赋能和生态赋能上。在需求侧,美团酒店利用大众点评平台的大数据赋能用户体验,不断优化产品和用户运营策略。在供给侧,美团酒店为各类型酒店提供客源拓展、接待经营、数据指导等数字化解决方案。当旅游生态圈建立后,在线旅游企业便会及时发现服务质量的薄弱环节,推动旅游产品供给主体的精耕细作,满足消费者更个性化、定制化的需求,从而不断提高旅游服务质量。

(资料来源:《资源拼凑与赋能对 OTA 商业模式影响研究》)

在美团酒店的崛起过程中,资源拼凑思维扮演了重要角色。那么,到底什么是拼凑思维,拼凑思维的类型和关键维度有哪些,将拼凑思维付诸实践需要用到哪些要素,以及具体的行动策略是怎样的?本章将逐一进行说明。

3.1 拼凑思维的内涵

3.1.1 拼凑的定义

拼凑源于神话思维,法国结构主义人类学家克洛德·列维-施特劳斯(Claude Lévi-Strauss)在其经典著作《野性思维》(*The Savage Mind*)中引入了这一概念。克洛德·列维-施特劳斯将拼凑描述为人类与他们所处环境相联系的一种特殊模式。为了更生动地阐述拼凑,克洛德·列维-施特劳斯将拼凑者的行为与工程师的行为进行了对比。当工程师为了一个预期的设计集中精力搜集工具和材料时,拼凑者则选择巧妙地利用手边的所有材料。例如在设计一张桌子时,工程师可能拟定一个计划,并征调物资(包括木板、木螺丝、砂纸和清漆),来实现预期的设计,然而,拼凑者将选择环顾四周,用废弃的木块、金属杆和别人用剩的油漆做出一张桌子。虽然最终结果都是做出一张桌子,但是,工程师和拼凑者实现这个目标所使用的方法却大相径庭。克洛德·列维-施特劳斯将拼凑者的这一行为“规则”描述为“总是巧用在手边的任何东西”，即拼凑。

随后，拼凑概念被用于极其广泛的学术领域。这些使用拼凑概念的学科不仅包括人类学和社会学的民族志，还包括政治学、人际关系、复杂的信息系统设计、法律研究、教育学，以及创业研究。Baker 和 Nelson（2005）在对 29 家资源约束型企业进行实地研究并广泛阅读有关拼凑的文献的基础上，提出了一个综合性的定义：巧妙地利用手边的资源的组合，来解决新的问题和开发新的机会。

资源拼凑在人类学书籍《野性思维》中主要说的是：当遇到问题时，我们要进一步发掘已有的自然资源，对自然资源进行充分利用。在创新领域，资源短缺是很多企业都会遇到的问题，短缺的资源会涉及人力资源、资金、设备等多种类型。这时，创业者的决策至关重要。创业者会积极地整理并运用手头已有的资源，将现有资源重新排列组合，用以实现新的目标，为创业创造机会，这就是一种重新创造的过程。

3.1.2 拼凑的类型

根据拼凑的范围、对象、动机、资源来源和导向，可以将拼凑划分为不同类型（如表 3-1 所示）。根据拼凑范围，可以将拼凑划分为并行拼凑和选择拼凑两种类型。Baker 和 Nelson（2005）对 29 家新创企业进行深入访谈和跟踪研究，发现企业可以通过拓展关系网络来获取、整合现有资源，以应对新的挑战。同时，他们发现企业在进行拼凑时有两种不同的选择，一种是同时进行多个项目拼凑，一种是单一时间点只进行一个项目拼凑。两位学者将这两种拼凑分别定义为并行拼凑（parallel bricolage）和选择性拼凑（selective bricolage）。并行拼凑是指创业者同时在多个领域开展多个项目的拼凑行为。采用并行拼凑的企业，试图同时对物质、人力、技能、市场和制度环境等要素进行整合，这往往需要投入大量的精力进行资源配置的试错、调整和整合，对企业的管理水平和资源利用水平的要求相对较高。选择性拼凑是指企业先有选择性地集中精力，进行有市场前景的一个创业机会或项目的开发，等成功后再开始下一个创业机会或项目的开发。Baker 和 Nelson 的跟踪发现，选择性拼凑对企业成长有较好的促进作用，而并行拼凑的效果不明显。李晓翔和霍国庆（2015）对我国科技型中小企业的调研表明，资源匮乏和中小企业产品创新之间存在显著的倒 U 型关系，选择性拼凑更有利于中小企业产品创新，并行拼凑的作用恰好相反。

表 3-1 拼凑的类型划分

分类依据	类型
拼凑范围	并行拼凑和选择拼凑
拼凑对象	物质拼凑、人力拼凑、技能拼凑、网络拼凑等

续表

分类依据	类型
拼凑动机	基于需求的拼凑和构想性拼凑
拼凑资源来源	内部拼凑和外部拼凑 稳定型、风险型、创意聚焦型和物质聚焦型拼凑
拼凑导向	资源导向型、机会导向型和顾客导向型

根据拼凑对象的不同，拼凑可以分为物质拼凑、人力拼凑、技能拼凑、网络拼凑等。物质拼凑是指企业对价值被低估或被忽略的物质资源进行拼凑，实现将普通资源或非常规资源转变为优质资源的动态过程，创造了新的资源投入。人力拼凑是指将相关利益者（如客户、供应商等）纳入拼凑范围，创造了新的人力投入。技能拼凑是指鼓励员工将自学的知识和技能用于工作中，从而创造更多有用的服务。网络拼凑是指将个人关系网络中的资源用于企业的资源拼凑活动中。

从拼凑动机角度，资源拼凑可以分为基于需求的拼凑（necessity-based bricolage）和构想性拼凑（ideational bricolage）。基于需求的拼凑是指为减少对信息提供者的需求依赖性，拼凑者通过降低对资源品质的要求，对可获得的资源进行拼凑，以达到可接受的目标要求。这种拼凑减少寻找优质资源所费的时间，可以降低资源投入成本，但是最终提供的产品或服务不是最优解，而是次优解。构想性拼凑则指通过对资源价值的重新审视和判断，识别和发现价值被低估的资源，有目的地利用这些资源，开发出新产品或提供新服务。构想性拼凑通常容易出现在有冗余资源的企业。冗余资源是企业的一种特殊资产，通过对冗余资源价值的重新发现，可以整合现有资源、开发新的机会。冗余资源可以分为已吸收冗余资源和未吸收冗余资源两类。已吸收冗余资源是指企业已经拥有、但还未充分利用的资源，如空闲的厂房和机械设备、未满负荷工作的工人等。已吸收冗余资源的用途相对固定，很难快速发生改变。未吸收冗余资源是指尚未被企业使用、企业管理者可以自由使用并能灵活改变其用途的资源，如现金、短期应收账款等。Baker 和 Nelson（2005）的农夫拼凑案例发现，农夫 Grayson 充分利用废弃的煤矿坑，开发出一系列的资源拼凑链条。他将废弃的沼气池用于发电，解决了农场用电问题；同时还将多余的电量用于温室大棚的西红柿种植，多余的西红柿用于鱼苗养殖，鱼的粪便再用于大棚蔬菜的种植。通过对一系列冗余资源的拼凑性应用，Grayson 创造出一条生态价值链，极大地促进了农场的业绩增长。

根据资源来源的不同，资源拼凑分为内部拼凑和外部拼凑两种类型。内部拼凑（internal bricolage）是指企业家利用个人的特质性资源，如先前市场经验、生活经历、教育背景、专业知识等进行的资源整合活动。外部拼凑（external bricolage）是指企业家利用外部环境中可用资源的活动。企业家可以整合自己手边的资源，也可以从外部利益相关者处获得资源或知识,然后把这些资源整合起来以实现创新使用。譬如,企业家可以搜索周边环境,寻求潜在的战略联盟或必要的个人联系,以获得所需的制造或营销能力,或者是快速开拓并进入之前未涉及的重要市场。他们也有可能是开发了可行的雏形,但缺乏制造有形产品所需的财务或技术资源。通过外部拼凑,企业家可以快速对自己所需的资源、技能或市场进行补充。张建琦和吴亮等(2015)从企业整合内外部资源的视角出发,基于资源和创意是来自企业内部还是外部,通过案例分析探索了物质拼凑和创意拼凑在企业内外的匹配关系,提出稳定型、风险型、创意聚焦型和物质聚焦型四种拼凑模式。其中,稳定型拼凑的物资资源和创意均来自企业内部,企业主要采用利用式学习方式对资源进行改造,可实现凑合式创新的效果。风险型拼凑是指资源和创意均来自企业外部,企业主要采用探索式学习方式,开发新知识并对资源进行改造。这类拼凑属于风险比较大的探索性行为,面临较大的不确定性。创意聚焦型拼凑是指创意资源来自企业外部,而物质资源来自企业内部。企业采用利用式学习方式对内部物资资源进行改造,同时采用探索性学习方式对企业外部创意资源进行改造。物质聚焦型拼凑是指从企业外部获取物资资源,从企业内部获取创意资源。这种模式同样可以实现探索性和利用性学习方式的整合,可以为企业带来更多创新性的结果。

3.1.3　资源拼凑的维度

Baker 和 Nelson(2005)提出了资源拼凑的三个维度,即立即行动(make doing)、现有资源(resource at hand)和为新的目的整合资源(combination of resources for new purposes)。立即行动,是指创业者在主观上要积极行动以捕捉机遇。拼凑者以合适程度为衡量尺度,而不是一定要求最优值,强调的是立即行动,不要放弃一切可能的机会。现有资源,是指已经存在却被忽视价值的资源,包括物质资源和无形资源。现有资源包括很多未标准化的资源,如废弃或闲置的资源。例如,小米科技就把设备的研发和测试等问题放在了小米论坛中,与消费者、粉丝们展开了探讨,通过将这些非标准资源引入公司的经营活动,带来了大量的粉丝经济利益,并促进了公司的产品革新过程。为新的目的整合资源,是指拼凑者将根据新的市场需求重新确定各种资源的非标准化应用,并通过重新组合各种资源以达到对新的市场机会的再次捕获。

Di Domenico 等(2010)在 Baker 和 Nelson 提出的资源拼凑三维度的基础上,又提出两个关键维度:即兴创作(improvisation)和不屈从于约束(a refusal to enact limitations)。在组织管理学中,即兴创作是指团队为适应动态复杂的生存环境所进行的各种活动,颠覆了原来“先策划再实施”的某种模式,是指没有预先设计和详细策划的行为。即兴创作具有自发性、创新性、时间聚合性、资源集中性等特点。创业情境下的即兴创作特指创业者面对新机遇和新挑战，即刻做出的适应性和创造性行为。不屈从于约束指的是创业者通过不断试错、迭代创新等方法，来不断地探讨怎样突破原来社会制度、政治和各种资源环境条件的束缚（针对组织架构和业务模式的破坏性创新），从而获得有价值的资源拼凑组合方案。该定义有两方面的含义，一是创业者将有意识地不断试错以发现拼凑行动的约束边界；二是创业者将改变传统的思维惯性和行为方式，构建新的资源组合。此外，Di Domenico 等（2010）还深入阐述了立即行动的基本内涵，并指出立即行动是创业者为应对新机遇和新问题而采取的即刻行动，是用最有效的手段重新组合资源的行为。该过程包括三种可能的资源获取和资源环境建构路径：一是无中生有，即创业者找到新的市场机遇，通过创造新商品或开发新业务满足新的市场需求；二是利用别人不需要、闲置的资源，实现更有效的资源配置；三是发现被别人所忽视的有潜在价值的资源，并挖掘有可能的新价值。

3.2 拼凑思维的要素获取

在了解了拼凑思维的概念和内涵后，我们需要明确一个良好的拼凑思维需要涉及哪些要素以及如何拼凑这些要素。

3.2.1 资源的类型

实施拼凑思维的要素涉及物质、财务、声誉、人力、社会、技术等不同类型的资源。其中，物质资源多指有形资产，如厂房、土地和设备等，有时也包括一些自然资源，如矿山和森林等。财务资源包括资金、资产、股票等。声誉资源是一种无形资产，包括诚实、信任、尊重、同情和声望等。人力资源，包括实践者及其团队的知识、训练、经验，也包括组织及其成员的智慧、判断力、视野、愿景，甚至是实践者本身的人际关系网络。社会资源，主要指由人际和社会关系网络构成的关系资源，能使实践者有机会接触到大量的外部资源，有助于通过网络关系降低潜在的风险，提升合作者之间的信任和声誉。技术资源由关键技术、制造流程、作业系统、专用生产设备等构成。与人力资源的区别在于，后者主要存在于个人身上，随着人员的流动会流失，而技术资源大多与物质资源相结合，可以通过法律手段予以保护，形成组织的无形资产。

3.2.2 心态与选择

如果把拼凑思维视为一顿大餐，而它所包含的要素则是餐桌上所摆放的各式美味佳肴，那么首先端上来的前菜就是名为“心态与选择”的开胃珍宝，也是整顿饭的灵魂所在。

没了它们，即使后面有再丰盛的山珍海味，你可能也失去了品鉴的胃口，提不起兴趣。心态决定格局，格局决定人生。

(1)培养良好的心态

有句话说得好：从八十楼往下看，会发现景色非常好，而从二楼往下看，入眼的可能全是垃圾。这句话说明，人如果没有高度和眼界，看到的全部会是鸡毛蒜皮。拼凑思维是考虑如何对资源进行整合利用，有些企业家可能经常会质疑为什么自己的企业需要进行资源拼凑，甚至不屑于进行相关活动。这只能表明这些企业家尚不具备资源整合的格局和心态。因此，拼凑思维是否健全，能不能整合资源，能整合多大的资源，取决于人们的格局与心态。

纵观国内的知名企业，其创始人无不拥有广博的胸怀。当思科公司正在接受全球传媒和资本市场的广泛赞誉和顶礼膜拜之时，它却不得不为一家来自中国的企业而暗自焦虑，头疼不已。这家企业就是深圳的华为。任正非于1987年创立华为公司，最初的业务是靠代理香港一家公司的HAX交换机获利。当时在深圳这种类型的公司一抓一大把，大家活得都不错，很舒服。但任正非的与众不同此时显露了出来，做了两年这种类型的公司之后，他放着舒舒服服赚钱的生意不做，非要搞研发，做自己的产品。1990年，几十个年轻人跟随着任正非来到南山一个破旧的厂房，开始了他们的创业之路。截至目前，华为在电讯核心技术方面已经取得了大量专利，并为此赢得了普遍赞誉。

(资料来源：洪秦平《资源整合赢天下》)

海尔最初是从德国利勃海尔引进的技术，后来当人们问利勃海尔的老板“学生”为什么能够后来居上的时候，他非常简要地回答道：“因为海尔有个梦，而我们没有。”什么是梦？梦就是梦想，就是理想，就是远大的抱负。这个梦就是敬业报国，就是振兴中华。海尔一开始就定下了进入世界500强、创出中国的世界名牌、为民族争光的目标。在基础管理上，海尔引进了OEC管理法、PDCA循环、市场链等工作方法，非常务实而又注重细节。

(资料来源：洪秦平《资源整合赢天下》)

(2)学会选择资源

有了格局和心态，还要学会选择。比如都市中众多的上班族早起上班，每个人对于通勤方式的选择都不一样，有的人选择坐地铁，有的人选择开私家车，也有的人选择骑行、公交、步行等，不同的通勤方式所走的路段自然也不一样。

就资源拼凑来讲，企业所面临的资源不仅来自内部，还来自外部，在对资源进行拼凑时，不可能无差别地利用每一处的资源，那我们要把视线落到哪一片区域的资源上呢？这就是需要我们进行选择的地方。

在商业领域，有一个著名的战略叫作蓝海战略。蓝海战略是由金伟灿(W. Chan

Kim）和莫博尼（Rene Mauborgne）提出的，该战略的本质就是企业可以开辟当今还不存在的产业，打开一个未知的市场空间。这个亟待开发的市场空间或产业就是“蓝海”，它代表着创新的需求，代表着高利润增长的机会。在蓝海战略里，企业没有竞争对手，企业为顾客创造了价值，因此企业可以获得高额回报。

如果运用蓝海战略的逻辑思维来考虑资源的整合，我们就要把目光聚焦在一个竞争不那么激烈的市场，避免过多无谓的抢夺，从技术、产品、服务和消费者的界定上寻求价值创新，拼凑资源，开辟新的市场。

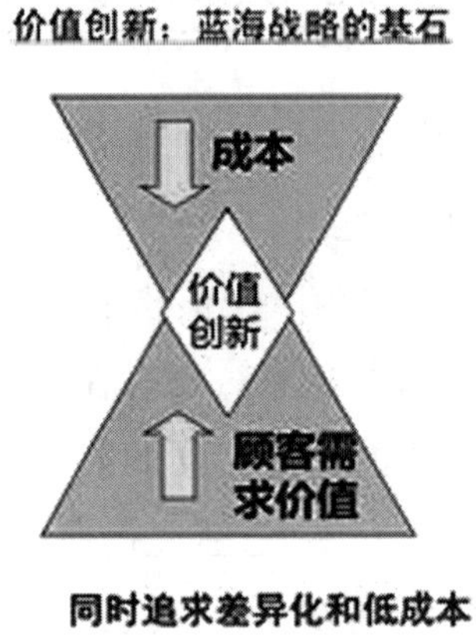

图 3-1　蓝海战略

3.2.3　内部资源的整合

此时，吃完了开胃小菜，主菜开始陆续上场，一段享受美味的时间即将来到。企业的资源既有自身所拥有的，也有可以从外部获得的。当我们选择了某种通勤方式之后，我们还要先收拾好自己，才能正式出发。所以“内部资源整合”这道大菜必须上在“外部资源寻找”之前。

进行内部资源整合，首先要明确定位。从产业上来说，我们国家有三大产业，第一产业泛指农业，包括种植业、林业、畜牧业、水产养殖业等直接以自然物为生产对象的产业。第二产业主要指工业制造业，对自然界和第一产业提供的基本材料进行加工处理，包括采矿业（不含开采专业及辅助性活动）、制造业（不含金属制品、机械和设备修理业）、电力、热力、燃气及水生产和供应业、建筑业等。第三产业则是指服务业，范围比较广泛，主要包括交通运输业、通信产业、商业、餐饮业、金融业、教育、公共服务等非物质生产部门。如果需要具体细化，就要明确企业所处的行业。此外，按照产业链分布，企业所处的位置，以及上下游各是什么产业，也是我们要清楚知道的东西，只有这样，企业才能做出相应的布局，有针对性地进行内部资源整合。

在对内部资源进行整合时,可以按照三个步骤进行。第一步要先清楚企业的商业模式和战略规划,商业模式描述的基本原理是如何在经济、社会、文化或其他环境中组织创建、交付和捕捉价值。任何一个商业模式都是一个由客户价值、企业资源和能力、盈利方式构成的三维立体模式。战略规划就是知道自己要走的路起点和终点在哪里,以及如何走。第二步则是建设组织结构。组织结构是组织的全体成员为实现组织目标,在管理工作中进行分工协作,在职务范围、责任、权利方面所形成的结构体系。新创企业在初期需要对组织结构从零开始设计,管理者在设计时,必须正确考虑六个关键因素,分别是工作专业化、部门化、命令链、控制跨度、集权与分权和正规化。而对于已经成熟的企业,在已有组织结构的基础上可以再进行完善,明确好各个部门的权利和义务。第三步是管控人力资源。以人为本,人力资源是企业的关键资源。在用人方面,必须遵从以德为先,用人不疑、疑人不用的原则。同时也要设立好企业的规范。“没有规矩,不成方圆”,工作流程和规章制度的成熟度将会决定企业的运作效率。此外,还要建立起完善的学习和训练模式,增强团队的凝聚力,通过坚持不懈的学习和训练,形成向上的企业文化。

最后则是要打造核心竞争力。“木桶理论”相信大家都听说过,所谓“木桶理论”,其核心内容为一只木桶盛水的多少并不取决于桶壁上最长的那块木板,而是取决于桶壁上最短的那块。所以企业要寻找到自己的短板然后进行加强。但在此,我们却要从一个相反的角度来看待这个问题,即木桶中较长的木板决定了企业的特色与优势。作为准备要进行资源整合的一方,一方面我们要在企业的内部围绕核心资源优势提升团队的能力;另一方面,对外则要充分利用独特的资源优势打造企业的核心竞争力,然后利用自己的核心竞争力去外部整合产业链上我们所缺乏的其他资源。

图3-2 木桶理论

3.2.4 外部资源的获取

一顿饭不知不觉地来到了尾声,最后上场的一定是暖心又实用的主食。还是以通勤为例,当我们收拾好自己,也把外部都打探好,正式出发后,要想到达目的地,还要遵守交通规则，如果有突发状况，也要适时地灵活变通，甚至偶尔拐进小路，才会避免迟到。所以，在获取外部资源时，也要讲原则、讲方法，不能蛮干，这样才能事倍功半。

(1)原则

获取外部资源的原则可以概括为相知、沟通和双赢三个方面。一是相知，尽可能多地识别利益相关者及其利益，并寻找共同利益。"知己知彼，百战不殆"，这句话出自《孙子兵法·谋攻篇》，是春秋战国时期的孙武提出的。历史上，北魏有一个大都督侯渊，曾率领七百骑兵，趁夜突袭拥有数万兵马的葛荣部将韩楼。就在距离韩楼的总部一百多里的地方，将敌方一支五千余人的队伍击垮，并抓了很多俘虏回去。但回去后，侯渊却立即放了他们，并且把粮食和战马都还给了他们。侯渊究竟为何要做出这种"放虎归山"的事呢？原来是侯渊清楚地认识到敌众我寡的事实，如果硬碰硬，胜算会很小。所以他用了一招"离间计"，使得对方内部产生猜疑，从而举棋不定。果不其然，紧接着侯渊攻城，韩楼就因怀疑内部人有内应，心生疑惧，弃城而逃。在进行资源整合时，如果有利益相关者成了我们的合作目标，那么在进行正式交流前，可以先通过收集资料的方式，建立好信息渠道，掌握一些基本的信息和知识，之后再通过正式的沟通交流及时地获取和更新信息。

图3-3　孙武

二是沟通。沟通是和利益相关者相互了解的重要手段，信任关系的建立有助于降低风险，扩大收益。有效沟通包括下面三个要素：第一，清晰的目的。有效的沟通，一定要有一个非常清晰的目的，知道自己想要得到的结果是什么、要解决的问题是什么。如果沟通的目的都不是很清晰，那么这个沟通注定不会是有效的。所以在相知的基础上，我们要带着资源整合的目的去谈，让对方了解我们的需求，同时也精准满足对方的需求。第二，达成共识。既然是有效的沟通，说明这个沟通是有结果的，而且是你想要的结果，也就是达成了共识。如果在你和别人沟通之后没有得到想要的结果，或者你不能说服他人按照你的方法做事，那么这可能就不算是一个有效的沟通。沟通的目的就是解决问题,如果你们没有达成共识,意味着这个问题仍然存在,或者还需要更多的会议来沟通,那么显然这次沟通就谈不上是有效的。第三,获得反馈。沟通是为了解决问题,而任何问题都有原因,那自然就需要有反馈。只有形成一个闭环系统,才能称之为有效的沟通。在沟通的环路当中,缺少了反馈这一环节,沟通的意义其实就少了大半,无论是你和对方提出的需求,还是对方出具的方案,可能都会存在一些不确定性,只有有了反馈,才会有进行下去的保障。

三是双赢。共同利益的实现需要共赢的利益机制做保证,但是多数情况下难以同时赢,更多是先后赢,我们要尽可能让利益相关者感觉到优先赢。资源整合并非你死我活的战争,而是为了解决合作双方当下的难题,使双方都获得收益。因此,在资源整合时,我们要了解对方的需求,然后通过进一步有效沟通,考虑对方利益点在哪,在整个过程中保证对方的利益,达到双赢。只有这样,这场资源整合活动才能长久地进行下去,并且形成一种战略上的合作关系。

图 3-4 双赢

(2)方法

在获取外部资源时,首先,我们一定要知道自己缺少什么资源,不能像无头苍蝇一样乱转。其次,清楚了缺少什么资源后就要开始寻找,寻找资源的方法有很多。如今网络高速发展,除线下外,线上获取资源的渠道也越来越多,所以在寻找资源时我们一定要擦亮自己的双眼,不要忽略任何一处有价值的资源,更不要白白浪费了身边的资源。更重要的是,我们要学会主动出击。资源就像机会,不主动出击可能就得不到任何资源。等你再回过头想要利用错过的资源时,不仅会更加困难,而且很有可能付出更多的成本,得不偿失。

获取外部资源的方法包括置换、租赁、收购、兼并、聘用、联合经营、特许经营、加盟等。其中,资源置换在当今的时代不可谓不多见。举个例子,张西自然村自然生态条件优越,而且蕴含独特的历史文化资源,但村庄的地理位置较为偏僻,交通十分不便,对村民的日常生活造成了影响。自2014年起,陆续有不少村民下山安家。虽然村民走了,但房屋建筑结构独特、环境优美、富含古韵的古村落却被留了下来。一时之间,村落是拆是留,成了困扰当地政府的一个难题。直到2019年年初,在杭州和途信息科技有限公司的技术支持下,"智多张西"项目诞生了。公司和村庄还成立了"优宿"公司,整合村庄的房屋资源,进行了统一装修、统一管理,大力发展乡村旅居产业。有闲置房屋的村民可与公司合作,获得的收益采取四六分成的模式。这样一来,本来无从处理的房屋变成了独具特色的民宿、咖啡厅、餐厅等。一时之间,张西自然村的宣传广告遍布全国。

在这个案例中,张西自然村利用自己闲置的古村落资源换取了杭州和途信息技术有限公司的资金和技术支持,双方共同合作,将生态旅游业做得红红火火。双方通过资源置换各自获利。村庄里的村民参与其中,生活条件越来越好,集体收入迅速增长,实现了乡村振兴的目标。和途公司也由此获得了极为可观的经济收益,公司品牌也得到了极大推广。

(资料来源:洪秦平《资源整合赢天下》)

3.3 拼凑思维的行动策略

3.3.1 拼凑的行为模式

(1)资源将就

首先是资源将就,顾名思义,将就即非最优。当我们在生活中说出"将就"时,表明只是觉得勉强满足了要求。那么在面对可利用的资源时,"将就"意味着即刻行动。学术界把资源将就定义为"强调利用现有资源积极行动,遵循满意原则而非考虑结果的最优化"。在这一行为模式下,人们不会考虑是否应该去拼凑现有或者手头的资源,而是即使在有资源约束的情况下,也要积极主动地立刻采取行动,把握机会,只要可以拼凑就不会质疑和纠结。所以,资源将就强调主观上的积极行动。例如,创业者在创业时期可能不具备充分而有效的资源,但是他仍然会选择直面现有的资源,主动采取相应的策略,来去建构资源从而创造出新的机会。如果是已经成熟的企业的领导者,在面对企业成长或变革的时期,则会基于现有的规章制度和企业资源,去尝试开发出新的方案,不断突破边界,不断创新,领悟到新的拼凑策略。

(2)资源重构

资源重构和资源将就处于不同的维度。首先,资源将就是为了已有的目标采取行动,而资源重构则是针对企业的新目标,围绕新的目标去对资源进行整合;其次,资源将就强调即刻行动，也就是不会犹豫不决和观望等待，而资源重构则不需要立即行动，这一行为模式更需要行动者考虑清楚自身的情况和市场现状，挖掘和挑战与先前不同的策略和方式，多次尝试不同的方法重新对资源进行排列组合并创新，以期通过不同的途径实现新的目标。因此，资源重构即资源整合建立新目标。

创造性地看待资源与目的的关系，是资源重构的关键。在企业家们对资源进行重构时，他们不仅要厘清当下的创新环境背景以及现有的资源和资源拼凑策略，还要围绕新目标不停地去挖掘可能的组合和方案，充分运用手头资源，对资源进行重新创造，实现企业效益的最大化。

3.3.2　基于要素类型的行动策略

拼凑的过程也是一种创新的过程。总部位于广州市天河区珠江新城的广州汽车集团股份有限公司，利用资源拼凑实现了创新资源的整合，成功迈入新能源汽车行列，实现了颠覆性创新的价值创造。下面以广州汽车集团股份有限公司为例，分析基于要素类型的五大拼凑行动策略，分别是市场拼凑、实物拼凑、人力拼凑、技能拼凑以及制度拼凑。

(1)市场拼凑

有买卖和交易就有市场，国外学者 Baker 等人最早研究资源拼凑时提出过“市场拼凑”这一概念，将其作为资源拼凑的一种类型。随着时代向前推进，在已有学者研究的基础上，根据企业的真实情况，市场拼凑又被赋予了众多内涵。作为行动策略，市场拼凑主要是指在面向主流市场或者利基市场时，企业为了稳住原有客户并吸引新客户，提供较为廉价或异质的产品和服务资源，意在开拓潜在市场。

广汽集团在进行以创新为目的的市场拼凑时，涉及了战略定位和顾客价值两个维度。首先，广汽做的第一件事，便是对自身未来发展的市场潜力进行评估，据此设定目标定位和发展战略。然后，就是要把顾客价值与战略定位进行匹配，也就是说，还要去分析客户的潜在需求和未来可能发展的方向。广汽通过市场拼凑在满足顾客价值需求的基础上，形成了科学的、适宜的发展战略。目前的能源市场资源匮乏，生态环境更是存在着各种污染问题，所以他们认定了新能源汽车是克服上述困难的必经之路。除此之外，新能源汽车便于维护，迎合了高科技时代人们对科技的需求。所以广汽集团在已有资源的基础上，采取市场拼凑的行动策略，致力于向新能源汽车迈进。

(2)实物拼凑

一家大型企业的资源不可能达到百分之百无闲置。所以在面对被忽略、被闲置或使用效率低的资源时，实物拼凑是为这些资源赋予新价值并将其转化为创新资源的行动策略。实物拼凑可以在价值创造的过程中降低资源成本，企业在创新追赶的过程中通过遵循“物尽其用”的原则,综合利用手头被忽视和被闲置的资源的价值,能够为生产运营和后发追赶奠定相应的基础,成为缓解企业资源危机的有力手段。

广汽颠覆性创新的实物拼凑策略包括物质资源拼凑与品牌资源拼凑。广汽作为在汽车制造领域深耕了几十年的老牌车企,在生产基地、配件生产、整车设计等物质资源以及企业品牌资源方面有着相应的底蕴,在实施新能源汽车发展战略时也是基于已有的产业资源基础,因此能够在新能源汽车的研发生产中有较高的效率;并且,通过利用自身在汽车生产领域的品牌影响力,提升了其新能源汽车在市场中的顾客接受度,加快了产业发展和市场开拓的进程。

(3)人力拼凑

人力拼凑的这一行动策略是将企业供应链链条上的各个利益相关者联合起来,例如企业员工、供应商、合作方、消费者等,从而将企业的劳动力投入质量提升到新的维度。想象一下,如果将人力资源的要素全部有效整合拼凑后投入到企业的建设中来,一定会达到事半功倍的效果。如同资源需要内部整合和外部寻找一样,人力资源的拼凑也可以分为内部整合和外部引入两大部分。

根据广汽集团的行动,在内部整合部分,广汽进行了以项目为基础的人力资源重构。2017 年,广汽设立新能源汽车有限公司,任命乘用车的副总经理古惠南担任负责人,并抽调传统业务部门的相关人才进入到新能源汽车公司,实现从发动机专家到新能源汽车专家的角色转变;在研发任务上,新能源车车型与燃油车车型在通用的模块上实现人力资源的共享,如整车设计、配件供应等。在外部引入部分,广汽不仅与华为、腾讯、科大讯飞、蔚来等产业链上下游企业保持尖端技术的研发合作,还从全球汇聚高端专业人才,设立高层次人才创新创业基地、院士工作站、博士后工作站、工业设计中心等创新平台,并且与科技部门和高校共同承担多项研发项目。

(4)技能拼凑

技能拼凑和实物拼凑、市场拼凑一起帮助了一些创业企业获取市场合法性,来促进它们实现经济价值。同样地,技能拼凑也涉及内部和外部的范畴。因为一家企业不仅可以利用组织内部的技能,也可以对外部的技能进行引进整合。运用包括学习在内的不同手段来获得新技能,并通过对这些技能的拼凑创造出有价值的资源,克服创新过程中的困难,这就是技能拼凑的行动策略。

在内部技能的整合上,广汽集团所利用并整合的技能包括完善的生产体系、大数据系统资源库和长时间积累下来的造车基本功,这些技能帮助广汽顺利地解决新能源汽车的新车交付和运营维护等问题。此外,对电机、电控、机电耦合、电池、系统集成五大关键核心技术的全面掌握,也令广汽打造出完善的自主研发体系和强大的技术创新平台。在外部技术引进上,广汽积极与相关龙头企业进行技术联合攻关,如与腾讯在语音、小程序等方面进行合作以完善车载智能系统,与宁德时代协作进行电池技术的攻关,与博世、米其林等全球一流供应商在技术开发与产能配合上进行战略合作等,通过汇聚产业链体系中的前沿技术来推动新能源汽车产业的发展。

(5)制度拼凑

制度拼凑和人力拼凑一起进行,则有助于初创业企业获取社会合法性,从而促进其社会价值的实现。企业在创新过程中面临的制度和体制环境往往不是最优的,那么通过制度拼凑这一行为策略就可以合法地优化制度环境。也就是说,制度拼凑会发掘出尚未有条例限制或条例未明确的领域,脱离现有制度的约束后,可能发现新的解决问题的方案和机会。

在规制拼凑方面,广汽在大力推动新能源汽车发展战略时正面临政策补贴的不断退坡阶段,广汽逆势而行,在新能源汽车市场整体下滑与先发企业销量下降的情况下不断取得销量新高,勇于打破规制的战略为其创造了巨大价值。而在市场认知相关方面,新能源汽车出现在大众视野并被接受也是一个漫长的过程。虽然新能源汽车在续航以及安全性能上具有一定的优势,但例如充电桩等配套设施的建设却需要耗费很多的人力、物力和时间。从不被认可到逐渐被接受,新能源汽车通过电池技术的不断攻关,在电池续航里程与安全性上不断完善,加上新能源配套设施的不断健全,逐步成为大众购车的主要选择之一。

(资料来源:资源拼凑、价值创造与后发企业颠覆性创新——基于广汽集团新能源汽车产业的案例分析)

3.3.3 基于行为导向的行动策略

从拼凑思维的行为本质看,资源拼凑可能是一种即兴行为,也就是想做什么就去做;也可能是一种计划行为,即在确定这么做之前先制定好行动方案。在与资源拼凑关系比较密切的创业领域研究中,围绕创业是否要事先制定计划,有学者提出过两种派别,一种是"计划派",另一种则是"行动派"。计划派的观点认为,创业人员在做出行动前制定计划会对新创企业的发展产生非常重要的有利影响,新创企业会更容易生存下去。而行动派则认为没有必要占用时间和资源来制定计划。他们依靠敏锐的洞察力和直觉来捕捉新的信息和机会,并立即付诸实践。这一派别具备了较大的自由性和灵活度。于是根据创业领域的这一观点,结合拼凑思维的本质,基于有无事先计划这一全新视角,资源拼凑的行为策略也可以分为即兴拼凑和计划拼凑。

(1)计划拼凑

计划拼凑可以理解为以目标导向为驱动的一种先计划后行动的拼凑行为,是一种有

图 3-5　两种行为导向

目的、有组织的行为。在制定好拼凑计划后,就要在计划指导下开始行动。说来简单,但要想制定出一套完整的计划,前期需要做很多准备工作。人们为了能对资源进行更加合理的配置,要对市场进行调查并研究竞争对手的情况。所以,计划拼凑更常见于已经成熟的产业,行业也是如此。通常实施计划拼凑所在的行业会具备更加成熟的规范和准入标准,客户群体也比较稳定,认知上也会保持一致。这样的话,制定的计划才会为拼凑活动提供有益的引领。

(2)即兴拼凑

不同于计划拼凑,即兴拼凑则是受手段导向驱动的,可以理解为以手段导向为驱动的一种先行动或边行动边计划的行为,具有自发性、创造性、及时响应和灵活利用现有资源等特征。很多时候,环境是多变的,在这种情况下,就需要人们根据环境变化灵活调整自己的行为。企业也是如此。在对资源进行拼凑时,即兴拼凑更加重视行动的开展,依据环境变化随时响应,这样往往创造性和不可预见性会更强,说不定会产生意想不到的令人惊喜的效果。

计划拼凑多见于成熟产业,相应地,即兴拼凑通常更适用于新兴产业中的创业活动。因为新兴产业的市场是高度不确定的,客户群体的需求也不稳定,创业者很难与顾客群体达成共识。所以,这时创业者们的行动就像在"摸着石头过河",在即兴拼凑的策略下,能够迅速把握机会取得成功。

3.3.4　基于生命周期的行动策略

资源的拼凑对企业尤其是初创企业的绩效转化起着巨大的作用,根据企业的生命周期理论可知,企业的发展与成长的动态轨迹包括萌芽、成长、发展、成熟、衰退几个阶段。经历这几个阶段后,企业通常会面临消亡、稳定以及转向三种结局。研究企业生命周期理论的目的就是为企业找到能够与其特点相适应的一种相对较优的模式来保持企业的发展能力。而拼凑思维下,企业又该如何在不同的生命周期采取相应的行动策略呢?

(1)萌芽期

企业的发展在第一阶段往往处于萌芽状态,这个时期的拼凑思维和先前提到过的“即兴拼凑”有异曲同工之妙,而结合生命周期理论,可以更具体地将这一时期的拼凑思维转化成资源单一组合的拼凑行动。以大连本土的综合性金融服务提供商连阳有限公司为例,其母公司连阳集团是典型的服务型新企业,始创于2006年,曾率领一支在业界经验非常丰富的团队,凭着专业、人性化的服务,为其他许多企业与个人提供支持和帮助,赢得了社会上的广泛好评。而连阳有限公司创立时则是在资源的限制下,通过拼凑思维和实际行动实现了对资源的创造性整合。连阳集团在企业发展初期运用拼凑思维对现有的资源进行了有效的探索,创造性地提出“购房零首付”的业务模式,目的是打造一种全新的金融服务模式来占据市场空白,而在行动上,通过对有限的资金、人力等资源的拼凑组合和即兴利用,成功建立起企业的核心资源通道,最终将这些资源转化为创新绩效。

(资料来源:新企业创业导向转化为成长绩效的内在机理研究——以创业拼凑为中间变量的案例研究)

新企业在这一时期的行动策略,可以概括为基于拼凑思维产生现有资源拼凑的逻辑,并开始操作层面的拼凑行动,最后通过对资源的将就利用实现资源的价值创造,构建一条初始资源通道,实现绩效的转化。而这一策略的核心在于拼凑思维下对资源的探索。在企业创业时期,合理考察现有资源的可用性,才能使其他资源完美地和现有资源进行匹配衔接。与处于成熟期的企业不同,对于资源拼凑,新创企业的一把手刚开始并不会具备太多的知识和经验储备,所以拼凑思维中直觉占据更大一部分,才会偏向即兴拼凑的这一策略。此时,领导者的目的是让资源匮乏的新企业展开进一步的行动。随后,在拼凑逻辑的引领下,从思维开始转向对现有资源的单一组合利用,从而实现现有资源的价值创造,实现企业在发展期的目标。

(2)成长期

经历了萌芽期,企业开始迈向崭新的成长阶段。这一时期下的拼凑思维不再仅仅是某种意义上的“即兴拼凑”,而是即兴和战略匹配相结合的思维,对应着资源多样组合的行动策略,这一时期的例子选取的是全球最早专业从事移动互联网终端的乐凡公司。与连阳相同,这所高新科技企业也在萌芽期受到了资源的束缚,并挣脱了出来。而进入了企业的成长期后,乐凡来到了生存的关键阶段。为了继续扩张代理线,从事windows终端的产品代理,乐凡对现有累积的资源进行充分利用,先后在北京、上海、武汉、天津、广西成立办事处,在菲律宾、马来西亚、泰国等地建立外贸合作办事处,通过渠道资源和市场口碑,进一步扩大渠道,先后引入多个知名品牌,包括EKING、FSL和3GNET等,在成长期内占得了先机。乐凡在成长期通过即兴和战略匹配的拼凑思维成功拼凑了自身的多种资源,扩大了代理线,企业的资源通道也得到了有效扩张,获得了成长期应有的绩效。

企业在这一阶段的思维层面和操作层面与萌芽阶段不同。这一时期,拼凑思维不仅需要根据已有的目标和现有资源的特点快速建立可行的扩张模式,而且还要在确立经营模式后,打造属于自己的战略蓝图,开始规划战略性的发展路径,尝试着在供应链上的各个环节进行创新。而在根据战略蓝图形成相应的拼凑逻辑后,操作层面也会发生对应变化,拼凑行动从单一的资源组合向多样化的资源组合转变,增加资源产出量,扩张企业的资源通道。

(3)发展期

这一时期,是企业生命周期曲线持续攀升的最后阶段,这一时期下的拼凑思维抛却了“即兴”的部分,这是因为在之前的发展中,企业的资源通道不断扩张,受到的限制也越来越少,但通常企业资源通道扩张存在上限。所以,企业要通过战略匹配的思维,利用资源重构的行动策略来实现改革或转型以提升资源通道的阈值,甚至于建立新的通道,从而能够持续性地发展下去。这一阶段的连阳和乐凡都敢于求变,一个转型互联网金融,通过对资源的重新拼凑,建立起东北首家 P2P 互联网金融平台——贷贷通,打开了高速发展的大门;另一个则改变了自身的经营模式,从品牌代理销售最终转变为销售自主品牌,专注自主品牌研发销售的模式。依靠市场份额的增加和品牌形象的树立,乐凡也获得了持续发展的通行证。

(资料来源:新企业创业导向转化为成长绩效的内在机理研究——以创业拼凑为中间变量的案例研究)

基于对现有资源的特点和累积量的评估,企业在持续发展的阶段通过战略匹配和拼凑思维层面的探索,以大胆转型的意愿作为依托,在拼凑行动上,将资金、人力以及合作伙伴的资源重新配置,投入到新的工作计划中去,成功建立起新的、容量更大的资源通道,实现转型升级。

所以,在发展期的企业,拼凑思维因为战略转型这一目标而发生变化。拼凑思维需要和企业战略转型的需求高度匹配,形成有针对性的拼凑逻辑,指导拼凑行动。在战略匹配的拼凑思维指导下,创业拼凑从行动层面对资源进行有效的重新筛选与优化配置,促使新企业的资源通道获得重大变革,拼凑行动从资源多样组合转变为资源重构。

虽然依据企业的生命周期理论,企业还会经历成熟和衰退期,但后续阶段的拼凑策略相比企业成立初期和成长阶段,不再需要过多的探讨。企业就像一棵大树,而拼凑思维所指导的行动更大的意义在于帮助企业这棵大树成长并努力地使其常青。

课后习题

1. 在本节所提到的拼凑思维的几类要素里，你认为什么要素最为重要？或者什么要素最难获得？给出你的理由。

3. 请思考现实生活中有哪些企业运用了拼凑思维的行动策略，并进一步收集资料探讨所选的案例企业涉及哪一类行动策略，结合实际情况进行分析。

3. 假如你现在拥有一家企业，请利用本节所阐述的知识，模拟企业该如何合理地拼凑资源，提高企业绩效；并思考还有没有其他可能的行动策略来实施拼凑行为。

参考资料

[1]丁振阔. 学习导向、创业拼凑与国际新创企业国际绩效[D]. 广州：华南理工大学，2019.

[2]方世建，黄明辉. 创业新组拼理论溯源、主要内容探析与未来研究展望[J]. 外国经济与管理，2013，35(10)：2-12.

[3]黄艳. 新创企业社会资本与成长绩效关系研究[D]. 北京：对外经济贸易大学，2019.

[4]李晓翔，霍国庆. 资源匮乏、拼凑策略与中小企业产品创新关系研究[J]. 商业经济与管理，2015(3)：41-55.

[5]梁强，罗英光，谢舜龙. 基于资源拼凑理论的创业资源价值实现研究与未来展望[J]. 外国经济与管理，2013，35(5)：14-22.

[6]刘振，管梓旭，李志刚，等. 社会创业的资源拼凑——理论背景、独特属性与问题思考[J]. 研究与发展管理，2019，31(1)：10-20.

[7]麻修元. 资源拼凑与赋能对 OTA 商业模式影响研究[D]. 北京：首都经济贸易大学，2020.

[8]王国红，秦兰，邢蕊，等. 新企业创业导向转化为成长绩效的内在机理研究——以创业拼凑为中间变量的案例研究[J]. 中国软科学，2018(5)：135-146.

[9]张建琦，安雯雯，尤成德，等. 基于多案例研究的拼凑理念、模式双元与替代式创新[J]. 管理学报，2015，12(5)：647-656.

[10]张静，李华军，赵燕，等. 资源拼凑、价值创造与后发企业颠覆性创新——基于广汽集团新能源汽车产业的案例分析[J]. 科技管理研究，2022，42(10)：87-97.

[11]朱秀梅，鲍明旭，方琦. 变革领导力与创业拼凑：员工建言与刻意练习的权变作用研究[J]. 南方经济，2018(6)：102-119.

[12]BAKER T，NELSON R E. Creating something from nothing：resource construction through entrepreneurial bricolage[J]. Administrative science quarterly，2005，50(3)：329-366.

[13]DI DOMENICO M，HAUGH H，TRACEY P. Social bricolage：theorizing social value creation in social enterprises[J]. Entrepreneurship theory and practice，2010，34(4)：681-703.

第4章 精益思维

▷引导案例

从拳头产品到世界独角兽公司——字节跳动

探索辨方向，造独角兽之“势”

企业成立的早期，机会的探索离不开领导者敏锐的嗅觉。对于字节跳动成立之初的主推产品“今日头条”，离不开其创始人张一鸣先生对于行业发展的预判。毕业于南开大学软件工程专业的创始人张一鸣，利用自己对互联网公司和产品的独特视野，研发过企业协同办公系统，参与创建了旅游搜索引擎“酷讯网”、中文房产搜索网站“九九房”等多家互联网公司，也曾加入微软承担技术工作，学习大型企业在管理工程师方面的举措，还以技术合伙人的身份加入了王兴的“饭否网”创业当中。

深入互联网移动端的张一鸣，由于专业从事互联网产品的研发，逐渐发现了一些趋势。“饭否网”让张一鸣感受到了信息在人与人之间流动的价值，如果把“酷讯”和“饭否”结合起来，其实就是“组织信息+社交行为分析”，也就是“个性化信息推荐”的雏形。“九九房”的创业经历让张一鸣深入移动端市场，让其感觉“个性化信息推荐在手机上需求更大”，凭借着高度的专业热诚和深刻的行业见解，张一鸣萌生了做一个全网全内容的推荐引擎的想法。

2012 年 5 月，字节跳动推出了算法技术和搞笑语言、音频相结合的实验性产品“内涵段子”，产品一发布就获得了良好的市场反应，体现了用户对于算法推荐技术的喜爱。于是，在前期探索的基础之上，字节跳动瞄准了个性化推荐的新闻资讯领域，推出了依靠算法技术进行个性化推荐的新闻客户端——今日头条。该应用既具备新闻资讯阅读业务，也具备全网全内容的搜索业务，功能强大。通过算法抓取的形式，今日头条可以在一个热点刚爆出的几秒内从网络上将其抓住，通过技术方式成为自己的新闻，速度比纸质媒体要快，推送也比传统门户网站要精准许多。于是，在刚上线不久的三个多月的时间内，今日头条的订阅用户就突破了一千万。等其他传统门户网站认识到竞品崛起时，今日头条已经拥有了庞大的用户群体。

精准的行业定位为其今后跻身移动互联网行业并成为互联网行业的独角兽提供了可能。再通过对人力资源、技术资源和资本资源的整合，字节跳动可以更好地集中优势，着重发展企业在技术方面的强项，使得今日头条一经推出便吸引了用户的目光；并通过上述优势资源努力在该领域内缩小其与老牌互联网企业的差距，扩大用户群体，提升用户使用时长和使用黏性，为其发展为全球最有价值的互联网独角兽企业创造了良好条件。

经过初期的探索发展，今日头条一跃成为国内新闻资讯领域的佼佼者。根据2015年5月统计的新闻资讯应用用户覆盖率排行榜，今日头条冲击传统门户网站旗下应用，以8.0%的用户覆盖率取得了第二名的好成绩；而第一名则是依靠传统门户网站、先发优势明显的腾讯新闻，其覆盖率为15.3%。在同期公布的中国新闻资讯应用用户活跃度排名中，腾讯资讯以6.7%的活跃度排名首位，而今日头条则以5.5%的活跃度名列第二，冲击了以搜狐新闻、网易新闻、新浪新闻为代表的门户新闻应用。

开发短视频，奠独角兽之“基”

接下来，字节跳动通过对国内形势的综合评定，针对国内市场决定进军短视频领域，推出抖音短视频。结合发展今日头条时积累的技术经验，字节跳动将此时的核心能力——技术优势，转化为助力其发展的关键。通过关键技术不断培养种子用户，提升用户的使用体验。并对组织资源、财务资源和用户资源进行整合，利用充足的资金优势和现有的用户资源，助力抖音短视频获取用户并组织营销活动，为其成为我国最具有发展潜力的互联网企业奠定基础。

抖音无疑是助力字节跳动在国内发展壮大的关键所在。2018年6月官方公布的数据显示，在产品推出不到一年的时间内，凭借出色的应用特性和丰富的营销推广手段，抖音在国内地区的日均活跃用户数已超过1.5亿，月活跃用户数达到3亿。加上今日头条等平台的频繁使用，字节跳动具备了近5亿的月活跃用户，在互联网领域里占有了关键的一席，同时也为其成为世界最有价值的独角兽公司打下了牢固的基础。

进军全球市场，达独角兽之“最”

字节跳动决定进军全球互联网市场，开启国际化进程。在这一阶段，字节跳动推出了TopBuzz和TikTok，为字节跳动拓宽了全球影响力与市场份额，并为其市场估值的节节攀升提供了可能。此时，字节跳动通过维系已经掌握的核心能力——技术资源与人力资源，不断地进行深化和改进，推出创新技术并雇佣卓越人才，使自己赢得资本市场的青睐以及用户的喜爱，也将自己的产品与竞争对手的产品相区别，为企业在海外竞争“保驾护航”。最后，企业在决策落实、国际投资、用户推广、营销策划等方面充分发力，使得字节跳动被外界看好，估值不断提高。

2019 年 7 月，字节跳动宣布旗下产品全球日活跃用户已突破 7 亿，月活跃用户已突破 15 亿。至此，公司的产品和服务已覆盖全球 150 个国家和地区，在 40 多个国家和地区位居应用商店下载量排行榜前列。行业报道显示，字节跳动的全球营业收入从 2016 年的 60 亿，到 2017 年的 160 亿，到 2018 年的 500 亿，再到 2019 年的 1 400 亿，每年都保持了超过 200% 的增长速率。依据世界著名的创投大数据公司 CB Insights 对其活跃用户数量、风险投资能力、公司发展水平以及营业收入等方面的估计，字节跳动的市场估值已经达到了 750 亿美元以上，被称为世界最有市值的独角兽公司。这是企业通过探索市场、开发拳头产品、维系关键能力形成自己的竞争优势并不断进行良性循环的结果。

（资料来源：《字节跳动如何成为全球最有价值“独角兽”?》）

接下来，本章将从精益思维的理论渊源、循环逻辑、实现路径等方面展开介绍，并结合实践案例展示精益思维的具体行动策略。

4.1 精益思维的内涵

4.1.1 精益思想的来源

精益思想源于日本丰田公司发明的精益生产方式在制造业中的应用，即“精益生产”。这个概念最早由丹尼尔·琼斯(Daniel T. Jones)教授在著作《改变世界的机器》中提出，其核心是杜绝一切浪费，即产品在生产过程中任何没有增值的过程都是浪费，应该加以消除和改进。其关键要素是消除浪费和持续改善订单拉动的生产方式、价值流管理和可视化管理等。其实质是运用全面优化的思想来正确使用和安排公司所掌握的资源和生产要素，减少制造活动中不产生附加价值的人力和资源投入，以降低公司的成本，减少生产开发时间和生产制造时间，获得较好的效益，提高公司竞争力和满足多变的社会需求的能力。精益生产的思想是一种基于生产计划控制和库存管理的思想，并以信息网络共享环境中的团队工作为基础，要求以“少而精”的生产要素投入，达到最大化产出的目的，这是相对于传统的大规模生产模式的革新。

4.1.2 精益思想的延伸

精益创业理论源自日本丰田汽车制造系统的“精益生产”理论,由美国硅谷企业家埃里克·莱斯(Eric Ries)于2012年在其著作《精益创业:新创企业的成长思维》中进行了阐述。1990年,Womack和Jones首先把精益生产方式界定为以尽可能少的劳动力、空间、资本和时间创造出尽可能多的经济价值,并在1996年对精益生产方式中所涉及的管理理论做了进一步总结,把精益生产与生产操作提升到战略层面,形成精益思想。公司的基本理念是只提供消费者需要的商品,帮助消费者克服现实困难,从而在为消费者提供价值的同时,又为公司提供收益。目前精益理论已由最初的汽车生产领域拓展到产品开发、设计、销售、服务等企业的其他业务范畴,而精益创业则是精益思想在企业创新创业实践领域的进一步应用与发展。

精益创业是近年来在全球产生广泛效应、受到众多创业者和企业家关注的创业基本方法论。它是指企业在面对极不确定的市场情况下为用户开发新产品时,为了在有限的资源条件下降低风险并增加创新成功率,先向市场尽快提供一个最小化可行产品(Minimum Viable Product,MVP),验证市场需求,若产品不符合市场需求,最好能“快速地失败、廉价地失败”;若产品符合市场需求,则应该通过不断的学习和有价值的客户反馈,持续改进产品,以期适应市场。

4.1.3 精益思维的循环逻辑

采用精益思维进行创业的想法源于硅谷。硅谷作为全球创业思维的始发地,在经历了创业思维的两个阶段后[第一阶段为先投资跟入,后封闭开发并向市场投放,最终大规模复制的GBF(Get Big Fast,快速扩大)创业思维;第二阶段是认为用户需求已知且创业计划可以完美执行的火箭式创业思维],最终转向了精益思维。

精益思维的核心可以归纳为“构建(build)—测量(measure)—认知(learn)”反馈循环(如图4-1所示)。具体过程表现为,企业首先基于战略愿景提出商业模式假设,并根据假设在尽可能短的时间内构建最小化可行产品,然后对产品进行测量,最后根据测量结果验证假设,并获得认知,从而做出坚持改进、转向或终止迭代的决策。其中,坚持改进表示企业选择对产品持续迭代和完善,以期达到顾客想要的效果。转向或终止迭代表示企业放弃对产品进行改进;其中转向具体是指回到初始的假设提出环节,企业需要立足于目前的所知所识,在战略上做出重大改变,重新开始产品的迭代循环;终止迭代是指现阶段产品糟糕透顶,没有改进的意义,企业选择完全结束产品开发实践。

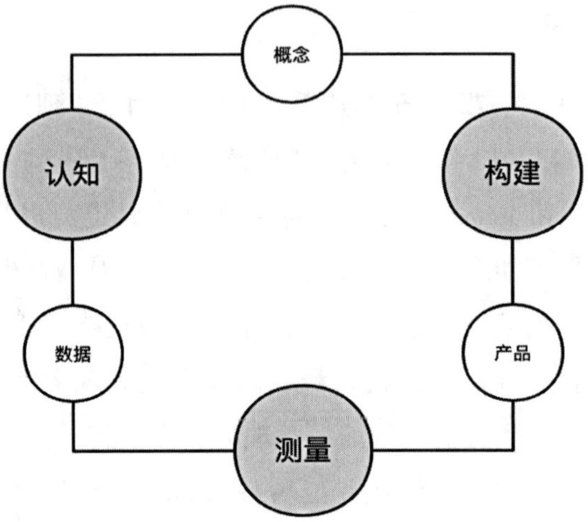

图 4-1 “构建—测量—认知”反馈循环图

精益思维有利于做出宏观层面上整个过程的决策，在高不确定性、高模糊性的环境中实现认知迭代，指导实践者周而复始的优化及推进活动，对实践成功和降低风险有着多方面的积极作用。具体作用可体现在：第一，有助于尽量避免因为一种可能在市场经济上不能立足的事物而耗费时间和财力。第二，帮助产品设计更符合用户的需要。“构建—测量—认知”循环作为用户反馈的回路，来证实或证伪最小化可行产品的假设，并据此持续调整产品，以适应用户需求。第三，“构建—测量—认知”反馈循环中的“有效学习”以发展用户价值为中心，可以降低企业过度集中于单一解决方案的风险。第四，初创企业的商业模式也可以通过“构建—测量—认知”反馈循环进行优化升级，包括了从创建企业愿景，到产品功能构建，再到产品渠道管理和市场营销战略制定的全过程的优化升级。

精益思维的反馈循环过程特别强调“最小化产品”“用户反馈”和“快速迭代”三种方法的应用。最小化产品法倡导根据实践中的认识和所学，构建最小化可行产品，经过科学检验产品是否具有价值假设和增长假设，大大缩短生产研发时间。用户反馈方法提倡尽可能地理解用户，在产品开发阶段用户的反馈能够保证企业所供应的商品或服务是用户真实需要的。快速迭代法注重及时得到市场反馈，用“小步快跑”的模式完成生产，而不是注重商业计划的重要性。

4.2 精益思维的实现路径

精益思维认为在创业过程中，基本参数难以度量、未来发展无法预测、用户痛点和解决方案拥有极大的不确定性,需要用科学的方法在多次迭代中逼近最真实的用户痛点和最有效的解决方案,以由行而知、由知而行的模式不断循环往复。这种行动过程的起点是用户探索,挖掘用户痛点并定义痛点和解决方案假设;接着进行用户验证,检验探索阶段定义的痛点和解决方案假设;若验证结果不理想,就要重新调整假设;在反复试错中确立最佳商业模式,并最终实现对目标用户的积累(如图4-2所示)。

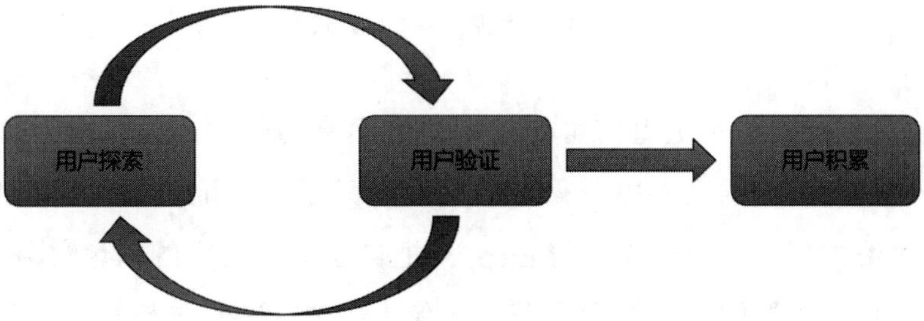

图4-2　精益思维的实现路径

4.2.1　用户探索

作为精益思维实践的第一环节,用户探索的基本任务是定义用户痛点和解决方案假设。在这一环节,不能急于向用户推销解决方案,而是应认真聆听、观察用户真正的需求和痛点,通过科学的方式不断探索和积累认知。此环节可以通过头脑风暴、深度访谈/参与式观察、从他人的失败中学习三种方法进行。

(1)头脑风暴

在群体讨论和决策的过程中,当权威和大部分成员意见一致时,少部分持质疑态度或拥有不同见解的成员屈于全体人员需要达成共识的压力,选择顺应群体,这种情况下做出的决策往往是失败的。在头脑风暴中,要允许所有参与成员坦诚说出个人想法,开拓思维、激发创意,从而提高决策质量。头脑风暴要遵循以下规则:推迟判断、鼓励大胆的点子、以他人的点子为基础、不要偏题、一次只有一个人说话、利用视觉效果(但大声说出来)、注重数量。其中,需要重点注意两点:第一是推迟判断,在积累大量想法之前,不要过早做出价值判断,将价值判断留到最后,以免影响思维的发散;第二是注重数量,头脑风暴要创造尽可能多的想法,在多样化想法的基础上再进行聚焦(如图4-3所示)。这两点对头脑风暴起着至关重要的作用,在众多头脑风暴中存在一个同样的误区,即还未开始集思广益,成员便已将想法锁定在某个特定的路径上,这将会导致头脑风暴无法达到预期效果。关于头脑风暴法的详细实施过程,可参考本书第五章的相关介绍。

在定义用户痛点假设和解决方案假设的头脑风暴中,首先要将产品或服务根据使用周期分解开来,在每一个分解阶段,利用头脑风暴思考以下问题:在此阶段用户可能存在

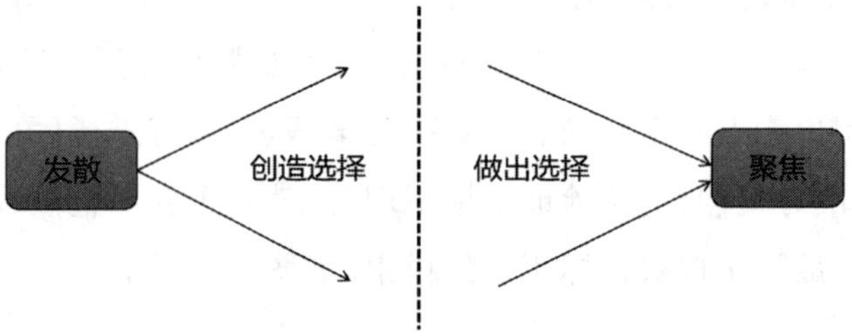

图 4-3　头脑风暴思维方式

何种痛点？这些痛点是何种类型？可能的解决方案有哪些？是否有能力执行这些解决方案？当然，对任何问题的回答以及得到的结论都只是未经证实的假设，切不可先入为主，将其当作最终的事实；其次，需要将心比心，把自己带入用户的角色，模拟场景后进行描述，以此定义用户可能的痛点假设并提出具有针对性的解决方案假设。

(2)深度访谈/参与式观察

通过头脑风暴，可以对用户痛点假设和解决方案假设形成一些基本认知。在此基础上，需要进行深度访谈并观察假设，让假设更加完整。

【案例 4-1】

中欧工商学院教授龚焱在二十世纪九十年代末与同学创办了一个太阳能公司，团队走访了东南亚地区缺电严重的三个国家：缅甸、柬埔寨、孟加拉国。在头脑风暴后，团队认为目标市场中用户最大的痛点是照明，并提出了相应的解决方案假设。但当团队把照明作为解决方案推向市场时，效果却并不尽如人意。带着疑问，团队再次来到这三个国家，经过进一步的访谈和参与式观察，有了新的发现：在这些国家，路上经常会有车和小店来制冷或卖冰，储藏冰块才是居民最大的用电需求。当一个人从电力充足的地区走进严重缺电的地区，想当然地会认为冰块对于当地居民过于奢侈。其实对当地人来说，生活的地方再穷再偏远，冰水都是他们的必需品。而龚焱教授团队所假设的用户最大痛点，即照明，当地居民并不在意，因为他们长期处于黑暗中，早已习惯黑暗的环境 。

(资料来源：龚焱教授研习社演讲实录)

尼采说过："一切美好的事物都是曲折地接近自己的目标，一切笔直都是骗人的，所有真理都是弯曲的。"在深度访谈和参与式观察中，我们往往会带着对于用户痛点和解决方案的主观认知，但访谈和观察结果却经常与我们的认知不同。因此，在访谈和观察中不要先入为主，过早引入个人的价值判断，而是应当以一个开放的心态记录访谈及观察的过程和结果，从中挖掘用户真正的痛点。此外，不仅要关注用户本身的体验，还要注意用户的利益相关方的体验，只有这样，才能使用户痛点假设和解决方案假设更加全面客观。

(3)从他人的失败中学习

从他人的失败中学习也是定义用户痛点假设和解决方案假设的一个重要方法，他人的失败经验能让我们从中汲取有用信息来改进认知。

【案例 4-2】

美国 ANM 公司是一家聚焦消费类电子产品的公司，该公司的商业模式十分简单，产品在中国代生产，再运回美国销售。但在创业过程中，它采用了独特的精益思维：从他人的失败中学习。

ANM 公司共有 500 人，其中 50% 的员工每天唯一的工作便是去亚马逊平台浏览电子产品的差评。对于电子产品的选择，ANM 有两个标准：第一，在亚马逊平台中排名靠前、拥有一定影响力的产品；第二，尽管产品用户基数较大，但差评很多。员工们每天专注浏览并梳理差评，将差评迭代为新的认知，最终有针对性地修改、更新自己的产品设计。

以 ANM 公司的一款产品为例，ANM 的竞争对手曾发布了一款浴室用无线音箱产品。该产品主要存在两大缺陷：第一是音箱不能有效防水；第二是音箱的挂钩设计使得音箱易在浴室中滑落。从竞争对手的产品缺陷中汲取经验后，ANM 设计的浴室用无线音箱产品采用全封闭防滑落设计，在防水和防滑性能上都有了质的飞跃。

不依靠亲自投入产品开发不断试错来迭代认知，而是从他人的失败经验中学习，这种方法不仅能有效地挖掘用户痛点和解决方案，也使得成本代价几乎为零。

（资料来源：《精益创业方法论》）

4.2.2　用户验证

用户验证环节的任务是验证用户探索环节的假设，需要重点关注解决方案假设和用户痛点假设的匹配程度，在这个匹配过程中，只有不断迭代，方能逼近最有效的解决方案。因此，用户验证环节也是一个反馈循环，这个循环有三步：第一步，设计最小化可行产品(MVP)；第二步，收集数据并测度，与预设指标比较；第三步，在学习与迭代中反复获取认知。通过此循环不断深化对用户的理解，以获取最佳解决方案。

(1)设计 MVP，服务天使用户

MVP 的本质是利用有限资源来快速迭代认知。其设计过程主要分为两步：第一步，对用户进行排序，对用户群做减法，找到核心的天使用户；第二步，对痛点和功能进行排序，找到与用户痛点高度契合的最小的功能组合。

A. 用户排序

用户群体宛若一座金字塔，而天使用户位于金字塔塔尖。他们具有两个基本特点：第一，对于痛点的反应十分剧烈，以至于他们早已做好购买某项产品的准备，并愿意尝试一些不够成熟、存在缺陷的产品；第二，他们愿意提供使用反馈并积极推广产品或解决方案。

【案例 4-3】

Gmail 是 Google 旗下知名的免费网络邮件服务，它内置 Google 搜索技术并提供 15G 以上的存储空间，可永久保留重要的邮件、文件和图片。2011 年，Google 负责 Gmail 业务的工程经理马克·施特贝里克表示，Google 计划将 Gmail 与 Google 旗下社交服务 Google+进行整合，以更好地满足广大用户对社交网络的需求。在 Gmail 与 Google+整合的过程中，Google 引入了一批天使用户。在软件整合之前，Google 邀请天使用户进行问卷测试，并通过 Google+的视频群聊功能与用户进行在线会谈，收到了用户大量的反馈意见和建议，比如允许用户通过 Gmail 向 Google+发送信息、可以浏览其他用户对于信息的评价、能够在处理 Gmail 邮箱的同时看到 Google+的通知、区别 Gmail 邮件的隐私性和 Google+的开放性等。Google 将这些宝贵意见均纳入了整合的举措中，为用户带来了更好的体验 。

（资料来源：https://it. sohu. com/20110712/n313185337. shtml. ）

B. 痛点和功能排序

在痛点和功能排序过程中，首先要从众多痛点中挖掘出用户最迫切的痛点，有针对性地推出最关键的功能，并淘汰一些无足轻重的功能；其次，找到次要痛点、第三痛点，并继续重复前述步骤。因此，设计 MVP 实际上是一个连续的过程，根据痛点和功能排序不断迭代产品，在做加法之前，先聚焦于做减法，在做减法的过程中加快速度。

【案例 4-4】

微信是腾讯公司于 2011 年 1 月 21 日推出的一个为智能终端提供即时通信服务的免费应用程序。最初微信只针对传统运营商短信价格贵且不易群发这一最大痛点，为 iPhone 用户推出了微信 1.0 测试版本，这一版本支持通过 QQ 号导入联系人，但仅有即时通信、分享照片等最简单的功能。在随后的 1.1、1.2 和 1.3 的测试版本中，微信根据用户的次要痛点、第三痛点逐渐增加了手机通信录读取、多人会话等功能。可以说，微信在用户验证阶段将减法做到了极致，以最简单的功能抓住最关键的用户。当前的微信几经迭代,开发了一系列新功能,截至2022年,微信全球用户超12亿,已成为国内社交软件当之无愧的王者。

(资料来源:微信发展史:前世与今生)

(2)测度与数据收集,与预设指标比较

用户验证的第二步是测度与数据收集,即在设计MVP后,收集数据并测度MVP的实际功效。测度MVP与测度最终产品的侧重点不同,测度最终产品主要关注产品的整体指标,而测度MVP则更关注分期指标和实时对比。主要的MVP测度工具有三个:第一是对比测试;第二是同期群分析;第三是净推荐值。

A. 对比测试

对比测试,也可称为AB测试,硅谷的各大公司都在广泛使用这种工具。所谓AB测试,就是在产品正式上市前,将用户按组成成分的相似性进行分组,让用户组群随机浏览不同版本的设计,再根据用户体验数据评估最好版本,从而减少漏洞出现的可能性,避免紧急修复,提升用户体验。亚马逊就是AB测试的忠实使用者,有着“AB测试公司”的绰号。亚马逊公司在自己的平台上推出了“AB测试工具”,若公司要开发新应用,会直接将不同版本推送到各个用户组群,并通过“AB测试工具”进行数据收集和测度,从而选定最有效的版本。在亚马逊的测试中,并不一定只是A、B两个版本的比较,而是可以将最多10个版本同时进行比较。

(资料来源:亚马逊AB测试和拆分测试完整指南)

B. 同期群分析

一般来说,若我们只单纯测度总量,或许会看到用户数量不断增长的曲线。但是这种测度方式会掩盖同时期不同用户群活跃度的差异。以某个网站为例,从总量来看,可能用户注册数在不断累积,登录用户也持续增加,但事实上,前期加入网站的用户的活跃度正在下降,而这种下降的现象在总量持续增长的大趋势中被忽略了,因而无法有效分析不同时期不同用户组群的心理及行为。

同期群分析就是一个将总量指标分解开来的分期指标分析工具,这项工具将用户按不同时期进行分类再进行对比分析,就可以清晰地了解用户进入、退出、活跃度等数据,让分析结果更加准确客观。

C. 净推荐值

净推荐值(Net Promoter Score,简称NPS)是一种计量某位用户会向其他人推荐某个产品或服务的可能性的指数,也是测度MVP的一项重要工具。

在使用净推荐值时,往往将用户分为三类:第一类是支持者(promoters),会主动推荐产品或服务;第二类是贬低者(detractors),这类人不但不会推荐,还会进行贬低;第三类是中立者(passives),他们对产品或服务既不喜欢也不讨厌,持中立态度。用支持者数量的百分比减去贬低者数量的百分比就能得到最终的净推荐值。该值与用户增长密切相关,对于处于创业阶段的公司来说,用户增长有一个重要方式,就是使推荐系数大于1,推荐系数指的是现有用户推荐的比例,比如,现有10个用户,只有一个推荐了产品或服务,则推荐系数为0.1,“推荐系数大于1”就是指10个用户通过推荐能够带来10个新用户,从而实现用户病毒式增长。而只有净推荐值高,方能转化为高的推荐系数,因此,关注净推荐值对于用户增长极为重要。

(3)获取认知,学习与迭代

获取认知,不断学习和迭代是用户验证环节的最后一步。在这个过程中,需要遵守以下三个原则:第一是迭代出的新功能,需由用户体验和反馈推动,而非个人价值判断的堆积;第二是注重功能数量的简洁性,一些无关紧要的功能不需要修改;第三是保证学习和迭代过程的公开透明性。

【案例4-5】

美柚是一款综合性的女性健康管理App。该产品诞生于2013年3月,研发团队用一个月的时间完成了MVP,这一版本的基本功能是帮女性用户记录月经周期,并根据过往数据预测未来日期。6月,美柚更新了第二个版本,该版本增设了“贴士”功能,提供女性相关的保健、育儿等知识。7月到10月,美柚再次增加了社区功能,社区主题与女性密切相关,内容丰富。三次版本更新,美柚完成了从基础记录向社区的迭代,每一项功能的扩展都由用户需求催生,而非凭空想象。

(资料来源:《精益创业方法论》)

4.2.3 用户积累

任何公司研发产品或服务的出发点都是满足用户需求,只有不断积累用户方能推动公司的可持续发展。因此,在反复验证用户痛点假设和解决方案假设后,公司便进入用户积累阶段,在这一环节,公司主要采用以下三种方式:约见天使用户、深入理解用户、收集市场信息。

(1)约见天使用户

在用户验证阶段向市场投放MVP时,主要将投放集中在小范围人群中,即需求迫切、愿意使用产品并提供反馈的天使用户。这些天使用户是新产品的早期拥护者和支持者,也是公司用户积累初期重要的用户来源,在用户积累阶段,公司需要主动约见天使用户,邀请他们参与产品的用后调查,加入产品更新迭代的过程当中,并为他们提供福利,甚至可以聘任他们为公司产品顾问及推广大使。

(2)深入理解用户

深入理解用户需要调查、了解用户的工作和生活细节,直击用户内心,思考在何种情况下用户会选择公司生产的新产品来代替原有产品,用户是否愿意将产品推荐给亲人和朋友,产品研发过程中有哪些方面不被用户认可,用户还有哪些需求没有被满足等。为此,公司需要专门设立反馈平台,认真汲取用户的反馈意见,及时与用户分享产品改进迭代进度,方能吸引新用户,留住原有用户。

(3)收集市场信息

寻觅用户时不仅要关注自身所处行业,还应将目光放到其他相关行业领域中。可以向同行、行业内部分析师以及新闻媒体搜集相关用户信息,也可以通过参加行业会议和贸易展销会等方式,了解产品相关市场的发展趋势及用户需求的变化。

精益思维使得创业从依赖天才设想和完美计划转向科学试错和认知迭代,创业不再是程序化地执行任务,而是反复试错、从试错中学习并获得新的认知,再基于认知的迭代不断调整创业路径的过程。

4.3 精益思维的行动策略

精益思维始终强调与用户的紧密联系,在使用精益思维开展创业实践时,应时刻以用户为导向,动态地满足用户需求,科学试错,实现产品迭代与创新,推动公司可持续发展。

4.3.1 精准挖掘用户痛点,不断试错寻求最佳解决方案

创业的本质是价值创造,而产品的价值是由用户决定的,只有精准挖掘用户痛点,并提出具有针对性的解决方案时,产品方能为公司带来最大价值。

Netflix 是美国一家会员订阅制的流媒体播放平台,成立于 1997 年,转型前曾是在线 DVD 及蓝光租赁提供商。在创业之路上,Netflix 凭借多样化的创新方式数次走出困局,成为目前当之无愧的流媒体巨头。

图 4-4 里德 · 哈斯廷斯

(1)真正的痛点

里德 · 哈斯廷斯(Reed Hastings)是 Netflix 的创办者(如图 4-4 所示)。1997 年,哈斯廷斯正在家中整理书报,偶然从一堆废纸中发现了《阿波罗 13 号》的录像带。看到这盘录像带时,哈斯廷斯极为懊恼,因为这盘《阿波罗 13 号》是他六周前的一个晚上从 Blockbuster 公司租赁

的，他本该于租赁的第二天归还录像带，却忘了此事，这导致他要赔付整整40美元的罚金，而40美元已足够买下一盘同样的录像带了。更加让哈斯廷斯气愤的是，他无法面对老婆斥责的面孔。

当天下午，在前往健身房的路上，哈斯廷斯仍然为这高昂的罚金心神不安，同时他也在脑海中思索："为什么租赁录像带的方式必须是租一盘付一次款？为什么不能像健身房一样，只要缴纳固定的会员费便可以不分时间段随时去健身呢？另外，延迟归还的罚款金额如此之高，一定要用户赔付吗？一家租赁公司的录像带有限，需要购入何种数目的录像带才能满足全部用户的需求？如何更好地盈利呢？"

就这样，以发现这盘忘记归还的《阿波罗13号》为起点，哈斯廷斯不断思考传统录像带租赁公司的弊端，最终提出了两大用户痛点假设：录像带租赁成本高、录像带数量有限，并着手创立Netflix。

(2)最佳解决方案

针对两大用户痛点假设，Netflix推出了一个O2O模型，该模型分为两大部分：第一是线下自营仓储进行配送，第二是用户在线上完成选片、排片及预定。这一模型砍掉了店面成本，增加了仓储和物流成本。但经过模型试水后，Netflix发现效果并不理想。

首先，用户注册量不尽如人意，Netflix在旧金山湾区的渗透率为2.6%，而在美国其他地区的渗透率则远低于这一数据。针对此现象，管理层成员众说纷纭，有人认为旧金山湾区是电影业的故乡，用户有更深的电影情结；有人认为旧金山湾区经济发达，用户购买力较强；也有人认为旧金山湾区高科技人才丰富，更愿意接受新生事物。面对多样化的想法，哈斯廷斯提出展开深度访谈和参与式观察，结果发现，绝大部分的旧金山湾区用户反映收到录像带的速度极快，但在美国其他地区没有这个体验。这种现象出现的原因正是配送中心位于旧金山湾区，旧金山湾区的用户从预订录像带到录像带被寄送到家仅需不到48小时，而其他地区用户却要等待近一周时间，耗费时间太长导致用户不愿租赁。为此，Netflix在美国各个地区建立了多个配送中心，果然建立配送中心的地区业务量实现了大幅增长。

其次，Netflix将初始试验的录像带贴上邮票外寄时，仅有一家邮局在特定的情况下能够使录像带无损到达。当时的美国邮政总局处理邮件有两大方式：履带式分拣和滚筒式分拣。若采用滚筒式分拣录像带邮件，录像带必然会受损，加之美国录像带解码能力不够高，录像带有一点损伤便无法使用。面对这样的问题，哈斯廷斯创建了一个团队，团队成员分头进入不同的邮政中心参与式观察完整的物流流程，找到使录像带邮件被邮局采用履带式分拣的方法。最终经过几个月的深入调查和大量对接工作，对邮件信封版本进行了超过150次的反复修改，确定了最终版本"红信封"。"红信封"有三大特点：第一是材质硬挺,使信封坚固的同时不超重;第二是信封内部采用隔板固定录像带,确保录像带不会晃动;第三是在信封上加设透明窗口,当邮件通过邮局的履带时,可以通过这个窗口直接读取。“红信封”的推出使得录像带能够历经长途运输而破损率却低于0.06%,提高了效率,降低了成本。

在创业初期,Netflix 真正做到了抓住用户痛点并反复试错,寻找出最佳解决方案,满足用户需求的同时降低了公司成本,实现从零到一,走向属于自己的辉煌 。

(资料来源:中欧国际工商学院龚焱教授现场授课内容及网络资料)

4.3.2 抓住目标用户,努力收集用户反馈信息

精益思维要求初创公司在发现市场需求的第一时间快速投入 MVP,抓住目标用户,及时收集用户反馈信息并对产品进行调整,赢得市场主动权,并始终尊重用户的想法,避免用户流失,为公司长远发展打下坚实基础。

江小白是重庆江小白酒业有限公司旗下的高粱酒品牌。在竞争激烈的白酒市场,江小白紧紧抓住目标用户,努力收集用户的反馈信息,使产品远销到了二十多个国家。

(1)抓住年轻用户

江小白的创始人陶石泉大学毕业后,进入当时中国知名的白酒企业金六福工作。在金六福工作时,陶石泉发现在啤酒、白酒、红酒等几类主要的酒类市场中,白酒市场的年轻用户是最少的,这种情形引发了陶石泉对白酒市场的思考。2011 年,陶石泉从金六福辞职,与几位合伙人共同在重庆成立了“江小白酒业有限公司”。江小白从年轻用户的心理和需求入手,通过深入观察,发现年轻用户们普遍追求平等和尊重,而这种对于平等和尊重的追求也体现在了饮酒的态度上。在充分了解年轻用户的需求后,江小白于 2012 年推出了第一款单纯高粱酒“我是江小白”,并发布励志广告宣传短片,走入年轻用户内心,引发情感共鸣。在当时,行业内普遍不看好将年轻人作为白酒销售的目标用户,但还未等他们反应过来,江小白推出的这第一批白酒,已率先打开了白酒行业的年轻态市场。

(2)收集用户反馈

年轻用户的喜好丰富多样,为更好地满足年轻用户的个性化需求,江小白努力收集用户反馈,以推动产品更新换代。

一方面,江小白开展调研活动,发现年轻用户偏爱包装时尚、口感清新的产品,并且很多女性用户反馈她们喜欢在聚会时用江小白和各种果汁勾兑,调制成水果味的酒。在这些反馈信息的引导下,江小白推出了蜜桃味白酒,并于 2019 年 11 月末举办了一场“江小白+品牌创造者”大会,邀请全国各地一百多名用户参加。大会上,用户们给江小白提出了众多意见和建议。其中,被提及最多的便是能否在蜜桃味白酒的基础上,推出更多

口味的、好喝的产品。顺应反馈建议,江小白以蜜桃味白酒为基础,不断延伸,最终形成了江小白果立方系列,该系列包含蜜桃、白葡萄、卡曼橘等多种年轻用户青睐的水果口味,并且果汁含量均超过了30%。而第一批限量测试的果立方系列套装,也寄送给了江小白的忠实用户进行品鉴,并得到用户的积极反馈:“水果味江小白入口清甜,一小瓶饮后迅速微醺,还不上头,比想象中更好喝。”

另一方面,江小白充分利用社交媒体平台汲取用户信息、与用户深入互动,吸引留住用户。江小白的官方微博作为其互动平台之一,在发布相关品牌信息和产品文案之外,还利用微博的社交特性,与用户开展各种各样的互动,曾有用户将江小白与雪碧混合,并在广场上讨论此话题,为江小白提供了产品研发的方向。

此外,面对社交媒体上种种黑料和误解,江小白也用了独特的方式为自己正名。在2021年的双十一,有别于其他带货直播间热情洋溢的产品叫卖,陶石泉在直播间带着粉丝们参观了江小白的酿酒厂并采访了酿酒师傅,以此打消用户对“江小白使用工业酒精”的质疑;陶石泉还在江小白的高粱地里开了一场十分安静的直播,直播中他花费12个小时为100名用户写信。陶石泉说过:“好玩、有趣,是我们一直追求的东西。我经常讲一个逻辑,就是在满足功能的前提下,可以尽情去浪漫。”这份浪漫也确实贯彻了江小白的整个创业历史,向用户展示了真正的尊重和平等。

在品牌发展之路上,江小白始终聆听用户心声,努力收集用户的意见和反馈,再将这些信息融入产品的研发中,实现品牌与用户的合作,提高用户黏性,充分体现了江小白的智慧,使其能够在复杂的市场竞争环境中占据一席之地 。

(资料来源:凤凰 Weekly 及公众号)

4.3.3 邀请用户参与产品创新过程,加速产品迭代

精益思维强调,公司创业之初推出的产品不会十分精确,必须在投放市场后经历反复优化迭代方能找到最优产品,这就要求公司鼓励用户参与产品研发和创新,根据用户需求及时调整产品功能,加速产品迭代,让产品质量和性能实现螺旋式上升。

乐纯是专门为年轻妈妈和孩子创造零添加食品的高新技术食品品牌,隶属于北京乐纯悠品商贸有限公司,在创立第一年便收获百万粉丝,在竞争激烈的乳品行业中占据一席之地;创立第二年,旗下酸奶产品月均复购率达到25%;创立第三年,更是获得可口可乐亚太投资创业公司的青睐,成为可口可乐在亚太区战略投资的第一家食品公司,获得数亿元战略投资。

(1)用户参与

张喃喃是法国蓝带厨艺学院的毕业生,也是乐纯酸奶原始配方的研发者。作为一个

"酸奶控",张喃喃回国后品尝了近100款国产酸奶,结果发现所有酸奶都添加了各种人工合成添加剂,并且高品质酸奶在国内还是一片空白。面对这样的环境,张喃喃历时三个月,研制出了与在母校尝到的口味完全一致的四款酸奶,并为酸奶起名"Lepur(乐纯)",寓意纯净、完美。后来在产品推广过程中,张喃喃得到朋友Denny的支持,于2014年5月正式成立乐纯公司。同年6月,Denny全职加入乐纯,担任CEO,后因发展理念分歧,张喃喃选择退出乐纯。在Denny与张喃喃交接工作时,发现了一个问题:由于难以找到优质奶源,张喃喃在初代酸奶中加入了奶油和奶粉以确保口感,尽管她认为奶油和奶粉并不属于添加剂的范畴。但试吃用户却认为乐纯酸奶应该只由优质纯牛奶和乳酸菌发酵而来,据此建议,Denny最终决定放弃奶粉和奶油,从奶源着手,在拥有十余年乳制品研发经验的专家带领下,研发团队进行了20次产品迭代,并让用户全程参与。研发团队每次制作六种配方,根据用户品尝的建议,不断改进产品。在一个月内,乐纯研发团队共消耗了300公斤牛奶,品尝了近3 000盒酸奶。最终完成的产品无论是配方还是口感都极佳,取名为"三三三倍酸奶":三倍鲜牛奶、三倍乳酸菌、三倍纯净营养。

除了在产品研发中让用户全程参与,产品研发后,乐纯还邀请用户创作乐纯酸奶包装盒的插画以及乐纯即将发布的一些有意义的主题,并将用户创造的作品由大众投票,选取最受欢迎的作品作为新产品的包装,这种方式为乐纯收集了大量来自用户的创意,同时也提高了用户的体验感。

(2)产品创新

让用户参与酸奶迭代升级过程的模式让乐纯受欢迎的程度大增,但乐纯也一直没有放弃酸奶之外的产品创新。2016年,Denny发布了一篇名为《最适合在办公室吃的零食是什么》的文章,并在各大社交媒体迅速走红。在文章中,Denny讲述了一群吃货致力于寻找一款好吃且吃不胖的零食的故事:"还记得之前乐纯吃货天团立下的Flag吗?——创造一款超好吃且吃不胖的逆天零食。"这篇文章中附有二维码,用户可以通过扫码申请试吃零食,引发关注热潮。趁此时机,乐纯开辟了继酸奶之后的第二条产品线——零食,研发团队共召集了103位用户,试吃13斤零食后,最终研发出了零食"小补给"。"小补给"由粳米、黑麦、核桃仁、蔓越莓干、甜味椰片和南瓜子仁以轻烘焙、零油脂的烘烤法加工而成,真正做到了好吃且吃不胖,优质健康。

通过酸奶产品建立品牌高品质的基调后,乐纯一直在创新拓展,丰富产品组合,并采用"用户公开透明参与"的方式,不仅让用户高度参与创新过程,而且对每个创新领域都会做细致的研究并以攻略的形式向用户公开。2018年10月,研发团队根据在微博、小红书、知乎等平台上搜罗到的用户反馈,发现众多用户喜欢用乐纯酸奶搭配面包。据此,乐纯决定增加产品品类——面包。乐纯创建了"硬核面包群",通过与筛选入群的112位面包硬核消费用户的反复交流沟通,最终研发出了“诚实包包”这一爆款面包。

从一家 35 平方米的小店铺,到自主研发、采购、生产、仓储、物流等全产业链全渠道运营的高科技创新食品公司,乐纯的飞速发展离不开用户的参与式创新,正是在用户高度参与的推动下,乐纯实现了产品的快速迭代和升级,最终建立了属于自己的食品王国。

(资料来源:《从一盒酸奶到食品王国:乐纯的精益创业之路》)

4.3.4 创新营销手段,获得用户喜爱

很多公司在创业之初都对公司未来发展有着美好的设想,但半路夭折的仍占据大多数。这些初创公司往往不是败在产品的研发上,而是败在缺乏用户积累上。由于没有用户,产品自然也无用武之地。精益思维一直强调与用户之间的密切联系,因此初创公司在完成产品设计后,需要不断创新营销手段,获得用户喜爱,积累更多用户资源,方能让品牌声名远扬。

野兽派(The Beast,非法国的美术流派 Fauvism,编者注)诞生于 2011 年年底的微博,起初是一家线上花店,现已成长为一个艺术生活品牌,产品涉及花艺、香氛、家居服、家纺、美妆个护等多个领域。野兽派以“代表花一般美而有趣的高端艺术生活”的主张,形成了属于自己的品牌风格,走出了一条别出心裁的商业道路。

(1)故事营销

野兽派诞生之初只是一家线上花店,它的诞生极具故事色彩。老板 Amber 当时并没有花艺基础,一时兴起去花市,发现花材种类竟如此丰富,受好奇心的驱使买了许多花材回家,并自己设计组合将花送给朋友。朋友们看到如此“豪放”的插花时纷纷感到震惊,询问 Amber 这是什么流派,Amber 随口说道:“我是乱插的,就叫野兽派吧!”野兽派的名字也由此而来。

与传统花店相比,野兽派花店出售的鲜花可以说是鲜花中的奢侈品,每件鲜花礼盒少则三四百元,多则千元以上。尽管价格如此高昂,野兽派花店仍然受到了众多用户的追捧,这种追捧正要归功于野兽派花店独特的故事营销模式。野兽派花店卖的不仅是鲜花,更是丰富多彩的故事。一花一物一灵魂,在野兽派的每一束鲜花中,都包含着一个独一无二的温暖的故事。

野兽派花店早期只是通过微博平台进行小范围的宣传,没有实体店,也没有正规的网点,甚至连花艺都不够讲究,仅仅在微博上上传几张鲜花礼盒的图片再配上 140 个字“花的故事”,就让野兽派花店短时间内积累了大量用户。这种故事营销模式其实十分简单,在只有微博这一个沟通平台时,用户需要买花,只需通过微博私信 Amber,然后支付宝转账就可以了。这期间,没有成套的花艺目录供用户参考,用户将自身的情感故事私信

告知 Amber 后,Amber 会根据故事搭配出独一无二的饱含情感的鲜花礼盒。再以匿名的方式,将故事加工成更动情的文案,配上鲜花礼盒图片上传至官方微博。情感丰富的人们被故事打动,产生心灵上的共鸣,继而越来越多的用户开始和 Amber 分享自身的故事,野兽派花店的品牌就在用户不断的共情中树立了起来,甚至吸引了众多明星的关注。开业仅一年,野兽派花店已吸引超过 18 万粉丝,成为名副其实的“传奇花店”。

(2)满足情感需要

野兽派花店的走红归根结底在于其营销手段满足了用户的情感需求,借由一个个故事,野兽派加强了与用户之间的联系,让更多的用户找到情感宣泄的出口,产生情感溢价,用户们都偏爱购买一个有故事的产品,更何况自己便是故事的主角。基于这种情感基调,野兽派花店推出了镇店作品之一“莫奈花园”。

2011 年年末,顾客 Y 先生订花,希望花束能展现莫奈作品《睡莲》的意境,但当时并无合适的花材。数月之后,Amber 从日本直岛的地中美术馆中获得灵感,“莫奈花园”由此诞生。花束完成后,Amber 在野兽派花店官方微博中写道:“数月前 Y 先生订花,希望表现莫奈的《睡莲》的意境。当时托客服转告他,暂时没有合适花材,所以无法创作。他回信说‘美值得等待’。之后,他从未催促,我从未停止寻找……直到上月在地中美术馆得到灵感,昨天觅到花材,做成这盒‘莫奈花园’。它是向 Y 先生的致敬之作,也是所有对美心存执念的普通人心中的秘密花园。”这条微博一经发出,就有将近 6 000 条的转发,评论数量也接近 2 000 条,进一步提升了野兽派花店的知名度,也带来了大量的用户。

野兽派花店把将用户情感转化为产品价值这件事做得淋漓尽致。北京师范大学心理学部曾经对野兽派花店走红现象做出分析:“美与趣味是一种很高级的心理需求,在马斯洛需求层次理论里可归类为自我实现的需要,是最高层的心理需要。”此外,野兽派花店抓住中国是送礼大国的特性,用户通过花束向亲人、朋友表达情感再合适不过,通过线上推广带动线下发展,将成交的订单分享宣传,周而复始,不断扩大品牌规模,积累更多用户,再推出更多产品。

在创新营销方式的同时,野兽派花店还为用户留下了想象和期待的空间,不为用户提供成套的花束参考,用户只需提供故事再静静等待礼盒到达就可以了。这种做法为用户制造了惊喜,提高了幸福感,使野兽派花店赢得了用户的喜爱。所以在野兽派从花店转向集花艺、家居、香氛等多样化产品为一体的艺术生活品牌时,用户对于延伸产品不仅不抗拒,反而甘愿为品牌溢价买单。

野兽派从名不见经传的小众花店发展为当前的高奢品牌,离不开它从用户角度出发创造的营销模式,以及为用户呈现的充满惊喜感的多样化的产品。野兽派不断追求美丽和有趣的灵魂,赢得了用户的共鸣,积累了大量用户,使品牌在赛道上始终处于头部地位。

(资料来源:《精益创业从入门到精通》)

纵观不同公司采用精益思维开展创业行动的案例,可以发现这些公司无论是提出创意想法、研发产品投入市场还是不断试错、优化迭代产品都注重从用户角度出发,观察用户的偏好、行为、心理,动态满足用户的需求。因此,公司在创业过程中,应坚持以用户为导向,快速行动、单点聚焦、优化迭代、科学试错,在注重全局和保持前瞻性的基础上开发出最适合用户的产品或服务,以实现价值创造最大化。

课后习题

1. 精益思维的循环逻辑是什么?
2. 用户探索环节可以采用哪些方法?
3. Netflix 是如何抓住用户真正的痛点的?
4. 用户参与为乐纯注入了哪些新的价值元素?

参考资料

[1]邓飞. 基于精益创业的新产品开发迭代路径研究[D]. 重庆:重庆邮电大学,2018.

[2]凤凰 WEEKLY. 怎么做出用户喜欢的酒? 央视广告揭露江小白酿造基地[EB/OL]. (2020-10-17)[2023-01-10]. https://mp. weixin. qq. com/s/1IuNpOg1_OQPe7_msEz_lA.

[3]个人图书馆. 怎么实现精益创业——龚焱上海演讲实录[EB/OL]. (2016-07-09)[2023-01-10]. http://www. 360doc. com/content/16/0709/07/31887026_574168173. shtml.

[4]龚焱. 精益创业方法论:新创企业的成长模式[M]. 北京:机械工业出版社,2015.

[5]胡玥. 字节跳动如何成为全球最有价值"独角兽"? [D]. 大连:东北财经大学,2020.

[6]李改霞. 精益创业从入门到精通[M]. 北京:电子工业出版社,2017.

[7]胖鲸头条. 做最会讲故事的品牌,野兽派的前世与今生[EB/OL]. (2021-07-27)[2023-01-10]. https://baijiahao. baidu. com/s? id=1706418518940180220&wfr=spider&for=pc.

[8]搜狐 IT. 谷歌称 Gmail 将整合 Google+服务[EB/OL]. (2011-07-12)[2023-01-10]. https://it. sohu. com/20110712/n313185337. shtml.

[9]武巧珍. 精益创业理论研究综述与展望[J]. 科学决策,2020(2):87-101.

[10]银河系创投. 中欧龚焱:O2O 鼻祖 NETFLIX 转型之路——精益创业经典案例[EB/OL]. (2018-05-08)[2023-01-10]. https://mp. weixin. qq. com/s/c6TcF9A-r7f3SCQRTabz5g.

[11]张布林. 基于精益思想和 DFM 的 E 公司新产品开发流程改造[D]. 上海:华东理工大学,2015.

[12]张思萱,周宁,韩小汀,等. 从一盒酸奶到食品王国:乐纯的精益创业之路[J]. 清华管理评论,2021(4):109-117.

第 5 章　创造性思维

▷引导案例

屠呦呦:青蒿素的提取

疟疾是一种致死率非常高的疾病,它是一种通过蚊虫叮咬或输入带疟原虫者的血液而感染的虫媒传染病。抗疟药的研发,就是和疟原虫夺命的速度赛跑。四十年前,在艰苦的环境下,中国科学家努力奋斗,从中医药中寻找抗疟新药,于 1969 年开始抗疟中药研究,经过大量的筛选工作后,1971 年起工作重点集中于中药青蒿。

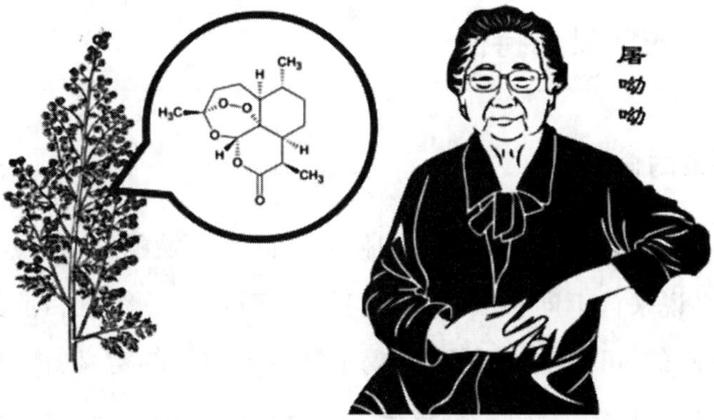

图 5-1　屠呦呦与青蒿素

屠呦呦是我国“523”抗击疟疾研究项目的负责人。她接受任务后,在系统地学习东西方医学知识的基础上,查阅中医药古籍,走访名老中医并收集他们用于防治疟疾的方剂和中药,同时调阅大量民间方药。在汇集了包括植物、动物、矿物等 2 000 余内服、外用方药的基础上,编写了以 640 种中药为主的《疟疾单验方集》。正是这些信息的收集和解析打下了发现青蒿素的基础,这也是中药新药研究有别于一般植物药研发的地方。当年她面临研究困境时，又重新温习中医古籍，进一步思考东晋葛洪《肘后备急方》有关"青蒿一握，以水二升渍，绞取汁，尽服之"的截疟记载。这使她联想到提取过程可能需要避免高温，由此改用低沸点溶剂的提取方法，决定用沸点只有34.6℃的乙醚来提取青蒿。实验过程繁复而冗长。1971年10月4日，在190次失败后，191号青蒿乙醚中性提取物样品抗疟实验的最后结果出炉——对疟原虫的抑制率达到100%。因为青蒿素本身在原植物中含量就不高，还有药用部位、产地、采收季节、纯化工艺的影响，青蒿乙醚中性提取物的成功确实来之不易，这是抗疟史上的重要发现。

（资料来源：屠呦呦诺贝尔奖获奖发言稿）

屠呦呦通过翻阅古典书籍，在已有经验的基础上，打破原有的思维方式和方法，探求新的青蒿素提纯方法，创造性地解决了世界难题，挽救了数百万人的生命。不禁让人好奇，是什么让屠呦呦在面临研究困境之时灵光一现，另辟蹊径呢？这样的突破性转折是必然还是偶然？那其他人有没有可能或者怎么样才有可能像她一样拥有顿悟的时刻呢？本章所介绍的创造性思维正是这些问题的答案。

本章以认识和利用创造性思维进行决策为目的，将创造性思维的内容分为四个部分，包含创造性思维的含义与特征、过程、壁垒以及决策方法，重点介绍了思维定式以及头脑风暴法、和田十二法和形态分析法等三种常见的创新决策方法。

5.1 创造性思维的含义与特征

5.1.1 创造性思维的含义

创造性思维的定义如今并没有定论，即使是在同一领域的学者对这一概念的定义也是众说纷纭，更不必说来自不同领域的学者们了。正因为如此，到目前为止，我们难以对创造性思维做出准确的、可以广泛适用的、揭示其本质属性的定义，现有的研究者们多以描述性方式界定创造性思维，将创造性思维大致分成了三类：

(1)从创造性思维过程的角度进行描述，如帕特里克所著的《创造性思维十一讲》，将创造性思维分成四个阶段加以描述；

(2)从思维方式的角度加以概括，例如，赵卿敏认为创新性思维是"直觉思维"与"逻辑思维"的优势互补，是"发散思维"与"收敛思维"的优化组合，是"思维展开"与"思维整合"的矛盾运动过程；

(3)从创造性思维的结果角度进行描述，这种观点认为创造过程是一个黑箱，研究者很难用心理学理论和研究方法来加以描述。因此该视角将创造性思维的结果，即一种产品或反应作为鉴定思维过程和子过程是否具有创造性的依据。

本章综合以上三种观点，在此给出创造性思维较为基础的定义：

创造性思维也称创新思维，是指人类在已有知识、经验和理论的基础上开辟人类认知新领域的思维活动，是综合感知、记忆、思考、联想等的人类脑力活动，不仅能揭示客观事物的本质及其内在联系，还通常伴有突破性、新颖性、具有重大价值的思维成果，是人类思维能力的最高体现。

创造性思维渗透在人的各种具体思维活动中。它是逻辑思维和非逻辑思维（或直觉思维）的综合应用。非逻辑思维不是凭空想象，它需要一定的知识和经验作为基础，它可能是一个不成熟的假想，需要严密的论证才能促使科学的发现。所以非逻辑思维和逻辑思维是互补的关系，共同构成了创造性思维。一项创造性的成果的诞生往往需要经过长期的探索、刻苦的钻研甚至是挫折和失败，同时离不开诸多推理、想象、直觉等思维活动。

5.1.2　创造性思维的特征

从"创造性思维的含义"可知，创造性思维具有与一般思维不同的独特特征。其特征表现在如下几个方面：

(1)突破性

创造性思维的突破性可以理解为对传统的突破，这是创造性思维最明显也是最重要的特征。它的本质是打破传统的、常规的思维，也就是思维定势带来的结果，具体体现在突破原有的思维框架、突破已有的思维定势，以及超越人类既存的物质文明和精神文明成果三个方面。

A. 突破原有的思维框架

固有的思维框架并非全无好处，它可以帮助我们解决生活中90%以上的问题，省去许多无谓的摸索、探索时间，提高思考效率。但是，对于创造性思维而言，它会起到一定的限制作用。创造性思维要求人在思考或解决问题时，要有意识地抛弃头脑中以往思考类似问题所形成的思维程序和模式，摆脱原有的思维框架对寻求新的想法的束缚，勇于尝试新的思考程序和思考步骤，才可能取得意想不到的成功。

【案例5-1】

1+1=1　2+1=1　3+4=1

4+9=1　5+7=1　6+18=1

为什么会得出这样的结果呢？

其实，只要敢于进行发散性思维，赋予这些数字适当的单位，其结果就可以成立：

1(斤)+1(斤)=1(公斤)；

2(月)+1(月)=1(季度)；

3(天)+4(天)=1(星期)；

4(点)+9(点)=1(点)；

5(月)+7(月)=1(年)；

6(小时)+18(小时)=1(天)；

本案例中列举了6个等式，在什么时候这些等式能成立呢？只需要赋予这些数字适当的单位就可以了。这也进一步表明了，当我们进行创造性思维时，往往需要跳出原有的思维框架，采用天马行空、不受约束的思考方式。

B. 突破已有的思维定势

思维定势是人们长期积累的思维活动和经验教训，在不断反复的使用过程中形成的比较稳定的思维方式、路线和程序。但是，由于内外环境不断发生变化，解决问题的思维和方式也应“具体情况具体对待”。只有突破思维定势，才能摆脱原有的框架的束缚，产生创造性思维，进而取得新的成功。

【案例5-2】

蜜蜂效应来自美国密歇根大学教授卡尔·韦克(Karl Weick)转述的一个绝妙的实验。

韦克将六只蜜蜂和六只苍蝇装进一个玻璃瓶中，然后将瓶子平放，让瓶底朝着窗户，结果蜜蜂不停地试图在瓶底上找到出口，一直到它们力竭倒毙或饿死为止；而苍蝇则会在不到两分钟之内，穿过另一端的瓶颈逃逸而出。

图5-2 不同命运的苍蝇与蜜蜂

事实上，正是由于蜜蜂对光亮的喜爱，认为“囚室”的出口必然在光线最亮的地方，所以它们不停地重复着这种合乎逻辑的行为。然而，正是由于它们的智力和经验，蜜蜂灭亡了。

相反，那些愚蠢的苍蝇则对事物的逻辑毫不留意，全然不顾亮光的吸引，四下乱飞，结果误打误撞地碰上了出口。这些头脑简单者在智者消亡的地方顺利得救，获得了新生。

（资料来源：张德琦《创造性思维与创新方法》）

蜜蜂效应实验说明，当人们遵循瓶中蜜蜂所坚守的“逻辑”，只按照以前的定势思维去解决问题时，可能会找不到出路。只有打破思维定势，另辟蹊径，才能极大地推动新事物的产生和发展。

C. 超越人类既存的物质文明和精神文明成果

从古至今，无数科学家和研究人员的重大发现或重要理论都体现了对既已存在的物质文明成果和精神文明成果的超越和突破。

【案例5-3】

哥白尼是一位著名的波兰科学家，提出了举世闻名的“日心说”。他在求学期间培养了良好的天文学素养，一边学习天文学理论知识，一边观察月亮，甚至在教堂里选了一个位置安装了一个可以观察月亮的仪器，这为他之后提出日心说奠定了基础。在他提出日心说之后，受到了教会的打压，甚至险些为此丢掉性命。但随着时代的进步，日心说逐渐被证实，该理论也对世界产生了深远的影响：第一，推翻了教会的地心说，打击了教会的黑暗统治，使大众敢于同教会的专制对抗；第二，打破了人类思想的禁锢，加速了科学的发展。

（资料来源：百度百科）

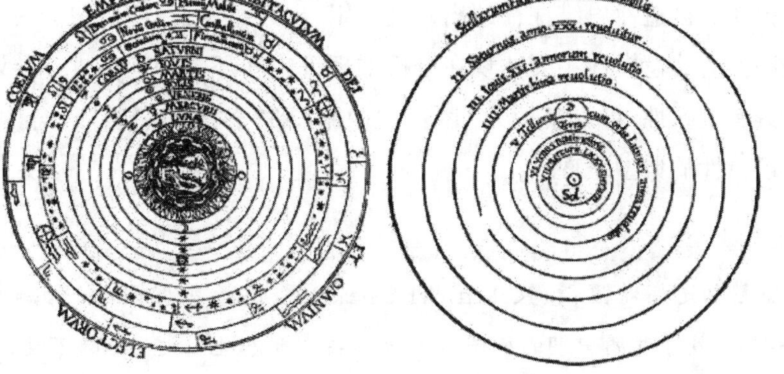

图5-3 托勒密地心体系（左图）以及哥白尼日心说（右图）简图

(2)新颖性

新颖性是创造性思维的最基本的特征,主要体现在思路的选择、思考的技巧、思维的方法或者思维的结论上。学会用新的眼光看待问题,而不是循规蹈矩和故步自封,才能产生崭新的思维成果。

【案例5-4】

亚默尔肉食品加工公司的创始人菲利普·亚默尔(Philip Armour)17岁的时候,美国西部传来了振奋人心的好消息,人们在加利福尼亚发现了大金矿。人们拼命地干活,包括亚默尔在内,似乎"掘金"是大家生存的唯一信念。

为了实现"黄金梦",燥热的矿场上到处都是挥汗如雨的采矿者。太阳火辣辣地烤着,水在这里成了最宝贵的东西,矿工们渴得难以忍受,于是有人说:"如果有谁马上给我痛饮一顿凉水,我送他两块金元!""花一块金元买一壶凉水,我也干!"

人们太需要水了,卖水照样能换回金子,何不去难求易地赚钱呢?亚默尔放弃了采金,挖了一条水渠,把附近清澈的河水引了过来,灌满了挖好的水池,然后装成了一壶一壶的水,拉到矿场上去卖。许多采金人日复一日地挖掘,终于不堪挖矿之苦,要么命归黄泉,要么另谋生路;而亚默尔一枝独秀,靠卖水发了大财,走上了亿万富翁的征途。

(资料来源:张德琦《创造性思维与创新方法》)

考虑到燥热环境中劳作时采金矿工对水的渴望,该案例的主人公亚默尔另辟蹊径,用新的眼光来看待问题并寻求解决办法,最终通过卖水这一别人看不见的"黄金"而富甲一方。

(3)非逻辑性

非逻辑性又被称为反常规性,即长期的积累和酝酿之后的顿悟阶段,以突发的形式迸发出思想火花。创造性思维往往超出常规逻辑、出人意料,往往是灵光一现,因此缺少严密性。程序上的非逻辑性主要体现在分析推理等中间环节的间断性,导致创造性思维的产生常常具有跳跃性,可以概括为"逻辑的中断"到"思维的突破"。急中生智也是创造性思维非逻辑性的典型表现。

【案例5-5】

鱼雷最初是怀特黑德(Robert Whitehead)于1866年发明的。在1914年到1918年期间,处于发展中期的德国传统鱼雷共击沉总吨位达1 200万吨的协约国船只,差点为德国赢得海战的胜利。当时美国的鱼雷速度不高,德国军舰发现只需改变航向就能避开,因而美国鱼雷的命中率极低,美国军方想不出改进的方法。

于是他们去找爱迪生,爱迪生既未做任何调查也未经任何计算,当即提出一种令人意想不到的办法:要研究人员做一块鱼雷那么大的肥皂,由军舰在海中拖行若干天,由于水的阻力作用,肥皂变成了流线型,再按肥皂的形状建造鱼雷,果然收到奇效。

(资料来源:喜马拉雅《第4个发明故事——爱迪生与鱼雷》)

在阅读“爱迪生与鱼雷”这则趣味故事时,相信大家一定也对为什么要“做一块鱼雷那么大的肥皂,由军舰在海中拖行”感到好奇。在创造活动中,这种具有类似特点的“反常规”思路具有重大意义。事实上,许多伟大发现或发明都使用了这种非逻辑性的思维,它也是基于丰富的知识和经验进行不断探索后取得突破性成果的过程。

(4)灵活性

灵活性是指视角上的灵活性,即具体问题具体分析。分析问题的视角能随着条件的变化而转变,摆脱思维定势,反对一成不变的教条和规章制度,灵活应用各种思维方式。转换视角看问题,可能就会导致看待事情的主观结果发生变化,好的事情也会变坏,坏的事情也会变好,“塞翁失马,焉知非福”。有时换一个视角,换一种思维,便能够产生“柳暗花明又一村”的效果。

【案例5-6】

美国有一家生产牙膏的公司,产品优良,包装精美,深受广大消费者的喜爱,每年的营业增长率保持在10%到20%。可是经营10年后,企业的业绩却停滞下来,连续3年营业额下降。于是,公司董事会召开了全国经理级高层会议,以商讨对策。

会议中,有一名年轻经理站起来,对董事会说:“我手中有张纸,纸里有个建议。若您使用我的建议,必须另付我5万元!”

总裁听了很生气,说:“我每个月都支付你薪水,另有分红、奖励,现在叫你来开会讨论,你还要另外要求5万元,是不是很过分?”

“总裁先生,请别误会。若我的建议行不通,您可以将它丢弃,一分钱也不必付。”年轻的经理解释说。

“好!”总裁接过那张纸后,阅毕,马上签了一张5万元支票给那位年轻经理。

那张纸上只写了一句话:将现有的牙膏开口扩大1毫米。

总裁马上下令更换新的包装。

试想一下,如果每天早晨每个消费者多用1毫米的牙膏,每天牙膏的消费量将多出多少倍呢？这个决定,使该公司第 14 年的营业额增加了 32%。

（资料来源：鲁百年《创新设计思维（第 2 版）》）

不同的视角看问题可以得出不同的结论。年轻经理转换了增产增效的思路,将类似增加客户购买力、策划营销、价格提升等思路转换为从消费角度入手,让消费者在不知不觉中增加消费（即牙膏使用量）,进而达到增加销量的目的。一个小小的改变,却引发了令人意外的效果。只要头脑中装着视角转换的意识,将脑袋"打开"1 毫米,就不难从任何一件事情中找到其中的积极因素和正面含义,让我们从中获得不少启示,从而改进业绩、改善生活。

（5）综合性

人类的许多创新成果来源于综合。综合是指将已知的若干事物合成一个新的事物,使其在性能和服务功能等方面发生变化,产生新的价值。据统计,在现代技术开发中,通过综合不同技术产生的创新成果已占全部发明的 60%到 70%。这一情况说明,内容的综合性是创造性思维的一个重要特点。正如一位哲学家所说："组织得好的石头能成为建筑,组织得好的词汇能成为漂亮的文章,组织得好的想象和激情能成为优美的诗篇。"因此可以说,综合就是创造。

【案例 5-7】

第一次世界大战时,有一名叫斯温顿（Ernest Swinton）的英国记者随军去前线采访。他亲眼看见英法联军向德军的阵地发动攻击时,牢牢守着阵地的德国士兵用密集的排枪将进攻的英法士兵成片地扫倒。

斯文顿非常痛心。他清楚地看到,肉体是挡不住子弹的。冥思苦想之后,他向指挥官们建议用铁皮将福斯特公司生产的履带式拖拉机"包装"起来,留出适当的枪眼让士兵射击,然后让士兵们乘坐它冲向敌军。

他的建议很快被海军司令丘吉尔采纳。履带式拖拉机穿上"盔甲"之后径直冲向敌人,英法士兵的伤亡大大减少。装有"盔甲"的履带式拖拉机,即后来的坦克,为英法联军战胜德军立下汗马功劳,成为第一次世界大战中最有影响力的发明。

显然,坦克就是履带式拖拉机与"盔甲"和枪炮的组合。

（资料来源：王玉秋,毕砚书,屈殿文《发明创造技法（一）》）

该案例给了我们很大的启发：原有成果的组合可能会带来出人意料的结果。比如,玻璃钢正是由玻璃纤维和塑料组合而成的。正因为如此,组合法也成为创新的有效手段和常用方法。

5.2 创造性思维的过程

历史上有许多哲学家将创造性思维的产生归因于直觉或灵感,在广为人知的阿基米德发现浮力定理的传说故事中,存在着这样的一段描述:“从盆边溢出去的水引起了他的注意,他脑子里灵光一闪,猛地从澡盆里跳出,来不及穿上衣服就狂奔回家。”还有,苹果的意外掉落在人们心里也成了牛顿发现万有引力定律的关键之处。这些故事不禁引人思考,“灵光乍现”“意外”等直觉灵感真的是创新性思维的本质吗?厘清创造性思维的过程,便能很好地解答这一疑惑。

【案例 5-8】

国王命令金银匠做了一项纯金的王冠,但是国王却不完全信任金银匠。于是,国王下令让阿基米德检验王冠在锻造过程中是否掺进了廉价的金属,前提是不能够破坏王冠。

接到任务后,阿基米德废寝忘食地研究检验方法,但短时间内却毫无头绪。好心的朋友劝他去泡澡,放松一下心情。当他坐到满满一盆水里去时,从盆边溢出去的水引起了他的注意,他脑子里灵光一闪,猛地从澡盆里跳出来,来不及穿上衣服就狂奔回家,检验自己的猜想。

图 5-4 阿基米德发现“浮力”的故事

最终,阿基米德来到国王面前,将王冠和与其相同质量的黄金分别放入两个装满水的容器中,再将二者溢出的水的多少进行比较。如果王冠是纯金的,那么二者溢出的水应该一样多,但事实却是二者溢出的水量并不相等。于是,国王得知王冠并非纯金,而是掺杂进了别的金属。

根据物质的体积、密度和重量之间的关系,同一物质的密度是固定的,在质量一致的前提下,体积应该也是相同的。固体的体积不便观察,阿基米德便转换为观察液体水的体积。通过这一探索过程,阿基米德还总结归纳出了浮力定律。

(资料来源:百度文库《阿基米德发现"浮力定律"的故事》)

创新活动的背后不可或缺的是创新性思维,而创新性思维又是逻辑思维与非逻辑思维两种逻辑形式相互作用的结果。非逻辑思维是一种不受逻辑规则约束的、短暂的、突发的思维形式,例如直觉、灵感、联想等,其产生的过程没有规律可循,无法用逻辑进行解释。这种思维通常会时断时续,并且或多或少借助于偶发性事件以及某一特定形象才会出现。与之相对,逻辑思维则是循序渐进、有章可循的思维形式,例如分析、归纳、推断、综合等。不可否认,一般情况下,在这两种思维形式中,灵感、直觉等非逻辑思维常常更受到重视,因为其更具有突破性和创造力。

这并不意味着逻辑思维不重要,无论是牛顿还是阿基米德,在他们拥有突破性进展之前都存在一个漫长的思考和知识的积累过程。有了丰厚的知识储备,才能在构想或者假设产生之后,将其在逻辑力量的驱使下加工形成有条理的、完善的成果。由此观之,创新性思维的过程可以简单视作从逻辑到直觉再到逻辑这一螺旋式上升的思维过程。

(1)创造性思维过程的争议

针对创造性思维独特的思维活动与运行规律,不同学者总结归纳出了不同的思维模式。

美国创造学奠基人亚历克斯·奥斯本(Alex Faickney Osborn)认为,创造性思维遵循"寻找事实—寻求构想—寻求解答"三个阶段的模式。美国实用主义者约翰·杜威(John Dewey)则更加细化,提出"发现问题—分析问题—提出解决方案—验证方案—得出结论"五个阶段。托马斯·L. 萨蒂(Thomas L. Saaty)在其著作中提及创造过程的框架,将其划分为"问题描述—解决方案生成—明确新颖性—验证—做出决定"五个阶段。

中国清代学者王国维在《人间词话》中,引用宋词来形容从产生疑惑到苦苦思索再到豁然开朗的心境变化,"昨夜西风凋碧树,独上高楼,望尽天涯路。此第一境也。"描摹出登高望远、纵览全貌的执着心境;"衣带渐宽终不悔,为伊消得人憔悴。此第二境也。"呈现了在思索和寻求的过程中百思不得其解以至于废寝忘食、夜不能寐的心境;"众里寻他千百度，蓦然回首，那人却在，灯火阑珊处。此第三境也。”形容的是在苦苦探求之中，因着机缘巧合有所顿悟的情景。

(2)创造性思维四阶段模型

不同学者根据不同理论以及不同的侧重点将创新性思维划分出不同阶段，尽管模式各不相同，但是在创新性思维最重要的几个阶段的取舍上却不谋而合。其中，英国心理学家格林汉姆·沃勒斯(Graham Wallis)于 1926 年提出的“准备—酝酿—明朗—验证”四阶段的创造性思维模式最为经典，受到广泛认可，其过程的基本结构如图 5-5 所示。

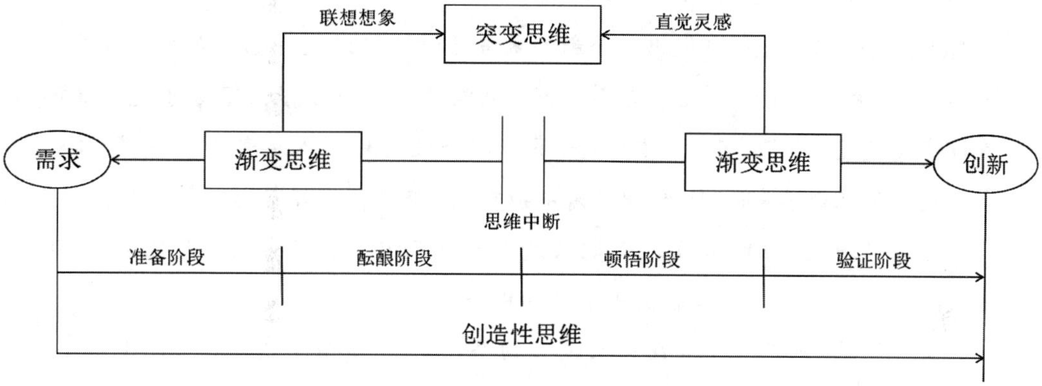

图 5-5　创新性思维过程

A. 准备阶段

准备阶段以发现和分析问题、搜集各种相关资料为主要行为活动。

发现问题或需求是创造性思维的起点，指对事物产生的疑问、要求回答或需要解释的问题。既可以是对未解决、亟待解决的问题的构想与假设，也可以是对已有解决方案的问题的推进与质疑。这里提到的问题涵盖的范围也非常宽泛，包括书本里、生活中、社会上等所有领域。

分析并形成新颖有价值的课题是准备阶段的关键点，而搜集资料则是必不可少的中介点。创造性思维不是一蹴而就、突然迸发的，它需要较长时间的准备。首先，在提出问题之后，研究者应该充分搜集相关的资料，资料不限于高度相关的领域，而是要留有一定的拓展空间，资料的丰富程度也影响着后续创新性思维的开阔程度。其次，把已有的成果加以整理，发现和分析出问题的关键所在，反复思考问题本身的价值与意义，能否提出直接指向所研究现象的本质的问题往往直接决定着该项研究活动后续的走向与深度，甚至成败。再者，筛除无用信息，逐渐理清思路，明晰问题，从而发现解决问题的头绪。如此，才能逐步产生思维的方向。

【案例5-9】

在19世纪中叶，众多学者都在关注“苯”的结构式，日夜思考它的结构，当时比较成熟的理论只有“碳四价学说”和“碳链学说”，但从实验结果来看，苯并不是这两种结构，所以这一时间成了化学家们的难题。

图5-6　凯库勒提出苯分子的环式结构

直到1865年，德国化学家凯库勒(F. A. Kekulé von Stradonitz)提出了全新的苯分子的环形结构。据说是来自梦中灵感，就像笛卡尔发明解析几何那样。当时的凯库勒进行了很久苯分子是链状的假设实验研究，屡战屡败、心灰意冷，带着问题疲惫地进入了梦乡。在梦里，一条蟒蛇出现在凯库勒眼前，它扭动着身躯前行，凯库勒无处可逃，正当凯库勒以为自己要葬身蛇口时，却发现蟒蛇只是张开嘴巴咬住了它自己的尾巴，形成了一个环。这便是后来凯库勒提出苯环的由来。

在此之前，凯库勒经常每天只睡三四个小时，一睁眼就不停地写，黑板上、地板上、笔记本上都写满了他对苯结构式的猜想。因此，虽然这一创造性思维可能只是一瞬间的闪现，但是其实开展创造性思维的科学家已经准备了好几个月。

(资料来源：知乎专栏《邮票上的化学家》)

B. 酝酿阶段

酝酿期是指问题求解的初步结算阶段，在准备阶段收集资料和初步分析的基础上，加以深入分析、探索与思考，对问题提出了各种试探方案，如此新的思想方案才能够逐渐成熟起来。因此，酝酿阶段为创造性思维的产生准备了重要条件。该阶段具有如下特点：

第一，所用的思维均是再现性思维，试着沿用在类似的情境中自己或他人曾经使用的方法进行思考，去解决非常规问题；

第二，虽然提出了一系列解决问题的方案，但是各种方案均以失败告终，因为这些方案只能解决一些枝节问题，无法解决根本问题；

第三，该阶段为创造性思维的产生准备了良好的知识、技术条件，而且帮助人们从失败中培养了坚韧不拔的品质。

酝酿阶段，在投入时间方面会存在极大的不确定性，可能是相对短暂的数日、数周，也可能是数月，甚至数年。在这个阶段之中，逻辑性思维与非逻辑性思维交织混杂，归纳与演绎等逻辑方法被反复使用,对于某个问题的思考通常时断时续。这个过程表面上看起来似乎风平浪静,事实上各种想法在不断碰撞,产生了很多思维的火花,时机一旦成熟,便会进入下一个阶段。

屠呦呦在1972年便成功提取了青蒿素的结晶体,却在2011年才发现青蒿素类抗疟药组成复方或联合用药(artemisinin-based combination therapies,ACTs)在治疗疟疾方面的特殊性与唯一性。在将近四十年的时间里,屠呦呦和团队一直致力于青蒿素的相关研究。由此可见,科学研究要经过长期的酝酿、艰苦的琢磨,才能到达成功的彼岸。

C. 明朗阶段

明朗阶段,又称顿悟期或豁朗期,是创造性思维的突变阶段,也是创造性思维最为关键的阶段。在充分酝酿的基础上,创新者突破了原有理论、技术框架的束缚,通过综合、类比、直觉、灵感等形式实现了创新,产生了新方法、新观念,或者新形象。

一般来讲,这个阶段时间相对比较短,但情况更为复杂。由于顿悟一般来源于潜意识,可能是在长期钻研后的休憩之际,而非有意识地钻研问题之时,伴随着不相关甚至是日常生活中的琐事,创新者产生了"柳暗花明又一村"般的触动。在此过程中,直觉和灵感等非逻辑思维形式更为重要,可以将其视作创造性思维的核心与精髓。

顿悟一旦出现又是短暂的、突发式的,其所产生的思路也需要整理、修改以及加工,才能形成新的概念、理论等,最终才能产生完整方案。这些新方案,可能是正确的,也可能是错误的,需要经受初步检验,得到肯定后才能去接受正式的检验、鉴赏和评价。

屠呦呦研究历程中的顿悟发生在阅读东晋葛洪的《肘后备急方》时,从古人以"绞汁"的方式利用青蒿医治疟疾而非传统的用水煎服这一记载中,意识到了提取方法的缺陷,创新性地提出可以利用低沸点的乙醇来有效提取青蒿素。经过实验验证,乙醇浸泡法不仅完整保留了青蒿素的有效成分,还去除了青蒿素的毒副作用,这成了青蒿素联合疗法研发过程中的重要突破。

值得注意的是,在群体层面,创造性思维产生的过程中最具有创新性和创造力的部分往往会提前出现。对于刺激群体创造性思维,头脑风暴是使用得最广泛的方法。

D. 验证阶段

验证阶段,主要是对第三阶段得到的初具轮廓的新思想或新方案进行验证,需要通过理论和实践的反复检验与补充使其趋于完善。换言之,在明朗阶段产生的新观点、新假说、新工艺,到底是成功的还是失败的,是有价值的还是无价值的,只有经过检验、鉴定、评价才能确定。

在这个阶段,既要讲究理论的严谨性和周密性,也要针对实际情况采用逻辑推理、观察、设计和实验验证等方法做进一步的修正和完善。

5.3 创造性思维的壁垒：思维定势

5.3.1 思维定势

思维定势与创造性思维是一组相对的概念。创造性思维要求新颖性和差异性，要求打破常规模式，为解决问题提供新方法或者新角度，本质上而言是求异思维的体现，但求异思维并非创造性思维的全部。与之相对的求同思维同样存在于创造性思维之中，求同思维是寻求事物之间的相同点和共通之处，这就容易导致一旦遇见类似问题，会按照之前的思维方式和行为模式进行处理，如此反复，久而久之思维就会呈现单一化的倾向且具有惯性。这也就是为什么人们总是根据已有知识或者经验去处理和解决类似的问题，让自己陷入思维定势的困境。

思维定势是人们思维活动中的一种普遍现象。它是指人们已有的思考和解决问题的规律，以及长期积累的经验教训，在反复使用的过程中形成的定型的思维方式、路线、模式和程序。显然，这些思维方式、路线、模式和程序等构成的思维模式是思维定势的特点之一，既不等同于具体实践，又不脱离实际内容；思维定势的另一个特点就是思维惯性，通常存在于人的潜意识之中，常常被本能地、不经意地接受与调用。

【案例 5-10】

成年的大象可以将一棵树连根拔起，可是驯象人只用一根细细的竹竿就可以把它拴住，令人十分好奇，究竟是什么导致大象会被一根细小的竹竿所束缚。

原来，驯象人在象很小的时候就将其拴在竹竿上，无论小象怎样拼命挣扎，都无力逃脱。最后在一次次尝试却一次次失败后，它们只好放弃努力，并形成了一种观念：竹竿是无法挣脱的。渐渐地，小象长大了，即使它拥有了足够的力量，也不会再去尝试挣脱了，因为它依旧以为这根细细的竹竿是无法挣脱的。

小时候形成的观念，一直保持到长大后，却没有尝试去发现已经变化了的情况，拴住大象的不是什么竹竿，而是那种“竹竿无法挣脱”的想法。

（资料来源：百度文库）

【案例 5-11】

美国作家阿西莫夫（Isaac Asimov）的“智商测试”得分大致为 160 分，属于“天赋极高者”，他一直为此沾沾自喜，却不想有一次意外经历给他敲响了警钟。

有一次，他遇到和他非常熟悉的汽车修理工，修理工对阿西莫夫说：“嗨，博士！我来考考你的智力，出一道思考题，看你能不能回答正确。”阿西莫夫饶有兴致,修理工便开始说思考题:“有一位既聋又哑的人,想买几根钉子,来到五金商店,对售货员做了这样一个手势:左手两个指头立在柜台上,右手握拳头做出敲击的样子。售货员见状,先给他拿来一把锤子;聋哑人摇摇头,指了指立着的那两根指头。于是售货员就明白了,聋哑人想买的是钉子。聋哑人买好钉子,走出商店,接着进来一位盲人。这位盲人想买一把剪刀,请问盲人将会怎样做?”阿西莫夫不假思索地说:“盲人肯定会这样。”说着,伸出食指和中指比画出剪刀的形状。汽车修理工一听笑了,说道:“哈哈,你答错了!盲人想买剪刀,只需要开口说‘我买剪刀’就行了,他干吗要做手势呀?”阿西莫夫此时不得不承认自己确实是个“笨蛋”,而那位汽车修理工却得理不饶人,用教训人的口吻说:“在考你之前,我就料定你肯定要答错,因为,你所受的教育太多了,不可能很聪明。”

所受的教育越多,积累的知识和经验也就越多,也就更加容易产生思维定势。阿西莫夫也不可避免地陷入了思维定势,这也提醒了其他人要小心思维定势的陷阱。

(资料来源:百度文库)

显而易见,思维定势会带来呆板、机械、千篇一律的思考习惯,难以跳脱经验主义,极度不利于创新。那思维定势的影响一定是不好的吗?事实并非这样,思维定势既有积极影响又有消极影响。思维定势的积极性体现在它可以帮助我们解决生活中90%以上的问题,可以帮助我们省去很多摸索的时间和步骤,提高效率;但是,我们也不能忽略思维定势的消极性,因为思维定势会阻碍新思想、新观点、新技术的出现,容易使人产生惰性,使思维僵化,干扰人们根据实际情况来解决问题的思维。

5.3.2 思维定势的类型

思维定势可能是由以往的经验、所接受的教育、意见领袖,甚至是其他人的行为等因素引起的,从产生原因的角度分类,可以分为经验定势、书本定势、从众定势等常见类型。

(1)经验定势

顾名思义,经验型思维定势的形成与以往的经历和经验密不可分。人们善于从各种事件中总结经验,为之后遇见类似问题的简化处理提供借鉴,但是经验是狭隘的。就像古希腊的哲学家赫拉克利特(Heraclitus)曾经说的“人不能两次踏入同一条河流”,人所遇到的事情也不会相同,时空上的差异或者细枝末节的差别都会对事件产生不同程度的影响。换言之,经验的有效性是需要质疑的。其次,个人或者群体的经验是有限的,面临新问题的时候,仅凭以往的经验或是过度依赖以往的经验,会限制创新性思维的产生。

【案例 5-12】

著名的心算家阿伯特·卡米洛(Albert Camillo)从来没有失算过,这一天他表演时,有人上台给他出了道题:

“一辆载着 283 名旅客的火车驶进车站,有 87 人下车,65 人上车;下一站又下去 49 人,上来 112 人;再下一站又下去 37 人,上来 96 人;再再下站又下去 74 人,上来 69 人;再再再下一站又下去 17 人,上来 23 人……”

那人刚说完,心算大师便不屑地答道:“小儿科!告诉你,火车上一共还有……人!”

“不,”那人拦住他说,“我是请您算出火车一共停了多少站口。”

阿伯特·卡米洛呆住了,这组简单的加减法成了他的“滑铁卢”。

(资料来源:《心算家卡米洛:简单的加减法却成“滑铁卢”》)

为什么负有盛名的心算家阿伯特·卡米洛会在这个简单的题目上遇到滑铁卢呢?很明显是因为思维定势,这类题目在数学训练中非常常见,而每次的问题基本都是询问最后一站车上还有多少人,久而久之,一遇到这类题目就会不自觉地注意到上下车的人数,这就是经验定势。显而易见,经验定势会使人们沾沾自喜以至于忽略了现实问题。著名的心算大师尚且不能摆脱思维定势,我们就更应该警惕了。

【案例 5-13】

有这样一个题目:

一位公安局局长在路边同一位老人谈话,这时跑过来一个小孩,急促地对公安局局长说:“你爸爸和我爸爸吵起来了!”老人问:“这孩子是你什么人?”公安局局长说:“是我儿子。”请你回答:这两个吵架的人和公安局局长是什么关系?这一问题,在 100 名被试者中只有 2 人答对。

后来问一个三口之家这个问题,父母没答对,孩子却很快答了出来:“局长是个女的,吵架的一个是局长的丈夫,即孩子的爸爸;另一个是局长的爸爸,即孩子的外公。”

(资料来源:朱丹《定势思维:不要被老眼光束缚》)

为什么那么多成年人面对如此简单的问题反而不如孩子呢?这就是定势效应:按照成年人的经验,公安局局长应该是男的,从男局长这个心理定式去推想,自然找不到答案;而小孩子没有这方面的经验,也就没有心理定式的限制,因而一下子就找到了正确答案。可以看出,想要破除思维定势,就要跳出原有的经验。

(2)从众定势

从众型思维定势是指个体的思维判断、行为等受到了外界群体的影响,产生“随大流”的行为。日常生活中,投票表决的时候经常会有人缺乏自己的判断,就决定跟从大部分人的选择,这就是从众思维定势最简单的例子。除却上面提到的缺乏判断能力之外,人们还会因为外部压力产生从众心理,个体出于对归属感和安全感的需求,产生逃避责任与压力的心理,选择与多数人保持一致,简单地说,就是“法不责众”的心理在作祟。社会群体性也会导致从众定势,个体不仅会受群体的影响,还会对群体产生影响,而为了规避个体因素对群体稳定性的影响,古往今来,人们选择交由专家或者权威人士做出决定,又或者以大多数人的意愿为决策结果,这也逐步成了群体生存的法则和社会准则。

【案例 5-14】

美国社会心理学家所罗门·阿希(Solomon E. Asch)在 1951 年所做的“三垂线”实验,成为最经典的从众实验。

阿希邀请了 50 名男性大学生参加一个“视觉测试”。这个测试很简单,阿希向被试者展示两张纸,第一张纸上是一条竖线,第二张纸上是三条平行竖线,被试者只需要在第二张纸中选出一条和第一张纸上的线一样长的线即可。被试者被分成了 8 人一组进行测试,每一组进行 18 次实验,也就是需要做出 18 次判断。在每一个组中存在真被试和假被试,阿希提前告知假被试们(7 人)在第三次和第十二次中要做出一致的错误判断,而真被试(1 人)被特意安排在最后的位置,让其成为最后报出答案的人。

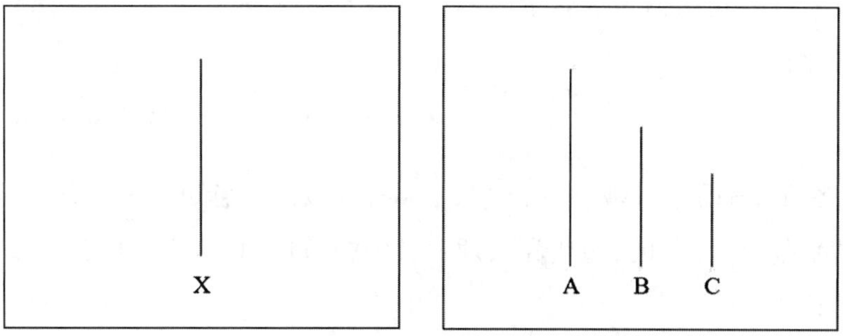

图 5-7　阿希实验所用线段

测试结果表示,有 33% 的答案被他人所影响,遵循了错误答案;75% 的被试者都至少一次出现了从众现象,只有 25% 的人从未有过从众行为。

(资料来源:百度百科“阿希实验”)

在实验过后,阿希还询问了被试者们为什么不坚持显而易见的正确答案,发现大部分被试者出于合群的意图,即使知道那是错误答案,还是选择跟随大部分人的选择,放弃了自己内心深处真正觉得正确的观点。阿希实验还反映了一个社会问题:个人会屈从于集体的压力,即使他明白集体的行为是错误的。人的从众行为对于群体稳定与社会和谐是有益的,但是从众行为极有可能会导致集体决策成为个体决策,而正确答案却在盲从中被掩盖。可见,从众型思维定势的弊端十分明显,容易让人怀疑自己,摒弃自己所做的判断,而在这个过程中,正确答案极有可能被淹没,造成集体性的决策错误。

(3)书本定势

读书能够带来诸多益处是不容置疑的,是我们获取前人智慧结晶无可替代的方法,但是书本当中的知识与已有经验一样时效性不高。读书使人开阔视野,掌握更多解决问题的方法,但掌握复杂办法后,往往让人忽略了简单的办法,爱迪生的助手就曾经掉进了书本定势的陷阱。

【案例 5-15】

爱迪生让助手阿普拉去测量一个鸭梨形的玻璃容器的容积,可过了很长时间阿普拉也没有告诉他结果。爱迪生感到奇怪,过去一看,发现阿普拉还在忙活着:他按常规的方法对容器的长宽高进行反复测量,在纸上也画了很多图,并写满了高等数学中计算体积的各种公式。但是容器形状实在是不太规则,折腾了大半天也没有算出来。爱迪生笑着拿起容器装满水,然后将水倒入量杯,告诉阿普拉:“看看它的刻度,那就是容积。”

爱迪生的这位助手阿普拉是数学系的高才生,受过严格的训练,接到任务的第一反应就是运用高等数学中的各种高深公式来解决问题,不曾想却忽略了最简单的方法。

(资料来源:百度文库《爱迪生求灯泡的容积的故事》)

陆游在《冬夜读书示子聿》中曾言“纸上得来终觉浅,绝知此事要躬行”。书本上得来的知识,毕竟是不够完善的,想要深入理解其中的道理,必须要亲自实践才行。

(4)习惯定势

习惯型思维定势,即俗话所说的“习惯成自然”,是由重复的活动造成的惯性思维,每个人都不可避免地会出现这种思维。同质人群会具有相同的心理定式,不同民族、不同国家的人也都有不同的习惯定势。

【案例 5-16】

1942 年,心理学家陆钦斯(Luchins)进行了量杯实验。

实验要求被试用容积不同的量杯(A,B,C)去量一定量的水(D)。D 水的容积一共有 8 个数值选项。实验组做全部的题目，而控制组在和实验组一起完成第一道练习题后，只需要做 6 至 8 题。结果发现，实验组的被试由于在前两道题中总结出了(D=B-A-2C)公式，导致实验组在后续的计算中仍采用此方法进行计算；而控制组则采用了更简单的(D=A-C)或(D=A+C)的方法。这个实验表明，实验组由于先前重复的计算活动，丧失了重新探索其他更简便的解决问题的方法(即 D=A-C 或 D=A+C)的能力，难以灵活应用其他有效的方法来解决问题。

表 5-1　陆钦斯量杯实验

题目序号	量杯容积			测量的水量	解决办法
	A	B	C	D	
1	29	3	-	20	A-3B
2	21	127	3	100	B-A-2C
3	14	163	25	99	B-A-2C
4	18	43	10	5	B-A-2C
5	9	42	6	21	B-A-2C
6	23	49	3	31	B-A-2C，A-C
7	15	39	3	38	B-A-2C，A+C
8	28	76	3	25	A-C

(资料来源：习惯的危害——陆钦斯的心理定势实验)

思维定势的双面性在量杯实验中有着很好的体现，实验组的被试由于在第 2 题至第 5 题中发现固定的解题公式，就形成了习惯定势，直接将公式迁移到了之后的题目中，在解题速度上确实有所提升，从这个角度看，习惯定势是有益的。但是，习惯定势同样阻碍了思维的变通和创新，实验组的被试在后面的解题过程中直接放弃寻找简便的计算方法，这就是习惯定势的弊端。

(5)权威定势

权威型思维定势是对权威的服从心理所导致的，形成途径主要有两种：一是“教育权威”，个体知识的有限导致对博学者的崇拜与慕强心理；二是细分领域的“专业权威”，这是社会分工细化导致的。

【案例 5-17】

物理学家伽利略是近代实验物理学的奠基人，他在比萨斜塔上做的自由落体实验最为人所熟知。但早在伽利略之前，古希腊思想家亚里士多德提出：物体下落的快慢速度是不一样的，物体越重，它下落得也就越快，反之就越慢。亚里士多德在当时极具声望与权威，人们极度相信其所说的话，从未质疑。因此，在长达1 800年的时间里，人们坚信物体下落的速度与质量成正比。

图5-8 伽利略比萨斜塔实验

直到16世纪，伽利略才发现这一观点的错误，勇敢地提出对亚里士多德的质疑，却遭受了周围人的嘲笑。为了证明自己的假设，年仅25岁的伽利略同他的辩手以及众人一起来到比萨铁塔上，将两个质量分别为1磅和100磅的铁球同时从塔顶丢下，事实证明两个铁球同时落地，不仅震惊了在场的所有人，也推翻了亚里士多德的结论。

（资料来源：百度文库《伽利略的批判精神》）

历史上有许多敢于质疑权威的人，他们为推进近代科学的发展作出了巨大贡献，甚至为此付出了生命。布鲁诺勇敢地捍卫和发展了哥白尼的太阳中心说，却因为批判经院哲学和神学，反对前人的地心说，被宗教裁判所判为“异端”。1600年2月17日，他被活活烧死在罗马鲜花广场。

5.4 创造性思维的决策方法

创造性地处理问题并做出决策是创造性思维落地的体现。本章节概述了创造性思维主要的三种决策方法。其中，头脑风暴法通过激发集体智力创造新的观念与想法；和田十二法提供了十二条创新思路，通过开辟创新的思路使创新路径变得更加有迹可循；

形态分析法通过对形态特征可能的变量的组合与罗列探寻未知的最优解决方案。

5.4.1 头脑风暴法

(1)头脑风暴法简述

美国人奥斯本(Alex Osborn)最早于 1939 年提出头脑风暴法,并于 1953 年在《应用想象》一书中正式发表了这种激发创造性思维的方法。头脑风暴法也称为智力激励法、自由思考法或诸葛亮会议法,通常指一群人开动脑筋,自由地思考与联想,并各抒己见,在短暂的时间内提出解决问题的大量构想的一种方法。它的核心是“集智”“激智”,将每个人的创造力释放出来。

(2)头脑风暴法的步骤

头脑风暴法分为三个阶段:会前准备阶段、头脑风暴阶段、评价选择阶段。

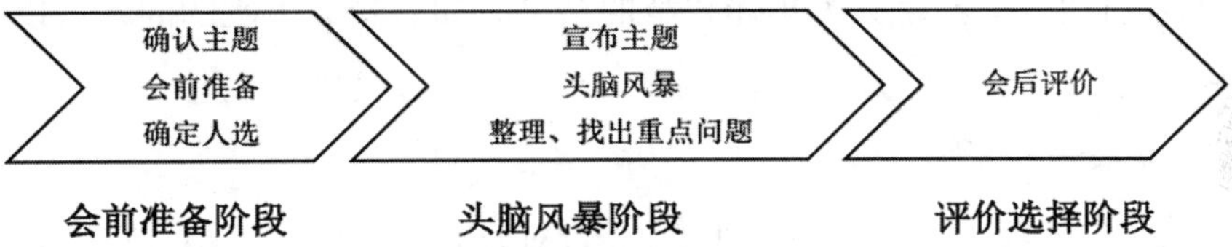

图 5-9 头脑风暴三阶段

A. 会前准备阶段

在会前准备阶段,负责人必须要在会前对议题进行调查和研究,使与会者明确会议需要解决什么问题,找到问题的关键,弄清问题的实质。这个阶段主要包括以下三个环节:

确认主题:一个好的头脑风暴应该从准确阐明主题开始。一般而言,会议主题越具体,与会者越容易产生联想,主持人也较容易掌握会议节奏。因此,在此阶段,主持人和问题提出者需要将问题进行拆解和细分,使得会议目标明确。

会前准备:为了提高头脑风暴会议的效率,会前的准备工作必不可少。例如,确认会议的场地,准备便利贴等头脑风暴使用的工具,提前收集相关资料,告知会议内容、背景、流程等,都将有助于会议更好地开展。

确定人选:与会者的人数以 5 到 10 人为宜。因为与会者人数太少不利于交流信息、激发思维;而人数太多则不易掌握会议节奏,并且每个人发言的机会相对减少,也会影响会场气氛。而且,与会人员的专业结构应合理搭配,这有助于在讨论中平等、和谐地就问题展开发散性讨论。

B. 头脑风暴阶段

宣布主题:主持人概述主题内容、规则和大致的框架,直击问题的要点和实质。此时，主持人不可过分展开想象力，否则会限制与会者的思维，干扰创新的想法。

头脑风暴：与会人员畅所欲言，是头脑风暴法的创意阶段。主持人或记录人要全程记录大家的发言，以便后续整理和归纳。同时，为鼓励发言、活跃氛围，与会人员不许私下交谈，不得妨碍或评论他人发言，且发表见解时要简单明了，一次发言只谈一种见解。主持人或记录人也可提出自己的设想，切忌持旁观态度。

整理、找出重点问题：会后，主持人或记录人对想法进行分类和整理，找出富有创意的见解，以及具有启发性的表述，以备不时之需。同时，主持人应向与会者了解大家会后的新想法和新思路，以补充会议记录。

C. 评价选择阶段

问题得以解决则达到了预期的头脑风暴目的。通过对想法的整理和归纳，形成若干方案。结合需求，对方案进行比较、筛选，最终形成 1 到 3 个最佳方案。这些最佳方案往往是多种创意的优势组合，是大家集体智慧的结果。如有悬而未决的问题可以筹备下一场头脑风暴会议。

(3)头脑风暴法的原则

要到评估阶段才能进行评价。奥斯本认为，对原有观点的评价不仅占用时间和脑力资源，还会束缚人们的思维，影响新观点的产生。所以，在会议过程中，禁止对与会者的观点进行评价，不能探讨其观点正确与否，否则会带来消极作用。因此，在头脑风暴会议中，应该先记录下所有的观点，在会议结束后才能评判这些观点。

鼓励狂热和夸张的观点。那些表面上看起来愚蠢的想法可能引发人们的思考，继而激发出真正的好主意。比如，在冬季，美国北方经常出现电线被积雪压断的问题。针对该问题，电信公司召开了头脑风暴会议，会议中有人提出了“坐飞机扫雪”的设想。虽然该设想滑稽可笑，却引发了其他与会者的联想。因此，观点越“疯狂”越好，这样才能促进大家形成新的思维方式，产生更好的解决方案。

注重“量”，而不是“质”。“越多越好”是头脑风暴会议的目标。虽然人们的想法需要质量，但数量更为重要。如果单纯追求观点的质量，则很容易陷入对某一个有创意的观点的讨论中，将时间浪费在该观点如何完善上，而忽视了对其他思路的开发。

在他人提出的观点之上建立新观点。内容上的综合性是创造性思维的特征之一。在他人的观点上建立新的观点即对思想进行加工再处理，利用他人的观点来激发自己产生新的观点，进而探索新的可能性。但是，切忌重复和模仿他人的观点，要尽量将他人的观点和自己的看法进行比较、融合，由此产生新的思维成果。

(4)头脑风暴法的用途

头脑风暴提供了一种有效的就特定主题集中注意力进行创造性沟通的方式，无论是探讨学术主题还是日常事务，都不失为一种可借鉴的途径。需要谨记的是，使用者不可拘泥于特定的形式，头脑风暴法是一种生动、灵活的创造技法，应用这一技法的时候，完全可以并且应该根据与会者的情况以及时间、地点、条件和主题的变化而变化。

(5) 头脑风暴法的应用案例

【案例 5-18】

中国机械冶金工会举办了一次合理化建议和技术革新工作研讨会，研讨会的主题是“未来的电风扇”，36 人在半小时内提出 173 条新设想。其中典型的设想有：带负离子发生器的电扇、全遥控电扇、智能式电扇、理疗电扇、驱蚊虫电扇、激光幻影式电扇、催眠电扇、变形金刚式电扇、熊猫型儿童电扇、老寿星电扇、解忧愁录音电扇、恋爱气氛电扇、去潮湿电扇、衣服烘干电扇、美容电扇、木叶片仿自然风电扇、解酒电扇、吸尘电扇、笔记本式袖珍电扇、太阳能电扇、床头电扇、台灯电扇等。

（资料来源：《机械管理开发》）

中国机械冶金工会借助头脑风暴法在短短半小时内激智、集智，对“未来的电风扇”的不同功能、应用场景、适用群体都进行了探讨，最终产生了 173 条兼具创意性、多元性和趣味性的想法。由此可见，头脑风暴能够促使参与者从不同视角进行有创造力的思考，通过集思广益快速生成大量的新设想。

5.4.2　和田十二法

(1) 和田十二法简述

和田十二法，又称和田创新十二法，由学者许立言、张福奎在奥斯本稽核问题上继承、创造和发展而来。比如，其中的“联一联”“定一定”等，就是一种新发展。它指人们认识事物时，可以借助“加、减、扩、变、改、缩、联、学、代、搬、反、定”来判断某件事是否可行。该十二个动词更通俗易懂，简便易行，便于推广。因此，和田十二法是开拓创造性思维的有效方法。

(2) 主要内容

加：意为增加、增强，如在一个产品/服务上可以增加或强化什么功能、能否进行产品/服务的组合、能否添加附加价值等。当然，也可以在事物的尺寸、形状等方面有所改变。高跟鞋、带橡皮头的铅笔等均是利用“加”的思路创造出来的新产品。

减：意为减少、省略，如一个产品有哪些不必要的零部件或功能，一个服务是否有多余的流程、能否减少部分环节，以实现成本的削减和性能的提升等。

扩：意为扩展、延伸，如一个企业能否进行企业并购、能否进行上下游或多元化的扩张、能否扩展产品运用领域、延伸产业链,或者一个产品能否通过尺寸的扩大匹配更加经济适用的应用场景等。大屏手机和电视都属于扩一扩创造性思维方法的产物。

变:意为改变、变化,如一个产品能否改变自身的组合形式、受众群体、外观特征、运营理念、发展战略、品牌形象等。试想一下,大家在写作文时,改变叙述的次序,用倒叙、插叙等方法,是否会取得意想不到的效果呢?

改:意为改造、改进,如现有产品/服务是否有改进空间、是否能通过进一步优化实现产品/服务的快速迭代与更新等。王老吉通过将产品的营销广告改为"怕上火,喝王老吉",将卖点定为预防上火的饮料就迅速火了起来。

缩:意为缩小、浓缩,如对产品尺寸进行缩减以满足便携性、适用性的需求等。缩小风景区的体积就成了微缩景观,如世界之窗等。

联:意为联系、互联,如在创新时需要联系客户、供销商、企业利益相关的生态系统,联系产业链间的价格传导与需求效应,企业实现业务互联互通、信息共享等。蒙牛的"中国航天员专用牛奶"策划方案,通过将载人航天工程与牛奶联系在一起,提高了品牌的知名度。

学:意为学习、模仿,如企业学习自然生态运作的模式,对自身商业生态进行搭建和改造等。鲁班锯就是模仿茅草边缘的锯齿进行的发明。

代:意为替代,如考虑是否可以用更低价、更容易获得的材料替代高成本、低供应的原材料,是否可以使用更先进、成熟的工艺与设备替代高风险、低效率的工艺方法与产能装置。很多餐饮企业用纸质吸管或聚乳酸可降解吸管代替塑料吸管,以减少塑料制品带来的污染。

搬:意为搬迁、移植,把不同领域的实体或理论进行搬迁和嫁接,产生出新的可能性,如将电子计算机应用到机械加工中,便可实现机械自动化。

反:意为反向、求异,通过逆向思维找到创新的盲区,寻找颠覆式创新的突破口。田忌赛马的故事告诉我们颠倒顺序可能出奇制胜。

定:意为界定范围、制定标准,如企业需要对主营业务进行界定,制定企业内部行为准则和规范,进而提高业务的合规性与自律性,促进效率的提升与内部监督的有效性。譬如,为了维护城市的交通安全,人们发明了交通信号灯。

(3)和田十二法的特点

第一,和田十二法简单易懂,覆盖领域全面,可以帮助使用者快速找到思维盲区,开发创新的可能性。

第二,和田十二法对现实生活中的创新具有适用性和覆盖性,应用范围广。

第三,和田十二法具有指导性和启发性,对创新的普及具有十分重要的意义。

(4)和田十二法的应用案例

【案例5-19】

日本的普拉斯公司,是一家专营文具用品的小企业,一直生意冷淡。1984年,公司里一位叫玉村浩美的新职员发现,顾客来店里购买文具,总是一次要买三四种;而在中小学生的书包内,也总是散乱地放着钢笔、铅笔、小刀、橡皮等用品。玉村浩美于是想到,既然如此,为什么不把各种文具组合起来一起出售呢?她把这项创意告诉公司老板。于是,普拉斯公司精心设计了一只盒子,把五六种常用的文具摆进去。结果这种"组合式文具"大受欢迎,不但中小学生喜欢,连机关和企业的办公人员以及工程技术人员也纷纷前来购买。尽管这套组合文具的价格比原先单件文具的价格总和高出一倍以上,但依然十分畅销,在一年内就卖了300多万盒,获得了令人意想不到的利润。

(资料来源:《包装前沿》)

普拉斯公司的职员通过观察发现了消费者购买文具的规律,并用"加一加"的产品组合满足了消费者的潜在需求,为消费者提供便利性。这不仅向我们阐释了"加法"创新思维的魅力,也告诉我们创新在生活中无处不在。

【案例5-20】

回顾2000年中国洗衣机市场,我们看到:以海尔等为代表的国产名牌洗衣机引导着洗衣机行业,走得相当稳健,海尔集团通过创新功能和创造市场为中国洗衣机行业带来新的活力。

"第3代手搓式""漂甩2合1节水型""国际A级滚筒机""变速洗衣机"……2000年,海尔洗衣机创新产品层出不穷。从1.5kg到10kg,衣物重量每增加0.2kg,海尔就有一款对应的洗衣机产品。中国洗衣机专利技术申报,海尔洗衣机占全行业58%还多。在产品开发中,海尔利用自己的技术优势,创新性地将波轮洗衣机技术应用于滚筒洗衣机,将滚筒洗衣机技术应用于波轮洗衣机,兼取二者之长,不但在技术上取得了飞跃性的突破 而且研制出的个性化产品在以滚筒洗衣机为主的欧洲市场和以波轮洗衣机为主的亚洲市场均受到了消费者的热烈欢迎。应该说,海尔洗衣机的技术创新和个性产品层出不穷是其在市场上始终领先的最主要原因之一。

(资料来源:徐剑《海尔与创新——企业技术创新管理》)

海尔集团利用"扩""变""改""缩""搬"等创新思想进行产品的创新与开发,不仅打造了自身多元的产品矩阵,也实现了有效的市场拓展。

综合而言,和田十二法让创新变得有迹可循,让创新的过程变得更加简单。在生活中,只要我们在"加、减、扩、变、改、缩、联、学、代、搬、反、定"的基础上多加观察和思考,一定可以找到更多潜在的创新视角,激发无限创造可能。

5.4.3 形态分析法

(1)形态分析法简述

形态分析法,又称形态方格法,是由美籍瑞士科学家兹威基(Fritz Zwicky)于1942年提出的。所谓形态,是指事物的形状或内外部状态,如事物的大小、形状、颜色、材料等。形态分析法是将要解决的问题分解成若干基本要素(构成此问题的基本组成部分),并分别列出解决每个基本要素的所有可能的参量(形态值或技术手段),然后进行排列组合,以产生解决问题的系统方案或创新设想。

也就是说,首先对创造对象的基本构成要素进行分析(要素分析),然后尽可能地列出每个基本要素所包含的形态(技术手段等)并进行分析(形态分析)。在要素分析和形态分析的基础上,采用表格的形式对可能的方案进行整合,再从备选方案中选出最优方案。

可见,形态分析法是在系统分析和组合的基础上,运用集合论对研究对象的相关要素、形态进行分解、排列和重组,得出所有可能的总体解决方案,并通过评价最终选定最佳方案的思维方法。

(2)形态分析法的特点

第一,从系统论的角度看待事物,所得方案具有全解性质。只要把创新课题的全部要素及各要素的所有可能形态都列出来,组合后的可能方案就是包罗万象的。因此,使用此方法时,最好选取与最终目标关联性大的元素,以避免无限度延展,形成过于庞大的解决策略体系。

第二,具有形式化的性质。由于形态分析法要求对创造对象进行系统分析,并借此确定出基本要素及其可能形态,因此这个方法不需要发明者的直觉和想象,而是依靠发明者认真、细致、严密的工作并精通与发明课题有关的专门知识。

第三,具有较高的实用价值。形态分析法的适用范围非常广泛,不仅可以用于发明与创造,也可以用于企业的管理决策、科学研究等各个方面。而且,该方法既可以被个人也可以被小组使用,是创新活动中最为常用也最为有效的方法之一。

(3)形态分析法的实施步骤

根据形态分析法的简述可知,形态分析法的实施具有一定的程序性,一般可以分为五步。

第一步,选择和确定创造对象:形态分析法适用的对象十分广泛,可以是机器设备或其内部的工作系统、部件,也可以是剧本、乐曲等。此时,要明确需要解决的问题和研究的目标。

第二步,要素分析:此步是应用形态分析法的重要环节,需要确定创造对象的主要组成部分,即组成要素,也就是独立变量。它的变化会直接影响创造对象的变化。在进行要素分析时,要满足三点要求:

A. 组成要素要尽可能全面,关键因素不应被遗漏;

B. 它们在功能上或逻辑上应相互独立,即仅仅改变其中某一要素时,仍会产生一个具有可行性的独立方案;

C. 数量适中,不宜太多,也不宜太少。一般3到7个要素为宜。如果数量过多,则会使组合工作的难度增加,很不方便。

第三步,确定形态:列出每一要素包括的所有可能的形态(方法、技术手段或工具)。这需要分析者认真仔细的工作、具有丰富的行业经验以及较强的发散思维能力,要尽可能列出每一要素在自然界或各行业中所具有的形态,列出的形态越多、范围越广越好。如果用P代表要素,j代表具体形态,则每种要素的具体形态可写成P_j。

第四步,形态组合:按照创造对象的总体功能要求,对各要素的各种组成形态进行排列组合,获得所有可能的方案。所有方案,即形态组合数目N等于每一要素的形态数的乘积。

第五步,评价筛选组合方案:对照产生的方案,制定评价标准,通过分析比较,选出少数较好的设想,然后通过把方案进一步具体化,选出最优方案。当然,评价的过程可以分几步逐步进行。

(4)形态分析法的应用案例

【案例5-21】

第二次世界大战期间,美国情报部门探听到法西斯德国正在研制一种新型巡航导弹,但费尽心机也难以获得有关的技术情报。然而,火箭专家兹威基博士却在自己的研究室里,轻而易举地搜索出法西斯德国正在研制并严加保密的乃是带脉冲发动机的巡航导弹。他能够坐在研究室里获得技术间谍都难以弄到的技术情报,是因为运用了他称为"形态分析"的思考方法。

在研制过程中,兹威基在当时可能的技术水平上,分析了火箭的各主要组成要素及其可能具有的各种形态,利用排列组合的原理,在1周之内就提交了$4\times4\times3\times3\times2\times2=576$种火箭设计方案,其中就包括了德国保密的F-1型巡航导弹和F-2型火箭。在先发散后收敛的创造过程中,美国很快获得了同样的先进方案,在军备竞赛中赶上了德国。

(资料来源:MBA 智库百科)

兹威基博士正是借助了形态分析法才能在最短的时间内破解德国保密的巡航导弹方案。他首先选择和确定了创造对象——德国新型巡航导弹,其次进行了要素分析和形态确定——分析火箭的主要组成要素及其可能具有的各种形态,最终通过形态组合评价筛选出组合方案,列举了 576 种火箭设计方案并在其中发现德国保密的导弹方案。

该方法能够通过系统罗列的方式生成潜在解决方案的多维矩阵,让使用者能够在多维矩阵中寻找面向未来的最优解决方案,节省了从头研发与试错的时间与成本。值得注意的是,形态分析法的使用需要与现实的计算力相结合。在缺少计算机技术辅助的应用场景中,使用者应尽可能地排除零概率的形态手段,防止组合数目过于庞大,进而增加整体组合方案的有效性与可行性。

课后习题

1. 用 4 条直线连接以下 9 个点,要求能够一笔完成。

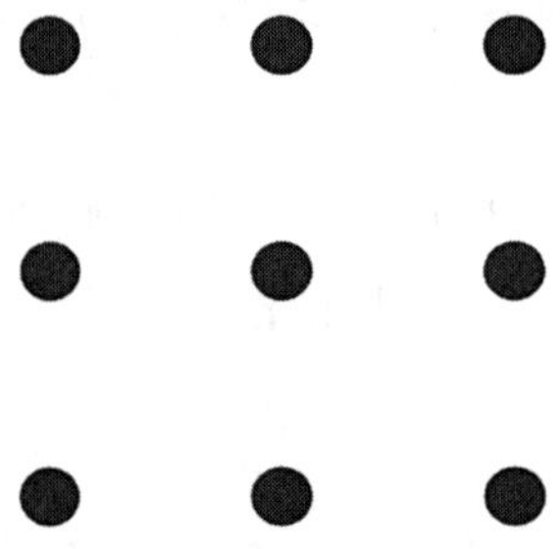

2. 站在企业管理者的角度,应如何打破思维定势?

3. 试用头脑风暴法、和田十二法给出改进台灯的建议。

参考资料

[1]陈慕泽.智力大挑战[M].上海:上海人民出版社,2000.

[2]李剑锋,王菲.创造性思维与思维定势[J].唐山学院学报,2004,17(1):8-10.

[3]王亚东,赵亮,于海勇.创造性思维与创新方法[M].北京:清华大学出版社,2018.

[4]王玉秋,毕砚书,屈殿文.发明创造技法(一)[M].沈阳:东北大学出版社,1988.

[5]赵卿敏.论创新性思维的本质特征[J].教育评论,2002(1):3.

[6]张德琦.创造性思维与创新方法[M].北京:化学工业出版社,2018.

[7]章士嵘.科学发现的逻辑[M].北京:人民出版社,1986.

[8]周伯军.创新性思维与设计方法的探讨[J].包装工程,2007(1):143-146.

[9]水志国.头脑风暴法简介[J].学位与研究生教育,2003(1):44.

[10]李继香,陈前程.和田创新十二法在创意新产品上的应用[J].安徽科技,2016(2):30-33.

第 6 章　关联思维

引导案例

尿布和啤酒

在一家超市里，有一个有趣的现象：尿布和啤酒被赫然摆在一起出售。但是这个奇怪的举措却使尿布和啤酒的销量双双增加了。这是发生在美国沃尔玛连锁超市的真实案例，并一直为商家所津津乐道。沃尔玛拥有世界上最大的数据仓库系统，为了能够准确了解顾客在其门店的购买习惯，沃尔玛对其顾客的购物行为进行"购物篮分析"（Market Basket Analysis），便可以了解顾客经常一起购买的商品。沃尔玛数据仓库里集中了其各门店的详细原始交易数据，在这些原始交易数据的基础上，沃尔玛利用数据挖掘方法对这些数据进行分析和挖掘。一个意外的发现是：跟尿布一起购买最多的商品竟是啤酒！经过大量实际调查和分析，揭示了隐藏在"尿布与啤酒"背后的一种行为模式：在美国，一些年轻的父亲下班后经常要到超市去买婴儿尿布，而他们中有 30% -40% 的人同时也为自己买一些啤酒。产生这一现象的原因是：美国的太太们常叮嘱她们的丈夫下班后为小孩买尿布，而丈夫们在买尿布后又随手带回了他们喜欢的啤酒。

最初提出关联规则的动机就是为了更好地进行购物篮分析，即通过研究用户消费数据，将不同商品进行关联，并挖掘二者之间的联系。假设分店经理想更多地了解顾客的购物习惯，尤其是想知道哪些商品顾客可能会在购物时一起购买。为回答该问题，可以对商店的零售数量进行购物篮分析。该过程通过发现顾客放入"购物篮"中的不同商品之间的关联，分析顾客的购物习惯。这种关联的发现可以帮助零售商了解哪些商品会多次被顾客同时购买，从而帮助零售商开发更好的营销策略。

（资料来源：《啤酒与尿布：神奇的购物篮分析》）

本章将主要介绍关联思维这一科学思维的原理及相应方法。6.1 节将介绍关联规则的基本概念以及关联规则的分类,并介绍关联思维的应用场景,以帮助读者在日常生活或者科学研究中能够实际运用关联思维;6.2 节将介绍关联规则的具体度量方法,包括支持度的测量、置信度的测量以及合格关联规则的定义;6.3 节将介绍关联规则的相关挖掘算法,重点介绍了 Apriori 算法和 FP-Growth 算法,以使读者更清晰地了解关联规则算法的具体应用方式;6.4 节将介绍关联规则的兴趣度的概念及测量方式。

6.1 关联规则

6.1.1 项集与规则

我们将 I_m 定义为一个数据项(item),所有数据项 I_m 组成一个集合 $I=\{I_1,I_2,\cdots,I_m\}$。数据集 T 记录了数据项 I_m 的组合形式,每一种组合形式可以表示为记录 t,每条记录 t 都是数据项 I_m 的集合,称为项集(itemset),是集合 I 的非空子集。对于项集 t,如果 $\|t\|=k$,则称 t 为 k-项集,每条记录 t 具有唯一的标识 TID(Transaction ID),数据集 T 可以表示为 $T=\{t_1,t_2,\cdots,t_n\}$。

用一个简单的例子说明。表 6-1 是顾客购买记录的数据库 T,包含 8 个记录。集合$I=$\{啤酒,尿布,牛奶,黄油,果冻,薯片,香肠\}。其中 $t_1=$\{啤酒,尿布,牛奶,黄油\},$t_2=$\{牛奶,黄油\}……以此类推,这 8 个记录组成了顾客购买记录的数据库 $T=\{t_1,t_2,\cdots,t_n\}$。

表 6-1 购买记录数据库

TID	Items
1	啤酒,尿布,牛奶,黄油
2	牛奶,黄油
3	黄油,果冻
4	啤酒,薯片,尿布
5	薯片,牛奶
6	啤酒,香肠,尿布
7	啤酒,尿布
8	香肠,果冻

在了解了数据项、项集等基本概念之后,我们开始步入正题,介绍关联规则的基本概念。

关联规则(Association Rules)是由阿格拉瓦尔(R. Agrawal)等人首先提出的一个能够

客观反映大量数据中各数据项之间关联或者相关关系的重要研究课题。关联规则最初是针对购物篮分析问题提出的,如“90%的顾客在购买A产品时,也会购买B产品”就是一个关联规则的例子。在表6-1中项集t_1,t_4,t_6,t_7同时包含啤酒和尿布,我们就可以初步推断,啤酒与尿布存在关联。

关联规则就是形如$X \Rightarrow Y$的表达式,X与Y是非空项集($X,Y \neq ?,X,Y \subseteq I$),$X$与$Y$不相交($X \cap Y = ?$),$X$和$Y$分别称为关联规则的前项(antecedent或left-hand-side,LHS)和后项(consequent或right-hand-side,RHS),用于表示数据项之间联动出现的情况。例如,关联规则啤酒⇒尿布表示啤酒和尿布具有联动出现的情况,在该关联规则中,啤酒被视为前项,尿布被视为后项。

6.1.2 关联规则的分类

关联规则其实存在于我们日常生活的许多方面,根据不同标准,可以大致将关联规则划分为以下几种类型。

第一,基于所处理变量的类别,关联规则可以分为布尔型关联规则和数值型关联规则。布尔型关联规则处理的值都是离散的、种类化的,它显示了这些变量之间的关系。数值型关联规则可以和多维关联规则或多层关联规则结合起来,对数值型字段进行处理,将其进行动态分割或者直接对原始数据进行处理。当然数值型关联规则也可以包含种类变量。例如,性别=“男”⇒职业=“矿工”,是布尔型关联规则;而性别=“男”⇒avg(收入)=2300,其中收入是数值类型,所以这是一个数值型关联规则。

第二,基于规则中数据的抽象层次,关联规则可以分为单层关联规则和多层关联规则。在单层关联规则中,所有的变量都没有考虑到现实的数据是具有多个不同层次的;而在多层关联规则中,对数据的多层性已经进行了充分考虑。例如,戴尔台式机⇒索尼打印机,是一个细节数据上的单层关联规则;台式机⇒索尼打印机,是一个层次较高的多层关联规则。

第三,基于规则中涉及的数据的维数,关联规则可以分为单维关联规则和多维关联规则。单维关联规则只涉及数据的一个维度,如用户购买的物品;而在多维的关联规则中,要处理的数据将会涉及多个维度。换句话说,单维关联规则处理单个属性中的一些关系;多维关联规则处理各属性之间的某些关系。例如,面包⇒牛奶,这条关联规则只涉及用户购买的物品;性别=“男”⇒职业=“矿工”,这条规则就涉及两个字段的信息,是一条两个维度上的关联规则。

6.1.3 关联思维的应用

关联规则对于经营者制定相应的交叉销售、捆绑式销售,以及货架安排、仓储货存配置等都有非常好的应用价值。其他的购物篮相关应用还有目录设计、附加邮递、基于购买模式的顾客划分、异常客户检测、商品个性化推荐等。随着该技术的不断成熟和发展，目前关联规则除了应用于前文所述的购物篮分析外，还在其他领域有广泛的应用，如网站路径优化、网络行为挖掘、网络入侵检测、分类关联规则、交通事故模式分析、空间关联分析、知识抽取和推荐、中医药药物关联分析、设备故障诊断、天文恒星光谱数据相关性分析、蛋白质结构分析、软件漏洞挖掘等。本书列举六个简单的应用场景供读者参考。

(1)依据用户轨迹的精准营销

随着移动终端的大力发展，越来越多的用户选择使用移动终端访问网络，根据用户访问网络的偏好，也形成了相当丰富的用户网络标签和画像等。如何根据用户的画像对用户进行精准营销成了很多互联网和非互联网企业新的发展方向。可利用已有的用户画像对用户进行分类，并针对不同分类进行业务推荐，特别是在用户身处特定的地点、商户时，可根据用户画像进行商户和用户的匹配，并将相应的优惠和广告信息通过不同渠道进行推送。可以根据商户位置及分类数据、用户标签画像数据提取用户标签和商户分类的关联关系，然后根据用户在某一段时间内的位置数据，如果用户进入某商户 300 米范围内，则对用户推送符合该用户画像的商户位置和其他优惠信息。

(2)基于兴趣的实时新闻推荐

随着近年来互联网的飞速发展，个性化推荐已成为各大主流网站的一项必不可少的服务。提供各类新闻的门户网站是互联网上的传统服务，但是与当今蓬勃发展的电子商务网站相比，新闻的个性化推荐服务水平仍存在较大差距。因此资讯类网站的用户覆盖面更广，如果能够更好地挖掘用户的潜在兴趣并进行相应的新闻推荐，就能够产生更多的社会和经济价值。初步研究发现，同一个用户浏览的不同的新闻内容之间会存在一定的相似性和关联，现实世界中完全不相关的用户也有可能拥有类似的新闻浏览兴趣。此外，用户浏览新闻的兴趣也会随着时间的推移而变化，这给推荐系统带来了新的机会和挑战。因此，可以通过对带有时间标记的用户浏览行为和新闻文本内容进行分析，发现用户的新闻浏览模式和变化规律，设计及时准确的推荐系统，预测用户未来可能感兴趣的新闻。

(3)银行营销方案推荐

关联规则挖掘技术已经被广泛应用在金融行业中，它可以成功预测银行客户需求。一旦获得了这些信息，银行就可以改善营销状况。如各银行在自己的 ATM 机上就捆绑了顾客可能感兴趣的本行产品信息，供使用本行 ATM 机的用户了解。如果数据库中显示，某个高信用限额的客户更换了地址，这个客户很有可能新近购买了一栋更大的住宅，因此会有可能需要更高的信用限额、更高端的新信用卡，或者需要一个住房改善贷款，这些产品都可以通过信用卡账单邮寄给客户。当客户打电话咨询的时候,数据库可以有力地帮助电话销售代表了解客户的需求。销售代表的电脑屏幕上可以显示出客户的特点,同时也可以显示出顾客会对什么产品感兴趣。

(4)文本关联分析

随着关联规则的大规模研究应用,文本分析领域也开始使用关联规则进行关系分析。例如,将文本集中的文本作为事务,文本中的词作为项,将句子看成基本语义单元,通过挖掘句子中的相关规则获取词语之间的联系;或者采用关联规则在文档关键词的基础上抽取检索词,从而实现检索的智能化、利用关联规则挖掘文档共现词并完成文本聚类。在主题挖掘方面,将关联规则和主题模型结合形成学术论文主题学习及主题表示的新方法,或者将主题模型与关联规则结合,实现对文本主题的语义挖掘。

(5)气象关联分析

在社会经济生活中,不少行业(如农业、交通业、建筑业、旅游业等)都与天气的变化息息相关。随着各行各业对气象信息的需求越来越大,社会各方对气象数据服务的个性化和精细化要求也在不断提升,如何开发气象数据在不同领域的应用,更好地支持大众创业、万众创新并服务民计民生,是气象大数据面临的迫切需求。为了更深入地挖掘气象资源的价值,可以基于几十年的中国地面历史气象数据,推动气象数据与其他各行各业数据的有效结合,寻求气象要素之间、气象与其他事物之间的关系,让气象数据发挥更多元化的价值。

(6)交通事故成因分析

随着时代发展,便捷的交通对社会产生巨大贡献的同时,各类交通事故也严重地影响了人们的生命财产安全和社会经济发展。为了更深入地挖掘交通事故的潜在诱因,带动公众关注交通安全,许多交通管理局开放交通事故数据及多维度参考数据,希望通过对事故类型、事故人员、事故车辆、事故天气、驾照信息、驾驶人员犯罪记录数据以及其他和交通事故有关的数据的深度挖掘,形成交通事故成因分析方案。

6.2 关联规则度量

支持度和置信度是度量关联规则的两个非常重要的参数,分别反映了规则的有用性和确定性,下文将详细介绍关联规则的支持度与置信度。

6.2.1 支持度

从前文的介绍中我们已经知道,项集就是数据项的集合,例如{啤酒,尿布}、{羽毛球,乒乓球,篮球}都可以被称作项集。对于非空项集 $X \subseteq I$,如果记录 t 中包含了 X 的所有数据项,即 $t \supseteq X$,则可以称记录 t 支持项集 X。

例如,t = {啤酒,尿布,牛奶,黄油},X = {啤酒,尿布},则项集 X 的支持度 s(Support)是支持该项集的记录在数据集 T 中的百分比。

$$Support(X) = \frac{\| T_X \|}{\| T \|}$$

其中,$\| T_X \|$ 表示支持 X 的记录数量,$\| T \|$ 表示数据集 T 中的全部记录数量。

关联规则 $X \Rightarrow Y$ 的支持度为项集 XY 的支持度,即:

$$Support(X \Rightarrow Y) = Support(XY)$$

$Support(X \Rightarrow Y)$ 是数据集 T 中包含 $X \cup Y$ 的概率 $P(X \cup Y)$,即 T 中的事务同时包含 X 和 Y 的百分比。支持度公式为:

$$Support(X \Rightarrow Y) = P(X \cup Y) = \frac{\| T_{X \cup Y} \|}{\| T \|}$$

式中 $\| T_{X \cup Y} \|$ 表示项集 $X \cup Y$ 出现的频度,即数据集 T 中同时包含 X 和 Y 的记录数。

如果把 X 和 Y 看作超市中的商品,消费者一次的购物记录为 t,数据集 T 即某段时间内超市所有购物记录的集合。假设每个消费者在该段时间只消费了一次,那么关联规则 $X \Rightarrow Y$ 的支持度就可以表示在该时段光顾超市的所有消费者中,同时购买商品 X 和 Y 的消费者比例。比如超市今天共有 100 次购物记录,其中同时购买牛奶和面包的次数是 20 次,那么关联规则"牛奶⇒面包"的支持度就是 20/100 = 20%。在其他的应用场景中,支持度的普适性意义就是衡量一条关联规则有多普遍。

6.2.2 置信度

除了支持度外,关联规则 $X \Rightarrow Y$ 还有一个重要的参数——置信度 c(Confidence),c 表示数据集 T 中已经包含项集 X 的情况下,又包含项集 Y 的百分比,即条件概率 $P(Y|X)$ 的前项 X 出现时,后项 Y 也出现的概率,具体公式如下:

$$Confidence(X \Rightarrow Y) = P(Y|X) = \frac{\| T_{X \cup Y} \|}{\| T_X \|}$$

其中,$\| T_{X \cup Y} \|$ 表示数据集 T 中同时包含 X 和 Y 的记录数,$\| T_X \|$ 表示包含 X 的记录数。继续使用上一小节中的例子,假设超市今天共有 100 次购物记录,其中购买牛奶的次数是 40 次,购买牛奶的同时购买面包的次数是 20 次,那么关联规则"牛奶⇒面包"的置信度就是 20/40 = 50%。在其他的应用场景中,置信度的普适性意义就是度量一条关联规则的重要性。

6.2.3 合格的关联规则

如果一条关联规则同时满足最小支持度 α(min_sup)和最小置信度 β(min_conf)要求,则该规则是有意义的,该规则被称为强规则,$\alpha,\beta \in [0,1]$,是由数据挖掘者自行规定的合理阈值。如果 $Support(X) \geqslant \alpha$,则称 X 为频繁项集(frequent itemset),频繁的意思是指某一项集出现的频率相对于所有记录而言,必须达到某一水平。同理,以一个包含 X 与 Y 两个数据项的2-项集为例,若支持度大于等于所设定的最小支持度阈值时,则$\{X, Y\}$称为频繁2-项集。

当 $Support(X \Rightarrow Y) \geqslant \alpha$,且 $Confidence(X \Rightarrow Y) \geqslant \beta$,则称 $X \Rightarrow Y$ 是关于 α,β 合格的关联规则。$s(X \Rightarrow Y) \geqslant \alpha$ 表示 X 和 Y 同时发生的频率足够高,$c(X \Rightarrow Y) \geqslant \beta$ 表示在事件 X 发生的情况下,事件 Y 与之同时发生的频率足够高。

【例 6-1】 表 6-2 给出了某在线书店的销售记录,给定 $\alpha=0.3,\beta=0.5$,{《Python 基础教程》}⇒{《机器学习》}是否为合格的关联规则?

表 6-2 书籍购买记录数据库

TID	Items
T001	《商务智能原理与方法》《机器学习》
T002	《商务智能原理与方法》《机器学习》《深度学习》
T003	《Python 基础教程》《统计学习方法》《深度学习》
T004	《Python 基础教程》《机器学习》《深度学习》
T005	《Python 基础教程》《深度学习》
T006	《统计学习方法》《深度学习》
T007	《Python 基础教程》《统计学习方法》《机器学习》《深度学习》
T008	《Python 基础教程》《深度学习》
T009	《Python 基础教程》《商务智能原理与方法》《机器学习》
T010	《Python 基础教程》《机器学习》

该关联规则的支持度为 *Support*({《Python 基础教程》}⇒{《机器学习》})= 4/10>0.3,置信度为 *Confidence*({《Python 基础教程》}⇒{《机器学习》})= 4/7>0.5。显然,该关联规则的支持度和置信度均大于给定的阈值,因此{《Python 基础教程》}⇒{《机器学习》}是合格的关联规则。

6.3 关联规则挖掘方法

关联规则挖掘的基本过程主要包含两个阶段:第一阶段必须先从资料集合中找出所

有的频繁项集,第二阶段再由这些频繁项集中产生关联规则。第一个阶段是要寻找所有的频繁项集。先找到满足最小支持度的k-项集,即频繁k-项集(Frequent k-itemset),一般表示为Large k 或 Frequent k,然后算法从 Frequent k 的项集中再产生 Frequent $k+1$,直到无法再找到更长的频繁项集为止;第二阶段是要产生关联规则。从频繁项集产生关联规则,是利用前一步骤的频繁k-项集来产生规则,在最小置信度的条件阈值下,若一规则所求得的置信度满足最小置信度,称此规则为关联规则。例如经由频繁k-项集$\{X,Y\}$所产生的规则 $X\Rightarrow Y$,若置信度大于等于最小置信度,则称 $X\Rightarrow Y$ 为关联规则。

如前所述,频繁项集挖掘是影响关联规则挖掘性能的关键步骤,因此,对关联规则挖掘算法的研究主要集中在该阶段。目前,频繁项集主要通过Apriori算法和FP-growth算法生成,Apriori算法是广度优先算法,而FP-growth算法是深度优先算法,这两种算法是具有代表性的经典算法。

6.3.1 Apriori 算法

1993年,阿格拉瓦尔等人首先提出关联规则概念,同时给出了相应的挖掘算法AIS,但是性能较差。1994年,他们建立了项目集格空间理论,并依据上述两个定理,提出了著名的Apriori算法,至今Apriori仍然作为关联规则挖掘的经典算法被广泛讨论,以后诸多的研究人员对关联规则的挖掘问题进行了大量的研究。

在对Apriori算法展开详细介绍之前,我们先思考一个问题:给定数据集合 T,以及最小支持度 α 和最小置信度 β,如何找出所有合格的关联规则?按照一般思路,我们需要列出所有可能的关联规则,逐个判断是否合格。如果数据量较小,这种思路是没有问题的,但当数据量较大时,这种计算方式的复杂度就过高了,可行性较低。因此,我们需要探索适用于大数据的关联规则算法。

首先,我们知道计算关联规则的支持度只需要计算项集 XY 的支持度,即:

$$Support(X\Rightarrow Y)=Support(XY)$$

而计算 $X\Rightarrow Y$ 的置信度可以转化为计算项集 XY 和 X 的支持度,即:

$$\begin{aligned}Confidence(XY)&=\|T_{XY}\|/\|T_X\|\\&=(\|T_{XY}\|/\|T\|)/(\|T_X\|/\|T\|)\\&=Support(XY)/Support(X)\end{aligned}$$

然后我们就可以先计算所有项集的支持度,扫描数据集。然后再利用项集的支持度信息直接计算置信度,这样就避免了重复扫描数据集。

假设数据库中存储的数据项的数目为m,那么所有项集的数目就是 2^m-1,计算一个项集的支持度至少需要遍历扫描一次数据库。那么有没有更便捷的方式计算所有项集支持度呢?

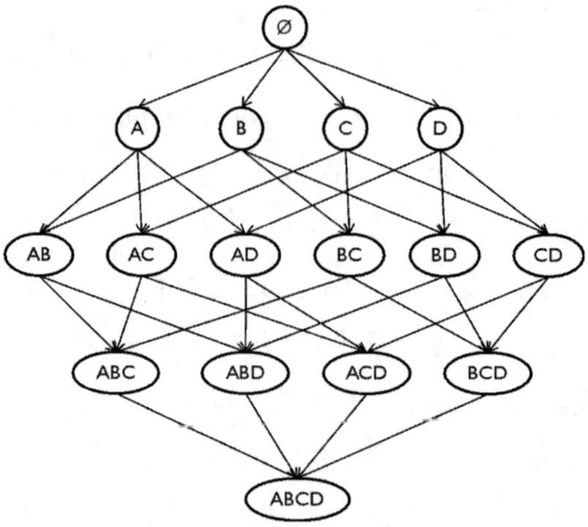

图 6-1　项集关系图

首先,我们需要了解一个下闭合性质:

$$Support(X)=\frac{\|T_X\|}{\|T\|}\geqslant\frac{\|T_{XY}\|}{\|T\|}=Support(XY)$$

因此,如果一个项集是频繁项集,则其子集也是频繁项集。

$$Support(X)\geqslant Support(XY)\geqslant\alpha$$

举一个简单的例子,如果{面包,牛奶,可乐}是频繁项集,那么它的子集{牛奶,可乐}也是频繁项集。

反之,如果一个项集不是频繁项集,则其超集也不是频繁项集。

$$\alpha\geqslant Support(X)\geqslant Support(XY)$$

例如,如果{电池}不是频繁项集,那么它的超集{电池,面包}也不是频繁项集。

所以,支持度的计算可转化为寻找频繁项集,可以采用逐层扩展方式。先计算 1-项集,然后计算 2-项集,……,m-项集,以此类推;当计算 k-项集支持度的时候($2\leqslant k\leqslant m$),只需要考虑哪些子集是频繁项集的 k-项集,而不必考虑包含任何非频繁子集的 k-项集,这样可以省去大量的项集支持度的计算操作。

如图 6-2 所示,第一步,我们先计算 1-项集,发现 B 是频繁项集;第二步,寻找含有 B 的 2-项集,发现 AB、BC、BD 三个频繁项集;第三步,寻找含有 AB、BC、BD 的频繁 3-项集,发现含有 ABC、ABD、BCD 三个频繁项集;最后寻找含有 ABC、ABD、BCD 的 4-项集,即 ABCD。这样就完成了所有频繁项集的搜索。

Apriori 算法是一种最有影响的挖掘布尔型关联规则频繁项集的经典算法。其核心是基于两阶段频繁项集思想的递推算法。该关联规则在分类上属于单维、单层、布尔型关联规则。由于 Apriori 算法是一种自底向上逐层搜索的迭代方法,即 k-项集用于生成

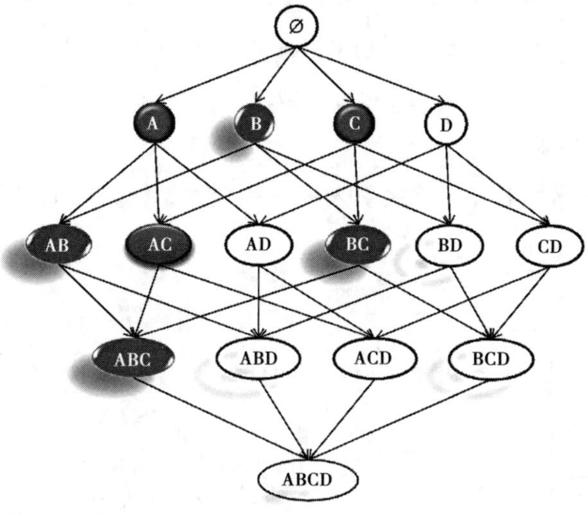

图6-2 搜寻频繁项集

(k+1)-项集,每次迭代过程都需要重新扫描数据集,而且由k-项集进行自连接生成(k+1)-项集时会产生大量的候选项集。也就是说,Apriori算法是一个多趟搜索算法,即最长的频繁项集有多长,Apriori算法就需要扫描多少趟数据集。当面对海量数据集时,Apriori算法的计算开销很大。Apriori算法最大的性能问题在于对项集及其支持度的计算。假设数据集中包含数据项个数为n,Apriori算法需要计算2n个项集,若n很大,将会产生大量的候选集。

6.3.2 FP-growth 算法

为了提高Apriori算法的性能,韩家炜等人提出了另外一种挖掘思路,即频繁模式增长(FP-growth)算法。该算法采用频繁模式树(FP-tree)存储结构将数据集进行压缩存储,并基于FP-tree完成频繁模式(也称频繁项集)挖掘。FP-growth算法在效率上较Apriori算法有较大的提高。FP-growth算法利用一种紧缩的数据结构FP-tree来存储和查找频繁项集所需要的全部信息,通过逐个读入事务来把事务追加到FP-tree中。这样,对于FP-tree中某个节点对应的项,存在一个或多个从根节点到达该节点的路径。显然,一些相同的数据项或项集可能会被包含在不同的项集中,因此它们的路径可能部分重叠,而且这种重叠路径越多,FP-tree的压缩效果越好。当FP-tree足够小时,就可以被放置于内存中并直接从内存中挖掘频繁项集,而不必重复地扫描存放在硬盘上的数据。在掌握了前期关于Apriori算法的基本知识之后,我们简要介绍一下FP-tree算法。

FP-growth算法的整体思路是,首先对数据库进行第一次扫描,把数据库中的频集压缩进FP-tree,同时依然保留其中的关联信息,随后再将FP-tree分化成一些条件库,每个库和一个长度为 1 的频集相关,然后再对这些条件库分别进行挖掘。当原始数据量很大时,也可以结合划分的方法,使得一个 FP-tree 可以放入主存中。实验表明,FP-growth 对不同长度的规则都有很好的适应性,同时在效率上较之 Apriori 算法有巨大的提高。

FP-tree 的数据结构:

为了减少计算次数,FP-tree 算法引入了一些数据结构来临时存储数据。这个数据结构包括三部分,如图 6-3 所示。

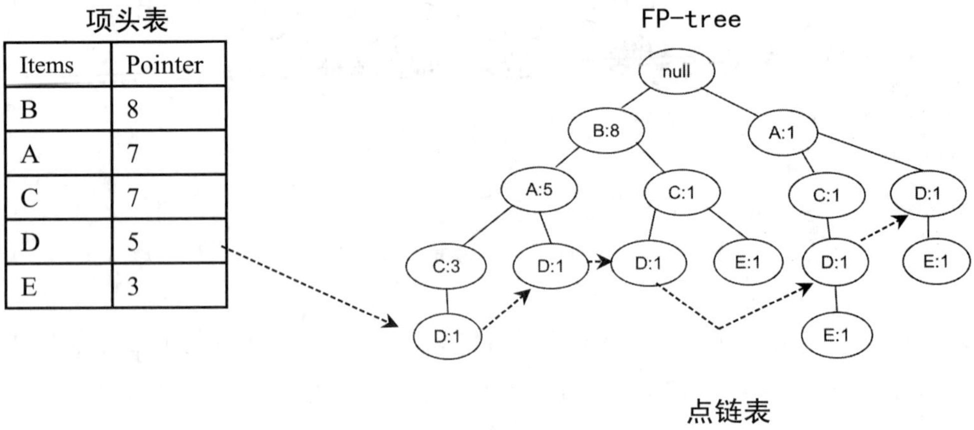

图 6-3 FP-tree 的数据结构

表 6-3 原始数据

TID	Items
1	{A,B}
2	{B,C,D}
3	{A,C,D,E}
4	{A,D,E}
5	{A,B,C}
6	{A,B,C,D}
7	{B,C}
8	{A,B,C}
9	{A,B,D}
10	{B,C,E}

第一部分是一个项头表,记录了所有的 1-项频繁集出现的次数,按照次数降序排列。比如在表 6-3 中,B 在所有 10 组数据中出现了 8 次,因此排在第一位,E 在所有数据中只出现了 3 次,因此排最后一位;第二部分是 FP-tree,它将我们的原始数据集映射到了内存中的一棵 FP 树;第三部分是节点链表,所有项头表里的 1-项频繁集都是一个节点链表

的头，它依次指向 FP 树中该 1-项频繁集出现的位置。这样做主要是方便项头表和 FP-tree 之间的联系查找和更新。

FP-growth 算法的步骤：

第一，导出频繁 1-项集。逐条扫描数据集，对所有项目进行支持度计数，将满足最小支持度要求的频繁 1-项集按支持度计数实现降序排列，并记作 L。

第二，构造 FP-tree。首先，创建树的根节点，标记为“null”，然后对数据集进行第二次扫描，其中每个项集中的项按 L 中的次序处理，即按支持度计数降序排列，并创建或增加每个项集在 FP-tree 中的一个分枝，与此同时，当存在共同前缀时，为共同前缀对应的节点计数增加 1，并为在前缀后的项目创建节点和链接。为便于树的遍历，创建一个项头表，使每个频繁 1-项集通过一个节点链指向它在树中的位置。经过这样的数据压缩处理后，对频繁项集的挖掘就转换成对 FP-tree 的挖掘。

第三，挖掘 FP-tree 生成的所有频繁项集。从每个长度为 1 的频繁项集开始，构造该模式的条件模式基，此条件模式基由 FP-tree 中与后缀模式一起出现的前缀路径集构成，然后基于条件模式基构造它对应的条件 FP-tree，并递归地对该树进行挖掘，模式增长通过后缀模式与条件 FP-tree 产生的频繁项集连接实现。

FP-growth 算法只需要通过两次数据集扫描将数据集压缩到一个称为 FP-tree 的树结构中，并通过对 FP-tree 的递归挖掘产生最终的频繁项集，避免了过多候选项集的产生。FP-growth 算法引入了更高级的数据结构，因此计算效率相较于 Apriori 算法有了较大程度的提升。

6.3.3　关联分析实例

【例 6-2】　给定 $\alpha=0.3$，$\beta=0.5$，使用 Apriori 方法，从在线图书商场的交易记录中挖掘所有合格关联规则。

表 6-4　书籍购买记录数据库

TID	Items
T001	《商务智能原理与方法》《机器学习》
T002	《商务智能原理与方法》《机器学习》《深度学习》
T003	《Python 基础教程》《统计学习方法》《深度学习》
T004	《Python 基础教程》《机器学习》《深度学习》
T005	《Python 基础教程》《深度学习》
T006	《统计学习方法》《深度学习》
T007	《Python 基础教程》《统计学习方法》《机器学习》《深度学习》

续表

TID	Items
T008	《Python 基础教程》《深度学习》
T009	《Python 基础教程》《商务智能原理与方法》《机器学习》
T010	《Python 基础教程》《机器学习》

将书籍《Python 基础教程》记为 A;《商务智能原理与方法》记为 B;《机器学习》记为 C;《深度学习》记为 D;《统计学习方法》记为 E。

第一步:计算频繁 K 项集

- 先计算全部 1-项集的支持度,将符合最小支持度要求的 1-项集合并,构成 2-项集;
- 计算 2-项集的支持度,再将符合最小支持度要求的 2-项集合并,构成 3-项集;
- 以此类推,直至没有符合要求的项集。

K 项集的支持度以及频繁项集计算结果如表 6-5 所示(表格中的底色代表符合要求的频繁项集和关联规则,下同)。

表 6-5 频繁 K 项集计算结果

1-项集	支持度	2-项集	支持度	3-项集	支持度
A	0.7	AB	0.1	ABC	0.1
B	0.3	AC	0.4	ACD	0.2
C	0.6	AD	0.5	ADE	0.1
D	0.7	AE	0.2	BCD	0.1
E	0.3	BC	0.3	CDE	0.1
		BD	0.1		
		BE	0		
		CD	0.3		
		CE	0.1		
		DE	0.3		

第二步:计算频繁 K 项集的支持度

- 将频繁 k-项集(k≥2)的数据项子集分别作为前项和后项,构建关联规则,计算它们的支持度;
- 符合最小支持度要求的关联规则,即合格的关联规则。

各项集的置信度计算结果如表 6-6 所示。

表 6-6　置信度计算结果

AC		AD		BC	
关联规则	置信度	关联规则	置信度	关联规则	置信度
$A \Rightarrow C$	4/7	$A \Rightarrow D$	5/7	$B \Rightarrow C$	1
$C \Rightarrow A$	4/6	$D \Rightarrow A$	5/7	$C \Rightarrow B$	3/6
CD		DE			
关联规则	置信度	关联规则	置信度		
$C \Rightarrow D$	3/6	$D \Rightarrow E$	3/7		
$D \Rightarrow C$	3/7	$E \Rightarrow D$	1		

6.4　关联规则的兴趣度

上文介绍了关联规则的挖掘方法,依据样本数据可以得到很多关联规则,但是并非所有关联规则都有效,有些规则不够令人信服,有些规则适用范围有限,因此不具有有效性,需要依据各种测度指标来判断一条关联规则是否有效,上文介绍了置信度与支持度是测量关联规则有效性的最常用的指标。通常情况下,如果规则置信度和支持度大于用户指定的最小置信度和最小支持度,那么这条规则就是一条有效规则,但有效规则在现实中并不一定适用。而且,支持度—置信度框架也并不能完全过滤掉我们不感兴趣的规则。下面通过一个例子来进行说明。

已知某商场统计甲、乙两种商品的销售情况,如表 6-7 所示。

表 6-7　两种商品销售情况列联表

	乙	$\overline{\text{乙}}$	总计
甲	200	600	800
$\overline{\text{甲}}$	100	100	200
总计	300	700	1000

由表 6-7 可以看出,甲和乙共同购买 200 次,可以得出关联规则“甲⇒乙”的支持度为 20%,而置信度为 25%,由于置信度较低,会被舍弃。关联规则“乙⇒甲”的支持度是 20%,但置信度为 66.7%,由于具有较高的置信度,会被认为是“强关联规则”而被保留。按照规则,商家会认为购买商品乙会促进对商品甲的购买。值得注意的是,商品甲的支持度是 80%,可以认为任意一位顾客购买商品甲的概率为 80%(先验概率)。当我们把目光聚焦到购买商品乙的顾客群体后,会发现在这个群体里,购买商品甲的概率却下降到 66.7%,这样看来关联规则“乙⇒甲”误导了商家。

通过上述案例,可以发现置信度与支持度只能测度一条关联规则的有效性,但并不能衡量其实用性和实际意义。因此,我们还要在有效性的基础上考虑实用性,主要原因在于我们通过关联规则算法可以产生大量的规则。其中有效的关联规则数量可能是巨大的;很多规则是常识(比如,怀孕—女性)或无法理解的,在商业背景中的应用价值较低;我们需要借助其他指标对管理规则结果进行剪枝,筛选出有意义且有价值的关联规则。

那我们应该如何来评价关联规则的实用性呢?在这里我们引入关联规则的兴趣度这一概念来对其进行评价,关联规则的兴趣度评价对于关联规则的实际应用具有重要意义。

关联规则的兴趣度度量可以分为主观与客观兴趣度度量。其中,主观兴趣度通过主观论据建立,一个模式被主观认为是无趣的,除非它能够解释意想不到的信息或者提供有价值的信息。比如面包—黄油可能不是有趣的,尽管它们的有效性很高,但是它们的关系显而易见。客观兴趣度测量则是通过统计论据建立,涉及相互独立的项或者覆盖少量事务的模式被认为是不令人感兴趣的,因为它们可能反映数据间的伪联系。通过客观兴趣度度量使用数据推导出的统计量来确定模式是否有趣,但是,将主观知识加入模式评价中是很困难的,因为需要来自领域内的大量先验知识。本文中主要介绍客观兴趣度度量方法。

6.4.1 提升度

提升度是一种简单的相关度量,其定义为规则置信度与后项支持度之比。提升度可以反映规则是否有用,表示在 X 发生的条件下,Y 发生的概率与 Y 总体发生的概率之比,计算方法为:

$$Lift(X \Rightarrow Y) = \frac{Confidence(X \Rightarrow Y)}{Support(Y)} = \frac{Support(XY)}{Support(X) \cdot Support(Y)}$$

提升度体现了 Y 总体上的频率和在条件 X 下的频率之间的差异。当提升度等于 1 时,表明规则前项与后项相互独立,当提升度大于 1 时,表明规则前项与后项正相关,具有一定的关联性,提升度小于 1 则表明规则的效果比直接基于数据项频率的猜测更差。

事实上,后项支持度是没有模型时研究项(后项)的先验概率。规则提升度反映了项目 X 的出现对项目 Y(研究项)出现的影响程度。所以,有实用价值的简单关联规则应是规则提升度大于 1 的规则,意味着 X 的出现对 Y 的出现具有促进作用。因此规则提升度越大越好。

【例 6-3】 根据表 6-8 的数据内容,计算关联规则“健身⇒吃鸡蛋”的提升度。

表6-8 某大学学生饮食习惯与运动偏好数据

	健身	不健身	总计
吃鸡蛋	2000	1750	3750
不吃鸡蛋	1000	250	1250

$$Support(\text{健身,吃鸡蛋}) = 2000/5000 = 0.4$$

$$Support(\text{健身}) = 3000/5000 = 0.6$$

$$Support(\text{吃鸡蛋}) = 3750/5000 = 0.75$$

$$Lift(\text{健身} \Rightarrow \text{吃鸡蛋}) = \frac{Support(\text{健身,吃鸡蛋})}{Support(\text{健身}) \times Support(\text{吃鸡蛋})} = \frac{0.4}{0.6 \times 0.75} = 0.89$$

6.4.2 杠杆度

杠杆度与提升度类似,也用来反映关联规则前项与后项之间的关系,其计算方法表示为:

$$Leverage(X \Rightarrow Y) = Support(XY) - [Support(X) \cdot Support(Y)]$$

如果杠杆度等于0,前项与后项之间独立。杠杆度越大,前项与后项之间的关系越紧密。

【例6-4】 根据表6-8的数据内容,计算关联规则"健身⇒吃鸡蛋"的杠杆度。

$$\begin{aligned} Leverage(\text{健身} \Rightarrow \text{吃鸡蛋}) &= Support(\text{健身,吃鸡蛋}) - Support(\text{健身}) \times Support(\text{吃鸡蛋}) \\ &= 0.4 - 0.6 \times 0.75 \\ &= -0.5 \end{aligned}$$

6.4.3 影响度

影响度衡量关联规则前项对后项的影响程度,其计算方式为:

$$Influence(X \Rightarrow Y) = log \frac{Confidence(X \Rightarrow Y)/[1 - Confidence(X \Rightarrow Y)]}{Support(Y)/[1 - Support(Y)]}$$

当 $Influence(X \Rightarrow Y) > 0$ 时,关联规则的前项对后项有正影响,该规则有兴趣性。否则,关联规则的前项对后项有负影响或没有影响,该规则没有兴趣性。

【例6-5】 根据表6-8的数据,计算关联规则"健身⇒吃鸡蛋"的影响度。

$$\begin{aligned} Influence(\text{健身} \Rightarrow \text{吃鸡蛋}) &= log \frac{Support(\text{健身,吃鸡蛋})/[1 - Support(\text{健身,吃鸡蛋})]}{Support(\text{吃鸡蛋})/[1 - Support(\text{吃鸡蛋})]} \\ &= log \frac{0.4/0.6}{0.75/0.25} \\ &= -0.66 \end{aligned}$$

课后习题

1. 对于下面的每个问题，提供一个与市场有关的关联规则的例子，并描述这种关联规则是否是人们感兴趣的。

(a)一个具有高支持度和高置信度的关联规则；

(b)一个理论上具有高支持度但低置信度的关联规则；

(c)一个具有低支持度和低置信度的关联规则；

(d)一个具有低支持度但是高置信度的关联规则。

2. 给定 $\alpha=0.2, \beta=0.3$，使用 Apriori 的方法从表 6-9 的超市交易记录中挖掘所有合格关联规则。

表 6-9 超市交易记录

TID	Items
T001	苹果、香蕉
T002	苹果、香蕉、牛奶
T003	面包、果冻、牛奶
T004	面包、香蕉、牛奶
T005	面包、牛奶
T006	果冻、牛奶
T007	面包、果冻、香蕉、牛奶
T008	面包、牛奶
T009	面包、苹果、香蕉
T010	面包、香蕉

3. 考虑下面的频繁-3 项集的集合：

{1,2,3}，{1,2,4}，{1,2,5}，{1,3,4}，{1,3,5}，{2,3,4}，{2,3,5}，{3,4,5}

假定数据集中只有 5 个项。

(a)列出由 Apriori 算法的候选产生过程得到的所有候选 4-项集。

(b)列出 Apriori 算法候选剪枝步骤后剩下的所有候选 4-项集。

4. 给定 $\alpha=0.3, \beta=0.3$，使用 FP-growth 算法挖掘表 6-10 中记录的所有合格关联规则。

表 6-10　某商店购物篮数据

TID	Items
1	{A,D,E}
2	{A,B,C,D}
3	{B,C,D}
4	{A,C,D,E}
5	{A,B}
6	{A,B,C}
7	{A,B,D}
8	{A,B,C}

5. 某商店统计了上季度的 10 000 笔交易记录,如表 6-11 所示,计算关联规则"牙膏⇒洗面奶"的提升度、杠杆度和影响度。

表 6-11　商店交易记录

商品	出现次数
牙膏	6000
洗面奶	5000
拖鞋	4000
抽纸	2000
牙膏,洗面奶	1500
牙膏,拖鞋	1000
牙膏,抽纸	250
牙膏,洗面奶,拖鞋	600

参考资料

[1]陈国青,卫强. 商务智能原理与方法[M]. 北京:电子工业出版社,2009.

[2]丁小刚,黄伟伟,柏文阳. 关联规则隐藏算法的研究[J]. 计算机应用研究. 2006,(6):28-30.

[3]韩家炜,坎伯. 数据挖掘:概念与技术[M]. 范明,等译. 北京:机械工业出版社,2012.

[4]刘保相,阎红灿,张春英. 关联规则与智能控制[M]. 北京:清华大学出版社,2015.

[5]沈斌. 关联规则技术研究[M]. 杭州:浙江大学出版社,2012.

[6]荀亚玲. 并行数据挖掘及性能优化:关联规则与数据相关性分析[M]. 北京:电子工业出版社,2020.

[7]AGRAWAL R,SHAFER J C. Parallel mining of association rules[J]. IEEE transactions on knowledge and data engineering,1996,8(6):962-969.

[8]AGRAWAL R,IMIELINSKI T,SWAMI A. Mining association rules between sets of items in large databases

[C]//Proceedings of the 1993 ACM SIGMOND international conference on management of data, June 1, 1993. New York: Association for Computing Machinery, 1993: 207-216.

[9] CHOI D H, AHN B S, KIM S H. Prioritization of association rules in data mining: multiple criteria decision approach [J]. Expert systems with application, 2005, 29(4): 867-878.

[10] GENG L, HAMILTON H J. Interestingness measures for data mining: a survey[J]. ACM computing surveys, 2006, 38(3): 1-32.

[11] LU S F, HU H P, LI F. Mining weighted association rules[J]. Intelligent data analysis, 2001, 5(3): 211-225.

[12] PADMANABHAN B, TUZHILIN A. A belief-driven method for discovering unexpected patterns[C]// Proceedings of the 4th international conference on knowledge discovery and data mining. August, 1998. Massachusetts: AAAI Press, 1998: 94-100.

[13] SAHAR S. Interestingness via what is not interesting[C]//Proceedings of the 5th ACM SIGKDD international conference on knowledge discovery and data mining. August 1, 1999. New York: Association for Computing Machinery, 1999: 332-336.

[14] TAN P N, STEINBACH M, KUMAR V. Introduction to data mining[M]. New York: Pearson, 2005.

第7章 聚类思维

引导案例

聚类思维助力电信客户细分

伴随经济增长和社会对电信事业的巨大需求，中国电信行业经历了二十多年的高速发展，已形成了世界最大的电信市场。面对国内外市场竞争的不断加剧、产品的日趋同质化以及电信客户需求的个性化，电信运营商意识到管理模式必须从“以信息为中心”向“以客户为中心”转变。而如何通过实施客户关系管理(Customer Relationship Management，CRM)来保持已有客户和赢得更多的有价值客户，提高客户的忠诚度、满意度，从而提升客户价值以降低企业经营成本、增加企业的收入和利润，成为电信企业亟待解决的重要问题。客户细分便是实现电信运营商目标的重要途径，也是电信CRM研究的重要方面。客户细分一般采用数据挖掘中的聚类方法来实现。通过对客户价值的详细分析，并利用聚类算法对客户进行类型的划分，可以获知客户价值的大小和客户价值的类型，从而得到客户的分类。从客户需求出发，了解客户需要什么，他们有什么样的特征，电信运营商为不同客户设置不同的优惠套餐，以争取更多的用户：推出不同的优惠套餐，降低客户流失率，提高收入，增加用户平均收益(Average Revenue Per User，ARPU)，定制精准的市场营销策略。

俗话说“物以类聚，人以群分”，聚类分析便是研究这一问题的分析方法，它将样本数据在没有事先指定分组标准的前提下，按照数据在性质上的亲疏程度进行自动分组，使组内个体的结构特征具有较大相似性，组件个体的特征相似性较小。它是一种全方位的自动化分组，相对更加全面客观，能够帮助企业更加清晰地认知自己的客户。

(资料来源：聚类算法在电信客户细分中的应用研究)

本章将对聚类思维及其常用方法进行介绍，主要包括六大部分内容，分别是聚类过程以及聚类分析的应用场景；聚类中常使用的相似性度量方法；划分式聚类方法及其优缺点；层次聚类方法及其优缺点；密度聚类方法；聚类结果的评价指标，从而验证聚类结果的好坏，以判断该聚类过程是否可行、实用。

7.1 聚类简介

聚类分析最早起源于分类学，在分类学中，人们主要依靠经验和专业知识来实现分类。随着生产技术和科学的发展，人类的认识不断加深，分类越来越细，要求也越来越高，有时单凭经验和专业知识是难以进行确切分类的，此时往往需要定性和定量分析结合起来去分类，于是数学工具逐渐被引进到分类学中，形成了数值分类学。后来随着多元统计分析的引进，聚类分析又逐渐从数值分类学中分离出来，形成一个相对独立的分支。聚类分析是人类活动中的一项重要内容。早在儿童时期，一个人就通过不断改进下意识中的分类模式来学会如何区分猫和狗，或者动物和植物，辨认出空旷和拥挤的区域。通过聚类，人们能够发现数据全局的分布模式以及数据属性之间一些有趣的关系。在许多实际问题中，对于只有很少先验信息(如统计模型)可用的数据，决策人员对于数据必须尽可能少做一些假定。在这种限制下，聚类方法特别适合于数据点之间的内部关系的探索，以评估它们的结构。

聚类(clustering)是将数据集划分为由若干相似对象组成的多个组(group)或簇(cluster)的过程，使得同一组中对象间的相似度最大化，不同组中对象间的相似度最小化。一个簇就是由彼此相似的一组对象所构成的集合，不同簇中的对象通常不相似或相似度很低。

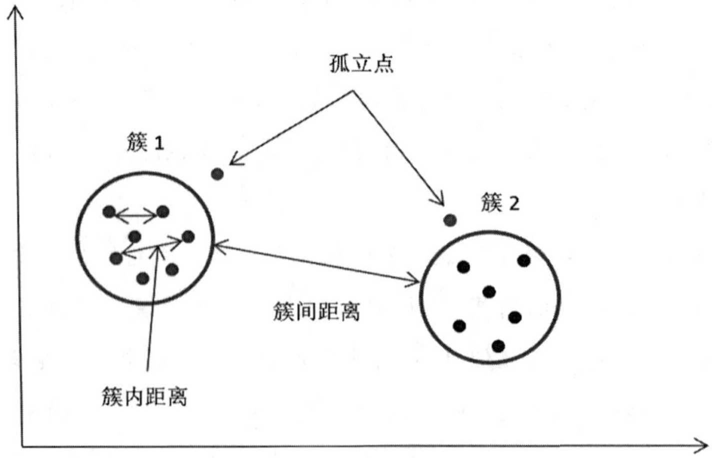

图 7-1　聚类示例

聚类作为数据挖掘与统计分析中的一个重要的研究领域,近年来备受关注。从机器学习的角度看,聚类就是一种无监督的机器学习方法,即事先对数据集的分布没有任何了解,是将物理或抽象对象的集合组成为由类似的对象组成的多个组的过程。聚类方法作为一种非常重要的数据挖掘技术,主要依据样本间相似性的度量标准将数据集自动分成几个组,使同一个组内的样本之间相似度尽量高,而属于不同组的样本之间相似度尽量低。聚类中的组不是预先定义的,而是根据实际数据的特征按照数据之间的相似性来定义的。一个聚类分析系统的输入是一组样本和一个度量样本间相似度(或距离)的标准,输出则是簇集,即数据集的几个组,这些簇构成一个分区或者分区结构。聚类分析的一个附加的结果是对每个簇进行综合描述,这种结果对于进一步深入分析数据集的特性尤其重要。聚类方法尤其适合用来讨论样本间的相互关联,从而对样本结构做一个初步的评价。

7.1.1 聚类分析过程

典型的聚类分析包括以下5步:

- 模式表示(包括特征提取和/或选择);
- 适合数据领域的模式相似性定义;
- 聚类或划分算法;
- 数据摘要;
- 输出结果的评估。

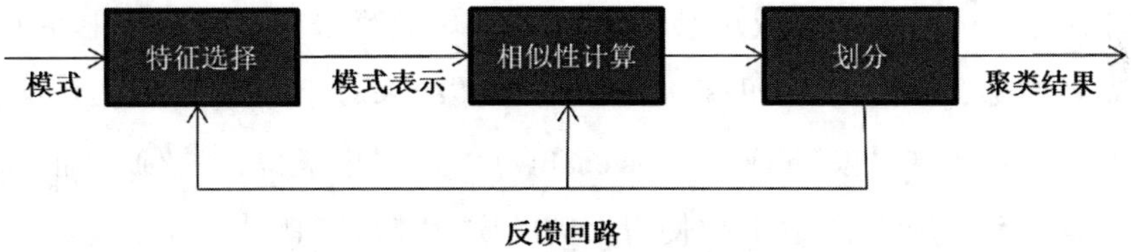

图7-2 聚类过程

第一,模式表示是聚类算法的基础。一种好的模式表示能够产生简单、容易理解的簇,而一种差的模式表示可能会产生一种使真实结构难以甚至不可能辨别的复杂簇。特征选择是提高聚类质量的有效特征子集提取的过程。

第二,模式相似性通常使用定义在模式之间的距离函数或相似系数来描述。模式相似性的度量是聚类分析最基本的问题,直接影响聚类结果的质量。可以说,许多聚类算法性能的差异主要体现在模式相似性度量方法上。

第三,划分步骤可以使用许多方法,是聚类分析的核心。划分聚类可以是硬划分,也可以是软划分。所谓硬划分,是指将每个对象严格地划分到不同的簇中,这种划分的界限是明确的;所谓软划分,是指并不明确地将一个对象划分到某个簇,通过描述每个对象属于不同簇的不确定性来描述所属簇,这种划分的界限是不明确的。

第四,数据摘要是摘录一个数据集的简洁表示的过程,通常用聚类原型或典型的模式如质心来表示一个簇。

第五,聚类有效性是对聚类算法输出结果的评估,有效性评估方法有两种。第一种有效性的评估方法是外部评估,通过将聚类获得的结构与先验的结构进行比较来实现。第二种是内部有效性评估,试图确定一个结构是否在本质上符合数据。

聚类是一个富有挑战性的研究领域,其潜在应用对聚类算法提出了各自特殊的要求。数据挖掘对聚类的典型要求如下。

- 可伸缩性:许多聚类算法在小数据集上工作做得很好,但是在包含几百万个对象的大规模数据集上进行聚类时性能不佳,因此需要具有高度可伸缩性的聚类算法。
- 处理不同类型属性的能力:许多算法被设计用来聚类数值类型的数据,但实际应用可能要求对其他类型的数据进行聚类,如二元类型(binary)数据、分类/标称类型(categorical/nominal)数据、序数型(ordinal)数据,或这些数据类型的混合。
- 发现任意形状的聚类:许多聚类算法基于欧几里得距离(Euclidean Distance)或者曼哈顿距离(Manhattan Distance)度量来进行聚类。基于这样的距离度量的算法趋向于发现具有相近尺度和密度的球状簇。但是,一个簇可能是任意形状的。因此,提出能发现任意形状簇的算法是很重要的。
- 用于决定输入参数的领域知识最小化:许多聚类算法在聚类分析中要求用户输入一定的参数,如希望产生的簇的数目。聚类结果对于输入的参数十分敏感,特别是对于包含高维对象(high dimensionality)的数据集来说,参数通常很难确定。这样不仅加重了用户的负担,也使得聚类的质量难以控制。
- 处理"噪声"数据的能力:现实中的绝大多数数据库都包含了离群点、缺失值,或者错误的数据,一些聚类算法对于这样的数据很敏感,可能导致低质量的聚类结果。
- 对于输入记录的顺序不敏感:一些聚类算法对于输入数据的顺序是敏感的。例如,同一个数据集合,当以不同的顺序输入给同一个算法时,可能生成差别很大的聚类结果。开发对数据输入顺序不敏感的算法具有重要意义。
- 高维度:一个数据库或者数据仓库可能包含若干维或者属性。许多聚类算法擅长处理低维的数据,可能只涉及两到三维。人类的眼睛在最多三维的情况下能够很好地判断聚类的质量。在高维空间中,特别是考虑到这样的数据可能分布非常稀疏,而且高度偏斜的情况下,聚类数据对象是非常有挑战性的。

- 基于约束的聚类：现实世界的应用可能需要在各种约束条件下进行聚类。假设你的工作是在一个城市中为给定数目的自动提款机选择安放位置，为了做出决定，你可以对住宅区进行聚类，同时需要考虑如城市的河流、公路网、每个地区的客户要求等情况。要找到既满足特定的约束，又具有良好聚类特性的数据分组是一项具有挑战性的任务。
- 可解释性和可用性：用户希望聚类结果是可解释的、可理解的和可用的。也就是说，聚类可能需要与特定的语义解释、应用相联系。应用目标如何影响聚类方法的选择也是一个重要的研究课题。

值得注意的是，不同类型的聚类方法不同程度地满足这些要求，但没有聚类方法能同时满足这些要求。

7.1.2 聚类思维应用

聚类思维已广泛应用于一些探索性领域，如统计学与模式分析、金融分析、市场营销、决策支持、信息检索、Web 挖掘、网络安全、图像处理、地质勘探、城市规划、土地使用、空间数据分析、生物学、天文学、心理学、考古学等。在商业领域中，聚类思维被用于发现不同的客户群，并且通过发现客户的购买或消费模式来总结不同的客户群的特征。聚类分析是细分市场的有效工具，也可用于研究消费者行为，寻找新的潜在市场。在保险行业中，通过聚类分析使用平均消费金额来为汽车保险单持有者分组，同时可以根据住宅类型、价值、地理位置来鉴定一个城市的房产分组。在互联网应用领域，聚类思维可以根据文档内容的相关程度对文档进行分组归并、信息组织和导航。在地理领域，聚类可以帮助人们从地球观测数据库中识别具有相似的土地使用情况的区域。在生物领域，聚类分析可以用来获取动物或植物所存在的层次结构，可根据基因功能对其进行分类，以获得对种群所固有的结构更深入的了解。在电子商务领域，通过分组聚类出具有相似浏览行为的客户，并分析客户的共同特征，可以更好地帮助电子商务运营商了解自己的客户，向客户提供更合适的服务。

聚类思维既可以作为一个独立的工具来使用，以帮助获取数据分布情况、了解各数据组的特征、确定所感兴趣的数据组以做进一步的分析；也可以作为其他算法（如特征构造与分类等）的预处理步骤，其他算法可以在聚类分析所生成的簇上对数据进行进一步处理。在许多应用中，可将一个簇中的数据对象作为一个整体来进行处理。

7.2 相似性度量方法

在对聚类过程的介绍中，我们提到相似性的度量是聚类分析的最基本问题，直接影响聚类结果的质量。聚类的目标是使聚类内部对象之间的距离尽可能地小,或者说使它们之间具有很高的相似度,那么我们该如何定义对象之间的距离或者相似度呢?通常情况下,如何定义一个合适的相似度或者距离函数,主要取决于任务目标。一般而言,定义一个距离函数 $d(x,y)$ 需要满足以下准则:

(1) $d(x,x)=0$,一个对象与自身距离为 0;

(2) $d(x,y)\geqslant 0$,距离是一个非负的数值;

(3) $d(x,y)=d(y,x)$,距离函数具有对称性;

(4) $d(x,y)\leqslant d(x,k)+d(k,y)$,距离函数满足三角不等式。

这些准则的关键作用在于当同一空间中定义了多个满足这些准则的距离时,这些不同的距离依然能够在两点之间远的时候大,近的时候小。特别地,当三角不等式成立时,该准则还可以提高依赖于距离的技术(包括聚类)的效率。

7.2.1 数值变量相似性度量

数值属性通常用整数或实数值表示,典型的例子包括身高和体重、温度等。对于这类变量,通常度量标准有两种:距离和相似性系数。

距离法将一个样本视为 M 维空间中的一个点,并在空间中定义距离。常见的距离度量方法有欧几里得距离、曼哈顿距离、切比雪夫距离(Chebyshev Distance)、幂距离(Power Distance)、兰氏距离(Lance and Williams Distance)、马氏距离(Mahalanobis Distance)等。

(1)欧氏距离

欧氏距离是最常用的一种距离计算方法,源自欧氏空间中两点间的距离公式。它定义了多维空间中点与点之间的“直线距离”。欧氏距离具有空间旋转不变性。在计算欧氏距离的时候,需要将各维度指标保持在相同的刻度级别(在数据预处理中各个属性的标准化)。欧氏距离注重各个对象的特征在数值上的差异,用于从维度的数值大小中分析个体差异。n 维空间点 $a(x_{11},x_{12},\cdots,x_{1n})$ 与 $b(x_{21},x_{22},\cdots,x_{2n})$ 间的欧氏距离计算如下:

$$d_{ab}=\sqrt{\sum_{k=1}^{n}(x_{1k}-x_{2k})^2}$$

在度量欧式距离时,各个维度之间的尺度可能不一样。标准化欧式距离是针对简单欧式距离的缺点而做的一种改进方案,可以消除不同属性的量纲差异所带来的影响。具体公式如下:

$$d(R_i,R_j)=\sqrt{\sum_{k=1}^{n}\left(\frac{R_{ik}-R_{jk}}{S_k}\right)^2}$$

其中,S_k 是该维度的样本标准差。

(2)曼哈顿距离

假设在城市中,要从一个十字路口开车到另外一个十字路口,驾驶距离显然不一定是两点间的直线距离。实际驾驶距离就是“曼哈顿距离”,也称为城市街区距离(City Block Distance)。曼哈顿距离是在多维空间内从一个对象到另一个对象的“折线距离”。将曼哈顿距离除以 n,可描述多维空间中对象在各维度上的平均差异。相对于欧氏距离,曼哈顿距离降低了离群点的影响。图 7-3 中左上角的折线代表曼哈顿距离,对角线代表欧氏距离,也就是直线距离,而中间的折线和右下角的折线代表等价的曼哈顿距离。

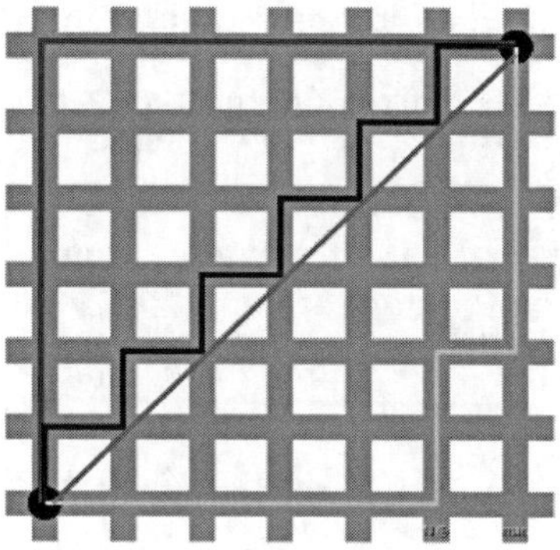

图 7-3 曼哈顿距离

n 维空间点 $a(x_{11},x_{12},\cdots,x_{1n})$ 与 $b(x_{21},x_{22},\cdots,x_{2n})$ 的曼哈顿距离计算公式为:

$$d_{ab}=\sum_{k=1}^{n}|x_{1k}-x_{2k}|$$

(3)切比雪夫距离

在国际象棋中,国王走一步能够移动到相邻的 8 个方格中的任意一个,国王从(x_1,y_1)走到(x_2,y_2)最少需要步数为 $max\ (|x_2-x_1|,|y_2-y_1|)$。

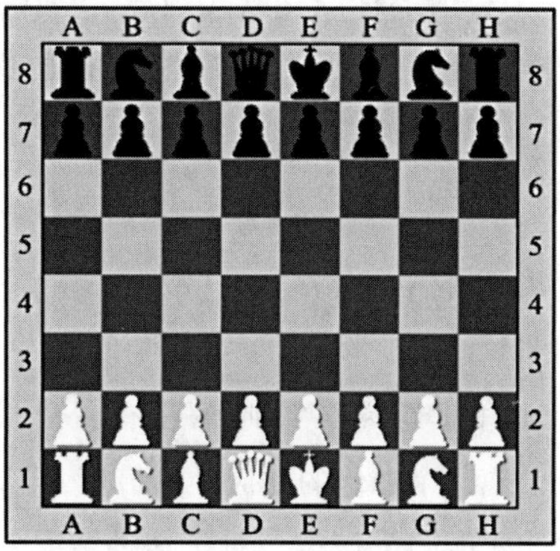

图 7-4 国际象棋与切比雪夫距离

n 维空间点 $a(x_{11},x_{12},\cdots,x_{1n})$ 与 $b(x_{21},x_{22},\cdots,x_{2n})$ 的切比雪夫距离的计算公式为：

$$d_{ab}=\max_{i}|x_{1i}-x_{2i}|$$

（4）幂距离

幂距离的计算公式为：

$$\mathrm{d}(R_i,R_j)=\sqrt[r]{\sum_{k=1}^{n}(|R_{ik}-R_{jk}|)^p}$$

其中 p、r 为自定义参数，p 控制各维的渐进权重，r 控制对象间较大差值的渐进权重。幂距离的度量没有考虑维度之间的相互关系以及不同维度对距离贡献的程度。

当 $r=p$ 时，幂距离称为闵可夫斯基距离（Minkowski Distance）。在闵可夫斯基距离中，根据 r 和 p 取值的不同，可转化为前面介绍的三种不同距离：

- 当 $r=p=2$ 时为欧氏距离。
- 当 $r=p=1$ 时为曼哈顿距离。
- 当 $r=p=\infty$ 时为切比雪夫距离。

闵可夫斯基距离存在两个主要不足。一是将各个分量的量纲同等对待，二是没有考虑各个属性的分布（期望、方差等）可能是不同的。

（5）兰氏距离

兰氏距离消除了量纲，突破了闵可夫斯基距离需要保持各维度指标在相同刻度级别的限制。它受异常值影响较小，适合于数据具有高度偏倚的应用。但是，兰氏距离没有考虑各维度之间的相关性。兰氏距离的计算公式如下：

$$d(R_i,R_j)=\sum_{k=1}^{n}\frac{|R_{ik}-R_{jk}|}{|R_{ik}|+|R_{jk}|}$$

（6）马氏距离

马氏距离不受量纲影响。若各维度相互独立，协方差矩阵为对角矩阵，马氏距离就是以各维度标准差的倒数作为权值的标准化欧式距离。马氏距离考虑了各维度之间的相关性，要求样本总数大于样本维数，否则样本协方差矩阵的逆矩阵不存在；但马氏距离的计算比较复杂。

马氏距离计算公式为：

$$d(R_i,R_j)=\sqrt{(\vec{R_i}-\vec{R_j})^T S^{-1}(\vec{R_i}-\vec{R_j})}$$

其中，S 是样本协方差矩阵。

马氏距离最典型的应用是根据距离作判别，假设有 n 个总体，计算某个样品 X 归属于哪一类。此时，虽然样品 X 离某个总体的欧氏距离最近，但是未必归属于它，如该总体的方差很小，说明需要非常近才能归为该类。对于这种情况，马氏距离比欧氏距离更适合作判别。

7.2.2 二元变量相似性度量

二元属性是一种标称属性,只有两个类别或状态:0 或 1,其中 0 常表示不出现,1 表示出现。二元变量分为对称的和非对称的两种。假设所有的二元变量有相同的权重,则可以得到一个两行两列(2 * 2)的条件表,如表 7-1 所示。

表 7-1 二元变量条件表

		对象 y		
		1	0	合计
对象 x	1	q	r	$q+r$
	0	s	t	$s+t$
	合计	$q+s$	$r+t$	p

在表 7-1 中,q 表示对象 x 和对象 y 均取 1 的二值变量个数;r 表示对象 x 取 1 但对象 y 取 0 的二值变量个数;s 表示对象 x 取 0 而对象 y 取 1 的二值变量个数;t 则表示对象 x 和对象 y 均取 0 的二值变量个数。二值变量的总数为 p,即 $p=q+r+s+t$。

(1)对称的二元变量:简单匹配系数

对称的二元变量是指变量具有同样的权重,例如属性"性别"有两个值,"女性"和"男性",两个取值都没有优先权。这类变量通常用简单匹配系数计算:

$$d(x,y)=\frac{r+s}{q+r+s+t}$$

其中,r 为 x 和 y 取值不相同的属性的个数;s 为 x 和 y 取值相同的属性的个数。

【例 7-1】 表 7-2 展示了两家花店售卖的花卉类型,其中每个属性都是对称的二元属性,计算这两家花店的相似性。

表 7-2 两家花店花卉类型表

	玫瑰	月季	鸢尾	牡丹	海棠	丁香	紫荆
x	1	1	1	0	1	0	0
y	0	1	1	0	0	1	0

根据表中数据,可得 x,y 之间的列联表如表 7-3 所示。

表 7-3 数据列联表

		x	
		1	0
y	1	2	1
	0	2	2

由公式可求得 $d(x,y)=\dfrac{2+1}{2+2+1+2}=0.429$。

(2)不对称的二元变量:Jaccard 系数

很多情况下,二元变量都是不对称的,两个状态具有不同权重。如一个疾病的测试结果是阳性还是阴性,显然这两个测试结果的重要性是不一样的。对于非对称的二元变量之间相似度的度量,最著名的是 Jaccard 系数:

$$d(x,y)=\frac{r+s}{q+r+s}$$

7.2.3 标称变量相似性度量

标称变量是二元变量的推广,可具有多于两个的状态值,如颜色变量(红、橙、黄、绿、蓝等)。两个对象 x 和 y 之间的相异性可以根据不匹配率来计算:

$$d(x,y)=\frac{p-m}{p}$$

其中,m 是匹配的数目(即对象 x 和 y 取值相同的属性数),而 p 是刻画对象的属性总数,我们可以通过赋予 m 较大的权重来增加 m 的影响。

7.2.4 文本变量相似性度量

(1)空间向量模型

余弦相似度(Cosine Similarity)用向量空间中两个向量夹角的余弦值衡量两个个体间差异的大小。与距离度量相比,余弦相似度更加注重两个向量在方向上的差异,而非距离或长度。余弦相似度的大小取决于空间中两个对象的属性所构成的向量之间的夹角大小。当方向完全相同时,相似度为 1;当方向完全相反时,相似度为-1。余弦相似度对数值不敏感,而是侧重方向上的差异。

余弦相似度计算公式如下:

$$d(R_i,R_j)=cos(\vec{R_i},\vec{R_j})=\frac{\sum_{k=1}^{n}R_{ik}R_{jk}}{\sqrt{\sum_{k=1}^{n}R_{ik}^{2}}\sqrt{\sum_{k=1}^{n}R_{jk}^{2}}}$$

(2)TF-IDF 模型

词频-逆文档频率(Term Frequency-Inverse Document Frequency,TF-IDF)是一种常用于文本处理的统计方法,可以评估一个单词在一份文档中的重要程度,主要由两个部分组成。

词频(Term Frequency,TF):考虑一个词在一篇文档中的出现次数,计算公式为:

$$TF=\frac{word_j}{word_{sj}}$$

其中分子衡量某个词在第 j 篇文章中出现的次数，分母衡量第 j 篇文章的总词数。TF 有过滤一些高频的无用词的作用，如果一个单词在很多的文档中出现，则意味着该单词的重要性不高，如"的""了"等词出现频率很高，但是没有实际含义；反之，如果一个词只在部分文档中出现，则意味着该单词的重要性很高。

逆文档频率（Inverse Document Frequency，IDF）：衡量一个词在文档中出现的重要性程度，计算公式为：

$$IDF=\log\left(\frac{D}{D_{word}+1}\right)$$

其中 D 是文档的总个数，D_{word} 的含义是包含词 word 的文档数。

对于文档中的每个词，其 $TF\text{-}IDF$ 度量的计算公式为：

$$TF\text{-}IDF=TF\times IDF$$

【例 7-2】　用 $TF\text{-}IDF$ 方法计算下列句子之间的相似度。

d1＝"我在传媒大学学习。"＝（我，传媒大学，学习）
d2＝"我在传媒大学工作。"＝（我，传媒大学，工作）
d3＝"我在传媒大学工作，工作很愉快。"＝（我，传媒大学，工作，愉快）

三个文档共包含 5 个词语，构成 5 个维度：我，传媒大学，学习，工作，愉快。

对于文档 $d1$：

- 第一个分量"我"：$tf=1$，$df=3$，$idf=0$，$tf\times idf=0$
- 第二个分量"传媒大学"：$tf=1$，$df=3$，$idf=0$，$tf\times idf=0$
- 第三个分量"学习"：$tf=1$，$df=1$，$idf=0.477$，$tf\times idf=0.477$
- 以此类推，第四、五个分量"工作""愉快"：$tf=0$，$tf\times idf=0$

可得文档 $d1$ 的 $TF\text{-}IDF$ 表示为：$d1=(0,0,0.477,0,0)$

同理可得 $d2$、$d3$ 的 $TF\text{-}IDF$ 表示为：

- $d2=(0,0,0,0.176,0)$
- $d3=(0,0,0,0.352,0.477)$

利用余弦相似度，计算各句子之间的相似度，结果如下。

$$Sim(d1,d2)=\frac{(0,0,0.477,0,0)\times(0,0,0,0.176,0)}{|d1|\times|d2|}=0$$

$$Sim(d1,d3)=\frac{(0,0,0.477,0,0)\times(0,0,0,0.352,0.477)}{|d1|\times|d3|}=0$$

$$Sim(d2,d3)=\frac{(0,0,0,0.176,0)\times(0,0,0,0.352,0.477)}{|d2|\times|d3|}=0.594$$

7.2.5 类别间相似性度量

类别间相似性度量是综合评定聚类中不同类别间相近程度的一种度量，常用于层次聚类分析方法中。一般来说，两个类别之间越接近，它们的相似性度量越大；反之，两个类别间越疏远，则它们的相似性度量也就越小。那么，这种相近程度又该如何衡量呢？

由于在聚类分析下，每一类别都由多个样本点构成，而点与点之间的亲疏度往往又都会通过计算距离来衡量，因此，类别间的相似性度量也可以比照样本进行处理，通过选用其中不同点间的距离来表示聚类间的相似程度。

几种常见的衡量类别间相近程度的方式及说明如下：

(1) Single Linkage：以两个类别间样本距离的最小值作为衡量类别间相近程度的标准。

$$dist(K_i,K_j)=min(t_{ip},t_{jq})$$

(2) Complete Linkage：以两个类别间样本距离的最大值作为衡量类别间相近程度的标准。

$$dist(K_i,K_j)=max(t_{ip},t_{jq})$$

(3) Average Linkage：以两个类别间各样本距离的平均值作为衡量类别间相近程度的标准。

$$dist(K_i,K_j)=avg(t_{ip},t_{jq})$$

(4) Centroid：假定每个类别的中心均存在一个虚拟的样本点，以该虚拟样本点间的距离作为衡量类别间相近程度的标准。

$$dist(K_i,K_j)=dist(C_i,C_j)$$

(5) Medoid：以每个类别中位于中心或中心附近的真实的样本点间的距离作为衡量类别间相近程度的标准。

$$dist(K_i,K_j)=dist(M_i,M_j)$$

其中，K_i 和 K_j 表示两个不同的聚类类别，t_{ip} 与 t_{jq} 表示分别位于聚类 K_i 和 K_j 中的样本点数据，C_i 与 C_j 分别表示聚类 K_i 和 K_j 的中心点（可能并非真实存在），M_i 与 M_j 则表示位于聚类 K_i 和 K_j 中心或中心附近的样本点数据（真实存在）。进一步的图示说明见图 7-5。

【例 7-3】 表 7-4 展示了七笔观察值的数据，为方便计算，决定采用欧式距离的平方作为类间相似度的计量依据，由此可计算出各样本点数据欧式距离的平方，如表 7-5 所

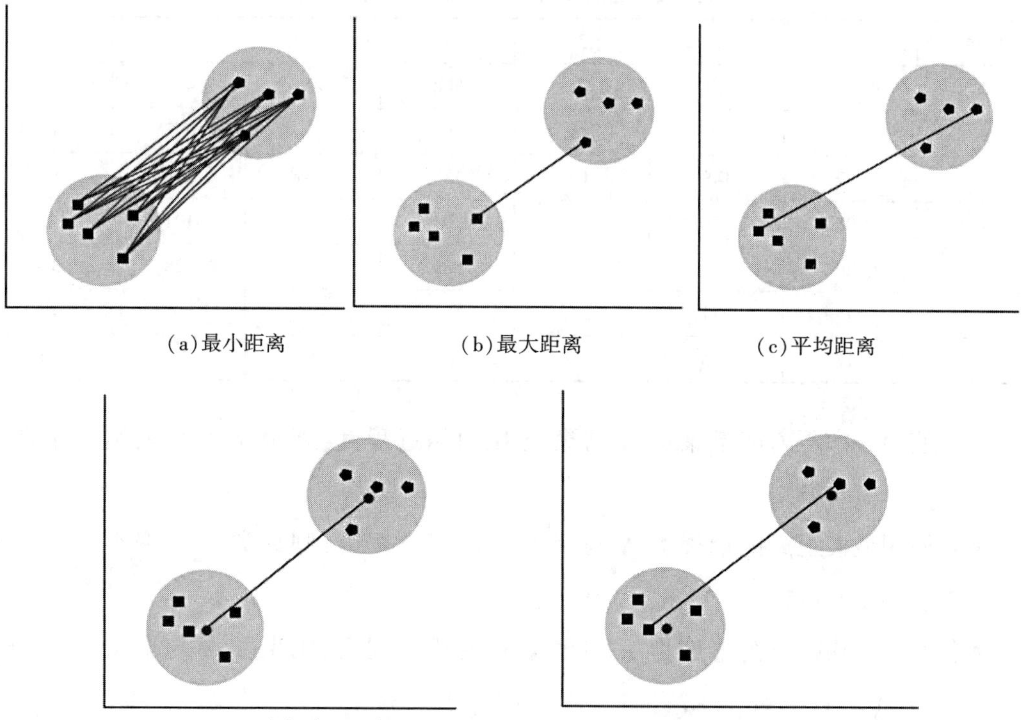

(a)最小距离 (b)最大距离 (c)平均距离

(d)虚拟中心距离 (e)真实中心距离

图 7-5 类间距离衡量方式示意图

示。假设这七笔数据已经被划分为三个聚类,分别为 A = {1,2,5},B = {3,6},C = {4,7}。由此,聚类 A 与聚类 B 之间存在六个距离:$d_{1\&3} = 277$,$d_{1\&6} = 445$,$d_{2\&3} = 149$,$d_{2\&6} = 277$,$d_{5\&3} = 100$,$d_{5\&6} = 128$。

表 7-4 观察值数据

观察值	M1	M2
y1	13	14
y2	15	18
y3	22	28
y4	35	32
y5	16	20
y6	24	32
y7	32	30

表 7-5　各样本点数据间欧氏距离平方

序号	1	2	3	4	5	6	7
1	0	20	277	808	45	445	617
2	20	0	149	596	5	277	433
3	277	149	0	185	100	20	116
4	808	596	185	0	505	121	13
5	45	5	100	505	0	128	356
6	445	277	20	121	128	0	68
7	617	433	116	13	356	68	0

- 若使用最小距离衡量聚类 A 与聚类 B 的相近程度，则聚类 A 与聚类 B 的距离 $D_{min}=d_{5\&3}=100$。
- 若使用最大距离衡量聚类 A 与聚类 B 的相近程度，则聚类 A 与聚类 B 的距离 $D_{max}=d_{1\&6}=445$。
- 若使用平均距离衡量聚类 A 与聚类 B 的相近程度，则聚类 A 与聚类 B 的距离 $D_{avg}=(d_{1\&3}+d_{1\&6}+d_{2\&3}+d_{2\&6}+d_{5\&3}+d_{5\&6})/6=229.33$。
- 若使用中心距离衡量聚类 A 与聚类 B 的相近程度，聚类 A 的中心点为$[(13+15+16)/3,(14+18+20)/3]=(44/3,52/3)$，聚类 B 的中心点为$[(22+24)/2,(28+32)/2]=(23,30)$，则聚类 A 与聚类 B 的欧式距离平方 $D_{cen}=(23-44/3)^2+(30-52/3)^2=229.89$。
- 若使用真实中心距离衡量聚类 A 与聚类 B 的相近程度，位于聚类 A 中心附近的点为(15,18)，位于聚类 B 中心附近的点为(22,28)，则聚类 A 与聚类 B 的欧式距离平方 $D_{me}=d_{2\&3}=149$。

7.3　划分式聚类方法

给定 n 个对象的数据集 D 和要生成的簇数目 k，划分算法将对象组织划分为 k 个簇($k\leqslant n$)，这些簇的形成旨在优化一个目标准则。例如，基于距离的差异性函数使得根据数据集的属性在同一个簇中的对象是“相似的”，而不同簇中的对象是“相异的”。划分式聚类算法需要预先指定簇数目或簇中心，通过反复迭代运算，逐步降低目标函数的误差值，当目标函数值收敛时，得到最终聚类结果。这类方法分为基于质心的(Centroid-based)划分方法和基于中心的(Medoid-based)划分方法，其中最具代表性和知名度的是 k-means 算法。

7.3.1 k-means 方法

k-means 算法是 1967 年由麦奎因(J. B. MacQueen)首次提出的一种经典算法,迄今为止,很多聚类任务都选择该算法。k-means 算法的形式化描述如下:

(1)选择一个含有随机样本的 k 个簇的初始划分,计算这些簇的质心。

(2)根据欧氏距离,把剩余的每个样本分配到离它最近的簇质心所在的簇中。

(3)计算被分配到每个簇的样本的均值向量,作为新的簇的质心。

(4)重复(2)、(3),直到 k 个簇的质心点不再发生变化或误差平方和准则最小。

k-means 算法通常使用误差平方和(Sum of Squared Error,SSE)作为度量聚类质量的目标函数。SSE 形式的定义如下:

$$J_e = \sum_{i=1}^{k} \sum_{X \in C_i} |X - m_i|^2$$

其中,m_i 是 C_i 的质心,$m_i = \frac{1}{n_i} \sum_{X \in C_i} X$。$J_e$ 是所有样本的误差平方和。

对于相同的 k 值,更小的 SSE 说明簇中对象更集中。对于不同的 k 值,越大的 k 值应该对应越小的 SSE。

【例 7-4】 假设有 8 个数据点,如表 7-6 所示,使用 k-means 算法对其进行聚类。设初始聚类中心分别为(0,4)和(3,3)。

表 7-6 数据集

	X	Y
A1	3	1
A2	3	2
A3	4	1
A4	4	2
A5	1	3
A6	1	4
A7	2	3
A8	2	4

- 初始聚类中心分别为 D1(0,4)和 D2(3,3),计算各点到两中心的距离。

表 7-7 距离表 1

	D1(0,4)	D2(3,3)
A1(3,1)	4.242	2 √
A2(3,2)	3.605	1 √

续表

	D1(0,4)	D2(3,3)
A3(4,1)	5	2.236 √
A4(4,2)	4.472	1.414 √
A5(1,3)	1.414 √	2
A6(1,4)	1 √	2.236
A7(2,3)	2.236	1 √
A8(2,4)	2	√

- 根据距离远近将所有点分成两簇,即{A1,A2,A3,A4,A7,A8},{A5,A6}。重新计算新的聚类中心 D3,D4,并计算新的距离表。

$$D3=\left(\frac{3+3+4+4+2+2}{6},\frac{1+2+1+2+3+4}{6}\right)=(3,2.167)$$

$$D4=\left(\frac{1+1}{2},\frac{3+4}{2}\right)=(1,3.5)$$

表 7-8　距离表 2

	D3(3,2.167)	D4(1,3.5)
A1(3,1)	1.167 √	3.201
A2(3,2)	0.167 √	2,5
A3(4,1)	1.536 √	3.905
A4(4,2)	1.013 √	3.354
A5(1,3)	2.166	0.5 √
A6(1,4)	2.712	0.5 √
A7(2,3)	1.301	1.118 √
A8(2,4)	2.088	1.118 √

- 根据距离再次将点分成两簇,即{A1,A2,A3,A4},{A5,A6,A7,A8}。重新计算新的聚类中心 D5,D6,并计算新的距离表。

$$D5=\left(\frac{3+3+4+4}{4},\frac{1+2+1+2}{4}\right)=(3.5,1.5)$$

$$D6=\left(\frac{1+1+2+2}{4},\frac{3+4+3+4}{4}\right)=(1.5,3.5)$$

表 7-9　距离表 3

	D5(3.5,1.5)		D6(1.5,3.5)	
A1(3,1)	0.707	√	2.915	
A2(3,2)	0.707	√	2.121	
A3(4,1)	0.707	√	3.535	
A4(4,2)	0.707	√	2.915	
A5(1,3)	2.915		0.707	√
A6(1,4)	3.535		0.707	√
A7(2,3)	2.121		0.707	√
A8(2,4)	2.915		0.707	√

- 根据距离将所有点分成两簇,结果为{A1,A2,A3,A4},{A5,A6,A7,A8},与上一次划分结果相同,停止计算。

7.3.2　k-medoids 算法

k-means 算法对于离群点比较敏感,原因是它将质心作为一个簇的参照点,而质心是由簇内各个对象的均值决定的。为了解决这个问题,K 中心点(k-medoids)算法选用簇中位置最靠近中心的对象,即中心点作为簇的参照点。

首先为每个簇随意选择一个代表对象,剩余的对象根据其与代表对象的距离分配给最近的一个簇;然后反复地用非代表对象来代替代表对象,以改进聚类的质量。

聚类的目标是使簇内差异尽可能小。为了判定一个非代表对象 O_h 是否是当前一个代表对象 O_i 的好的替代,替换的总代价是所有非中心点对象所产生的代价之和。如果总代价是负的,那么实际的平方误差将会减小,即表明替换的簇内差异变小了,O_i 可以被 O_h 替代。如果总代价总是正的或为 0,表明算法不能产生一个有效的替代,即此时算法收敛。

当存在噪声和离群点时,k-medoids 方法比 k-means 更具鲁棒性,这是因为中心点不像均值那样容易受离群点或其他极端值影响,但仍不能有效识别数据形状。k-medoids 方法的执行代价比 k-means 算法高。

7.3.3　划分式聚类方法优缺点

划分式方法描述容易,实现起来简单快速,但存在如下不足:

(1)算法中簇个数 k 需要预先给定。

(2)算法对初始值的选取依赖性极大以及算法常陷入局部最优解。

(3)算法需要不断地进行样本分类调整,不断地计算调整后的簇中心,因此,当数据量非常大时,算法的时间开销非常大。

(4)由于将簇的质心(即均值)作为簇中心进行新一轮聚类计算,远离数据密集区的离群点和噪声点会导致聚类中心偏离真正的数据密集区,所以划分式方法对噪声点和离群点很敏感。

针对划分式聚类方法的缺点,大量学者提出了改进的方法。对于问题(1),改进方法是通过簇的自动合并和分裂得到较为合理的簇数目 k,如 ISODATA 算法,也可使用方差分析理论,应用混合 F 统计量来确定最佳簇数,并应用模糊划分熵来验证最佳簇数的正确性。对于问题(2),有些算法采用遗传算法 GA 进行初始化,以内部聚类准则作为评价指标。问题(3)可从算法的时间复杂度进行分析考虑,通过一定的相似性准则来去掉簇中心的候选集,也可使用 k-means 算法对样本数据进行聚类,这样可以提高算法的收敛速度。对于问题(4),早期的 k-medoid 方法很好地解决了该问题,即考虑不采用簇中对象的平均值作为参照点,而选用簇中位置最靠近中心的对象,即中心点作为质心。

7.4 层次聚类方法

层次聚类方法(Hierarchical Clustering Method)作为一种通用性较强的经典聚类算法,是按照一定的标准将数据组织进行划分并最终使其形成一个簇的树状结构来进行聚类的方法。而这种树状结构的形成往往会有正向和反向两种,因此,根据聚类层次形成的方向不同,层次聚类方法通常分为两类:凝聚型(agglomerative)和分裂型(divisive)。其中,凝聚型层次聚类是指由下而上(bottom-up)将众多簇根据相似度逐渐合并,最终形成一个簇的过程;而分裂型层次聚类则是由上而下(top-down)将一个簇根据差异度逐渐分裂,最终形成多个簇的过程(具体图解见图 7-6)。在现实应用过程中,由于凝聚型层次聚类更加常用,因此本节讲述的层次聚类方法主要是指凝聚型层次聚类。

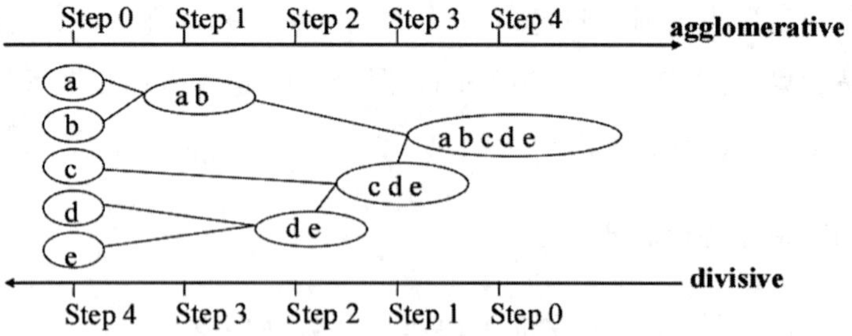

图 7-6 凝聚型层次聚类与分裂型层次聚类

7.4.1 Agglomerative 方法

Agglomerative 方法是自下而上将众多簇合并为一个簇的过程。以图 7-6 为参考,凝聚型层次聚类法的处理过程具体可以分为四步:首先,对所有样本点数据进行初始化,并将每个样本点数据 a、b、c、d、e 分别作为一个单独的类呈现;其次,选定某一类别间相似性度量方法,计算各个类之间相似度 $dist(\{a\},\{b\})$、$dist(\{a\},\{c\})$、$dist(\{b\},\{c\})$……;之后根据计算的相似度数据寻找出最相近的两个类,并将其归为一类$\{a,b\}$;最后,不断重复上面两个步骤,直至所有的样本点数据均归为一类$\{a,b,c,d,e\}$。表 7-10 则进一步展现了这五个凝聚型聚类的全部过程。

表 7-10 凝聚型层次聚类分步过程

聚类	簇
C1	$\{a\},\{b\},\{c\},\{d\},\{e\}$
C2	$\{a,b\},\{c\},\{d\},\{e\}$
C3	$\{a,b\},\{c\},\{d,e\}$
C4	$\{a,b\},\{c,d,e\}$
C5	$\{a,b,c,d,e\}$

根据上述过程可以发现,凝聚型层次聚类过程中主要的差异来源于对类别间相似性度量方法的选用。因此,按照类别间距离度量方式的不同,可以将层次聚类法划分成单一链接法(single linkage)、完全链接法(complete linkage)、平均值链接法(average linkage)以及中心点链接法(centroid linkage)。

【例 7-5】 沿用例 7-3 的样本点数据,用单一链接法说明凝聚型层次聚类分析的计算。

第一步:将 7 个观察值视为 7 个单独的类,通过计算得出表 7-5 各类之间的距离;

第二步:比较距离远近,可以发现类 2 与类 5 最为接近,因此将二者合并为一个新类,此时共有 6 个类;

第三步:重新计算 6 个类间样本点数据的最小距离,如表 7-11 所示,继续比较距离远近,可以发现类 4 与类 7 最为接近,因此将二者合并为一个新的类,此时共有 5 个类;

表 7-11 单一链接法:合并聚类 2 和 5 后的欧式距离平方

类	1	2&5	3	4	6	7
1	0	20	277	808	445	617
2&5	20	0	100	505	128	356
3	277	100	0	185	20	116

续表

类	1	2&5	3	4	6	7
4	808	505	185	0	121	13
6	445	128	20	121	0	68
7	617	356	116	13	68	0

第四步：重新计算5个类间样本点数据的最短距离，如表7-12所示，此时可以发现类1与聚类2&5、类3与类6最为接近，因此将这两组聚类分别合并为新的类，此时还有3个类。

表7-12　单一链接法：合并聚类4和7后的欧式距离平方

类	1	2&5	3	4&7	6
1	0	20	277	617	445
2&5	20	0	100	356	128
3	277	100	0	116	20
4&7	617	356	116	0	68
6	445	128	20	68	0

第五步：重新计算3个类间样本点数据的最小距离，如表7-13所示，此时可以发现类3&6与类4&7最为接近，因此将这两个聚类合并为一个新的聚类，此时还有2个聚类。

表7-13　单一链接法：合并聚类1与2&5、聚类3与6后的欧式距离平方

类	1&2&5	3&6	4&7
1&2&5	0	100	356
3&6	100	0	68
4&7	356	68	0

第六步：最后，类1&2&5与类3&6&4&7在距离为100时合并成最终包含全部7个样本点数据的总类，如图7-7所示，此时聚类过程中止。

层次聚类方法在使用时仍需要注意的是：无论是哪一种类间距衡量方法，在合并时都需要合并类间距最小（即相近程度最高）的两个类。与此同时，单链接聚类算法和完全链接聚类算法由于在度量距离时考虑的是最近或最远的两个样本点数据之间的距离，因此对离群点非常敏感，很可能在增加单个数据点后便会完全改变整个聚类结构，甚至对于完全链接聚类来说，由于其更倾向于寻找更加紧凑、直径更小的聚类，最终很可能会导致一些样本点数据与其他类别的距离比与其本身隶属的类别内其他点的距离更近的情况。此外，尽管中心链接聚类算法在某种程度上代表了聚类间最短距离和最远距离的折

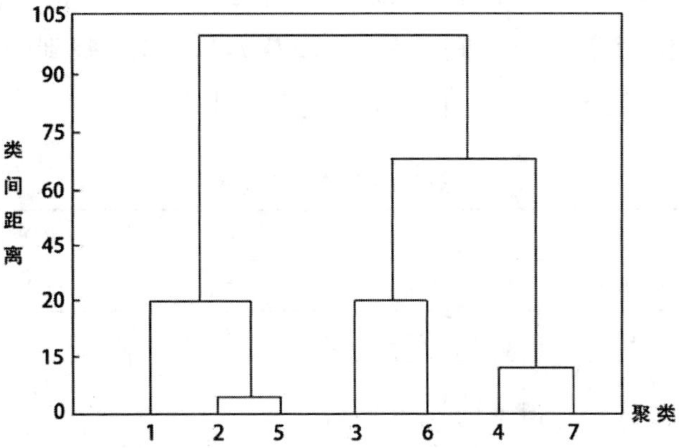

图 7-7　单一链接法：层次聚类分析树形图

中，但由于其选取的样本点数据是虚拟的，因此中心链接聚类方法只能在欧几里得空间这种中心定义比较明确的条件下才可以发挥出应有的作用，否则其不能被定义的类别间的相似性就会限制该方法的可行性。

7.4.2　AGNES 算法

AGNES 算法是一种典型的凝聚型层次聚类方法，是先将每个样本点数据作为一个簇，再根据某些准则逐步合并这些簇，直至满足设置的最终终止条件的簇数目为止。同时，在该算法中，两个簇之间的相似度是由这两个簇中的距离最近的两个样本点数据的相似度来确定的，也就相当于是前面介绍的单一链接聚类算法。

AGNES 算法的核心思路为，首先，要设定一个期望达到的簇的数目 K，并将每个样本点数据都分别视为一个簇的集合，然后根据最小距离法计算出所有簇之间的距离，比较后找出距离最短的两个簇的集合，将这两个簇合并成一个新的簇的集合，此时簇的总数目将减少 1 个。之后，再重复上述过程：计算所有簇集合两两之间的距离，找出距离最短的两个簇集合，将这两个簇合并成一个新的簇的集合。以此类推，簇的总数目将逐一递减，直至最终簇数目减至 K 后停止循环，得到最终的聚类结果。

【例 7-6】　已知所用样本点数据集如表 7-14 所示，假设层次聚类的终止条件（即期望的最终簇的数目）$K=2$。用 AGNES 算法对这些样本点数据进行聚类。

表 7-14　样本点数据集

	A	B	C	D	E
x	2	0	2	0	5
y	0	1.5	5	0	0

第一步：将 A、B、C、D、E 五个样本点数据分别视为一个单独的类；

第二步：计算出五个初始类之间的距离，如表 7-15 所示，找到距离最近（$d=1.5$）的两个簇$\{B\}$和$\{D\}$，这两个类即相近程度最高的两个类；

表 7-15 样本点间距

	A	B	C	D	E
A	0	2.5	5	2	5.3
B	2.5	0	4	1.5	3.5
C	5	4	0	5.3	2.3
D	2	1.5	5.3	0	5
E	5.3	3.5	2.3	5	0

第三步：将$\{B\}$和$\{D\}$合并，生成一个新的类$\{F\}=\{B,D\}$，此时共有四个类（$K=4$），尚未达到终止条件，因此继续重复第二步的操作；

第四步：根据 AGNES 算法中最小距离的原则，重新计算合并后各个类之间的距离：

$$d(A,F)=min\{d(A,B),d(A,D)\}=min\{2.5,2\}=2$$

$$d(C,F)=min\{d(C,B),d(C,D)\}=min\{4,5.3\}=4$$

$$d(E,F)=min\{d(E,B),d(E,D)\}=min\{3.5,5\}=3.5$$

$$d(A,C)=5$$

$$d(A,E)=5.3$$

$$d(C,E)=2.3$$

由此可以找到距离最近（$d=2$）的两个类$\{A\}$和$\{F\}$，即相近程度最高的两个类，将这两个类合并生成一个新的簇$\{G\}=\{A,B,D\}$，此时共有三个类（$K=3$），尚未达到终止条件，因此仍需继续重复第二步的操作；

第五步：重新计算合并后剩余的三个类之间的距离，结果如下：

$$d(G,C)=min\{d(A,C),d(B,C),d(D,C)\}=min\{5,4,5.3\}=4$$

$$d(G,E)=min\{d(A,E),d(B,E),d(D,E)\}=min\{5.3,3.5,5\}=3.5$$

$$d(C,E)=2.3$$

由此可以找到距离最近（$d=2.3$）的两个类$\{C\}$和$\{E\}$，即相近程度最高的两个类，将这两个簇合并生成一个新的簇$\{H\}=\{C,E\}$，此时只剩余两个簇$\{A,B,D\}$和$\{C,E\}$，$K=2$，满足终止确认条件，停止循环，算法结束。

上述算法步骤对应的具体的类的变化如表 7-16 所示，在 AGNES 算法下最终的聚类结果为$\{A,B,D\}$、$\{C,E\}$。

表7-16 AGNES算法执行过程中簇的变化

循环	距离最近的两个簇	合并后的新簇
1	{B},{D}	{A},{B,D},{C},{E}
2	{A},{B,D}	{A,B,D},{C},{E}
3	{C},{E}	{A,B,D},{C,E}

7.4.3 层次聚类方法优缺点

相较于其他方法来说,层次聚类法关于距离和规则的相似度都很容易被定义,而且还不需要提前指定聚类的数目,这使得使用该方法进行计算的限制会相对较少。与此同时,其通过自下而上逐层级聚类形成的树形图还能够条理清晰地展现出每一步的聚类过程与结果,有助于查明类与类之间存在的层次关系,而不会将数据聚类成均匀分布的形态,因此可以考虑将其与k-means算法相结合,应用于最后的合并阶段,以此解决k-means难以应对的非凸数据问题。

然而,需要注意的是,尽管层次聚类法在一次聚类形成树状分布的同时还可以提供多粒度的聚类结果,但这种模式却也暴露了诸多问题。首先,层次聚类方法在实际应用时,最终聚类成一个簇的结果基本很少有用户需要,因此在分析时就需要用户预先提供其所期望得到的聚类结果的个数以及阈值,来作为该算法在执行时的终止条件,但这对于复杂的数据来说显然是难以提前进行预测评估的,这也就会直接导致分析过程难以进行或是最终结果并非用户真正想要的结果。其次,尽管层次聚类法在使用时的限制比较少,相对来说更加容易实现,但这种算法的处理只要样本点数据被合并或者分裂,接下来就只能在新产生的簇中进行,以前已经合并或分裂的过程便不能被撤销,已经生成的结果也不能够被修正,那么,一步错步步错,一旦在某一节点所做出的合并或分裂的决策不当,层级式的递进关系就会导致最终的聚类结果质量大打折扣,影响其应用能力。最后,层次聚类法在每一决策节点都需要检测和估算大量的数据对象,而在使用的过程中每一步又需要重新计算一个距离矩阵,所以无论是从时间上来看还是从空间上来看,其复杂程度都呈几何式增长,伸缩性较差,几乎不能在高维数据和大规模的数据集中应用。此外,在某些样本点数据分布不具有规律的情况下,层次聚类法也很可能使聚类结果形成链状而并非理想中的层次结构,从而使聚类效果不够令人满意。

7.5 密度聚类方法

前文介绍的划分式聚类方法和层次聚类方法在一定程度上都是以距离为依据对样

本点数据进行分群,往往只能发现凸型的聚类簇,而对于那些非近似球状的聚类簇却很容易造成误差。因此,为了能够更好地发现各式各样的聚类簇,基于密度的聚类算法(Density-Based Clustering Method)便出现了。它以样本点数据在空间中分布的疏密程度为依据对不同形状、大小的聚类进行处理,如图 7-8 所示,密度较高的样本点数据聚成一类,未被分配至任一聚类的样本点数据就会被视为噪声。因此,该方法不仅更加适用于处理未知数据,也可以用来过滤数据中的异常值与噪声。

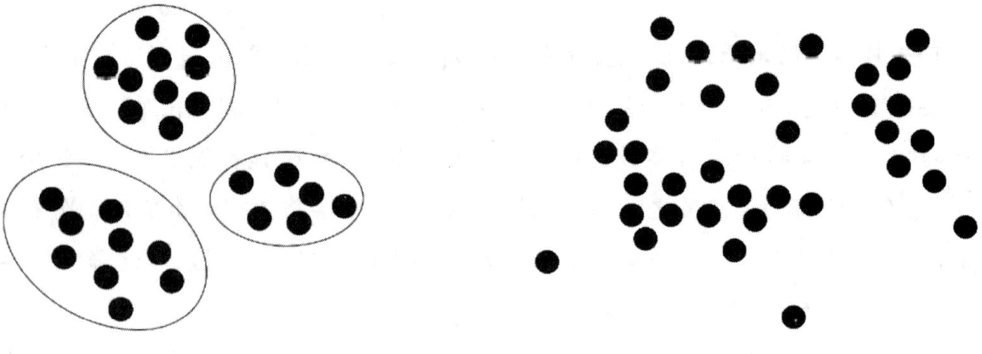

(A)球形聚类　　(B)任意形状聚类

图 7-8　密度聚类概念图

目前常见的密度聚类方法有 DBSCAN 算法、OPTICS 算法等,而本节讲述的密度聚类方法则主要为 DBSCAN 算法。

7.5.1　DBSCAN 方法

DBSCAN 算法是一种典型的基于密度的聚类算法(Ester,1996),它可以在有噪声的样本点数据集合中发现任意形状的簇。

(1)基本概念

ε-邻域:某一对象的 ε-邻域即以该对象为中心、ε 为半径的区域空间。

MinPts:在最大半径 ε 范围内出现的最少的样本点个数。

密度(Density):在最大半径 ε 范围内出现的样本点个数。

核心点(Core Point):用户预先指定一个参数 *MinPts*(即密度阈值),如果在某一对象的 ε-邻域中至少包含 *MinPts* 个样本点数据,则称该对象为核心点。

边界点(Border Point):如果某一对象是非核心点,但在该对象的 ε-邻域中含有核心点,则该对象为边界点。

噪音点(Outlier):如果某一对象既不是核心点,也不是边界点,那么该对象为噪音点。

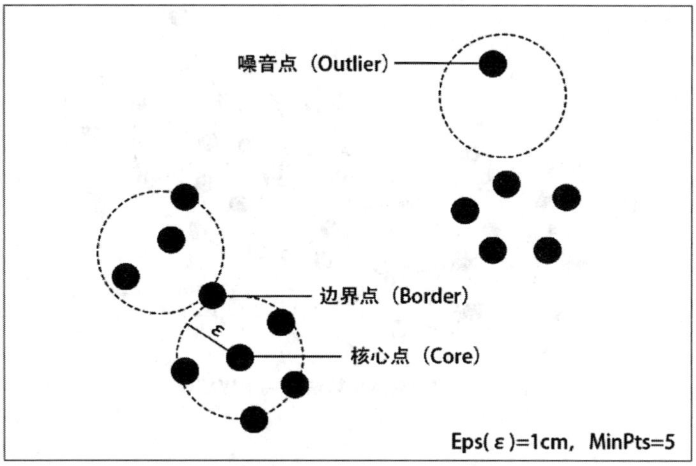

图 7-9　DBSCAN 算法相关概念示意图

直接密度可达(Directly Density-Reachable):在一个样本点数据集合中,若样本点数据 q 为核心点,且样本点数据 p 在 q 的 ε-邻域,则称 p 从 q 关于 ε 和 $MinPts$ 直接密度可达[如图 7-10(A)]。

密度可达(Density-Reachable):若存在一个对象链 $p_1,p_2,\cdots,p_n,p_1=p$ 且 $p_n=q$,对于样本点数据集合中的任一 $p_i(1\leqslant i\leqslant n)$,均是由 p_{i+1} 从 p_i 关于 ε 和 $MinPts$ 直接密度可达,则可以称样本点数据 p 从 q 关于 ε 和 $MinPts$ 密度可达[如图 7-10(B)]。

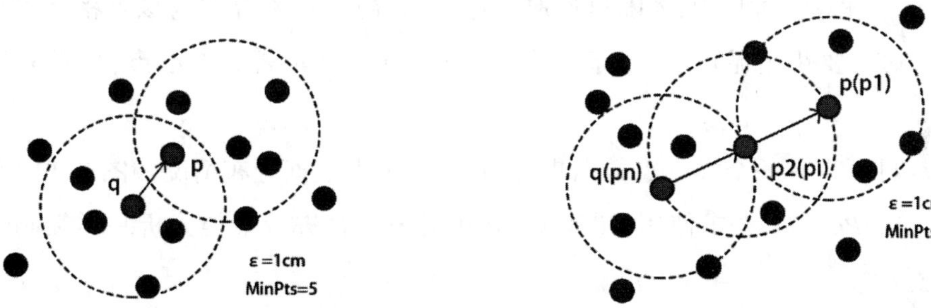

(A)直接密度可达　　(B)密度可达

图 7-10　直接密度可达和密度可达

密度相连(Density-Connected):若存在一个样本点数据 o,使得样本点数据 s 和 t 均能够从 o 关于 ε 和 $MinPts$ 密度可达,那么可以称样本点数据 s 到 t 是关于 ε 和 $MinPts$ 密度相连的(如图 7-11 所示)。

对于上述相关概念,需要特别注意 DBSCAN 算法中密度可达与密度相连的区别:密度可达是单向的,因此属于非对称关系,且只有核心点之间才是可以相互密度可达的;而密度相连是从一个样本点数据出发向两侧产生的,因此密度相连属于对称关系。

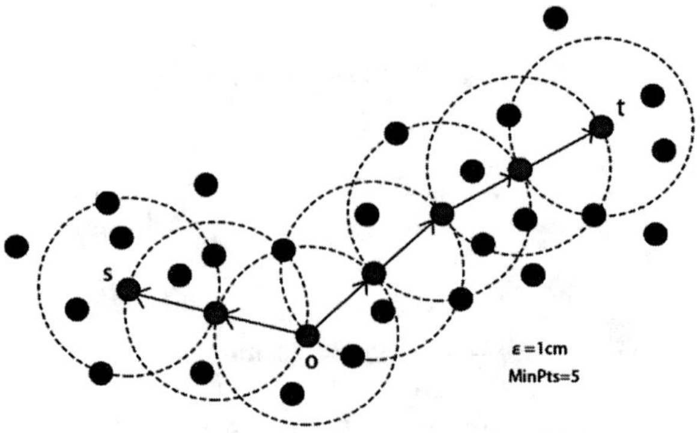

图 7-11 DBSCAN 算法——密度相连

(2)DBSCAN 算法

首先,在给定的初始的样本点数据集合 D 中随机选取一个样本点,并通过预先设定的 ε 和 $MinPts$ 值判断该样本点是否属于核心点——如果是核心点,那么便以该点为中心,创建一个包含其 ε-邻域中所有样本点数据的簇。其次,寻找从该核心点出发的所有密度可达的样本点,以此对该核心点所在的簇进行扩充。若在扩充的过程中涉及其他核心点所在的簇,那么需要将两个聚类合并为一个新的簇,直至该簇再也无法发现新的核心点为止。此时,需要重新寻找新的核心点,重复上述步骤,直至所有样本点均被扫描处理为止。最后,聚类完成后,没有被包含在任一簇中的样本点数据为异常值,也就是所谓的噪音点。

(注:在上述算法过程中,若随机选取的点为边界点,且不存在与该点密度可达的样本点数据,则需要跳出循环,寻找下一个样本点,判断其是否为核心点,再重复该算法过程。)

【例 7-7】 设有一个样本点数据集合 D,各样本点数据分布情况如图 7-12 所示,设定 $\varepsilon=1cm$,$MinPts=4$。要求使用 DBSCAN 算法对该集合进行聚类分析并详细阐释该算法的聚类过程。

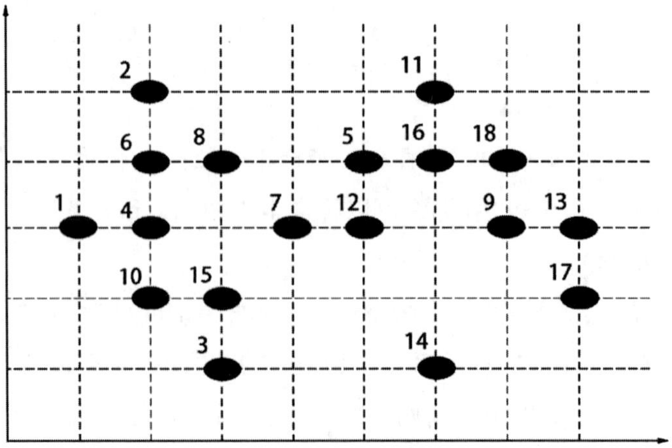

图 7-12 集合 D 中样本点数据分布情况

第一步：在上述集合中随机选取出样本点 3，对该样本点进行判定（如图 7-13 所示），可以发现样本点 3 在最大半径 1cm 的范围内仅存在两个样本点（3、15），不满足规定的 *MinPts* 至少为 4 的要求，因此样本点 3 不是核心点。

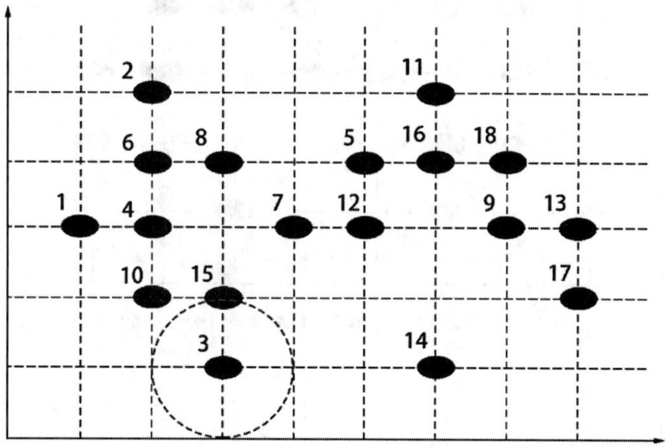

图 7-13　样本点 3 的 ε-邻域

第二步：在集合中重新随机选取样本点 16，对该样本点进行判定（如图 7-14 所示），可以发现样本点 16 在最大半径 1cm 的范围内存在四个样本点（5、11、16、18），满足规定的 *MinPts* 至少为 4 的要求，因此样本点 16 是核心点，由此可以创建一个簇 $C_1=\{5,11,16,18\}$。

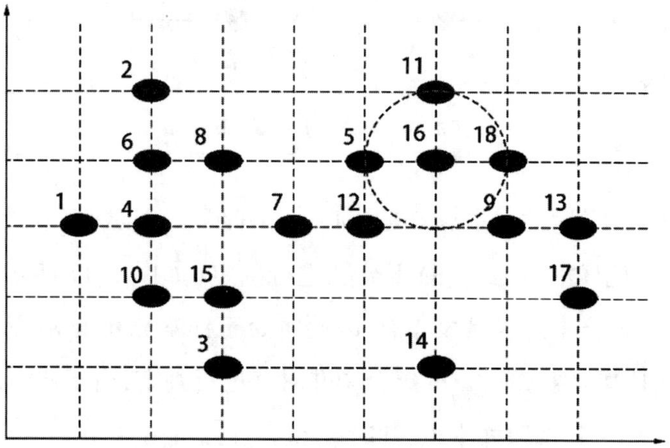

图 7-14　样本点 16 的 ε-邻域

对簇 C_1 中的其他样本点（5、11、18）再分别进行判定（如图 7-15 所示），可以发现样本点 5、11、18 均不是核心点，循环停止，需要在集合中重新选取样本点。

第三步：在集合中继续随机选取样本点 6，对该样本点进行判定（如图 7-16 所示），可以发现样本点 6 在最大半径 1cm 的范围内存在四个样本点（2、4、6、8），满足规定的

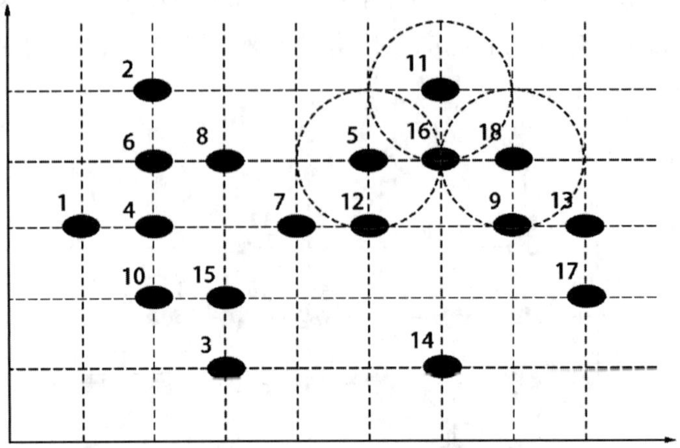

图 7-15　样本点 5、样本点 11、样本点 18 的 ε-邻域

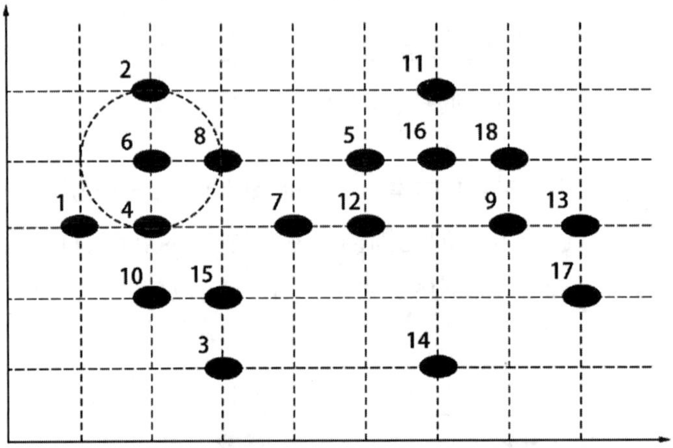

图 7-16　样本点 6 的 ε-邻域

MinPts 至少为 4 的要求,因此样本点 6 是核心点,由此可以创建一个簇 $C_2=\{2,4,6,8\}$。

对簇 C_2 中的其他样本点(2、4、8)再分别进行判定(如图 7-17 所示),可以发现样本点 2、8 不是核心点,但样本点 4 是核心点,因此将处于样本点 4 的 ε-邻域中但不属于簇 C_2 的剩余样本点(1,10)纳入簇 C_2 的集合中并对其进行判定,由于样本点 1、10 不再是核心点,循环结束,需要重新选取样本点,此时簇 $C_2=\{1,2,4,6,8,10\}$。

第四步:经历以上步骤后,目前尚未被标记的点还有样本点 7、9、12、13、14、15、17。对这些样本点继续随机选取进行判定(如图 7-18 所示),可以发现上述剩余的所有样本点均不是核心点。至此,给出集合中的所有样本点均已完成计算扫描,其中不属于任何簇的样本点(3、7、9、12、13、14、15、17 既不是核心点,也不是边界点)为此数据集合中的噪音点,由此得出最终的聚类结果如图 7-19 所示,即 $C_1=\{5,11,16,18\}$、$C_2=\{1,2,4,6,8,10\}$。

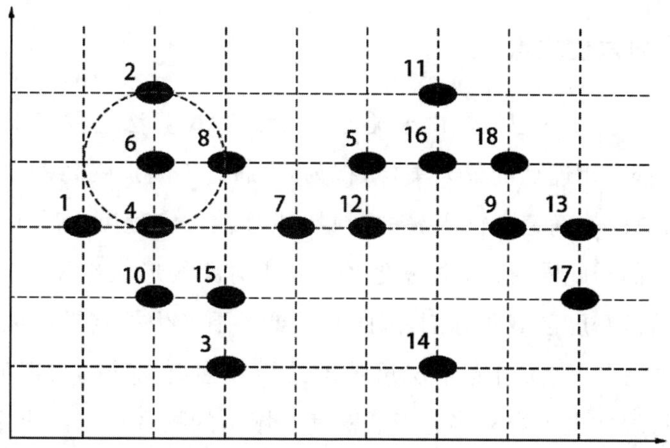

图 7-17　样本点 1、2、4、8、10 的 ε-邻域

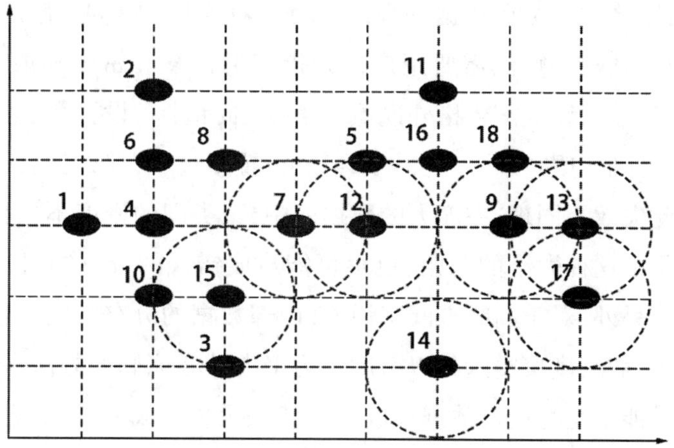

图 7-18　样本点 7、9、12、13、14、15、17 的 ε-邻域

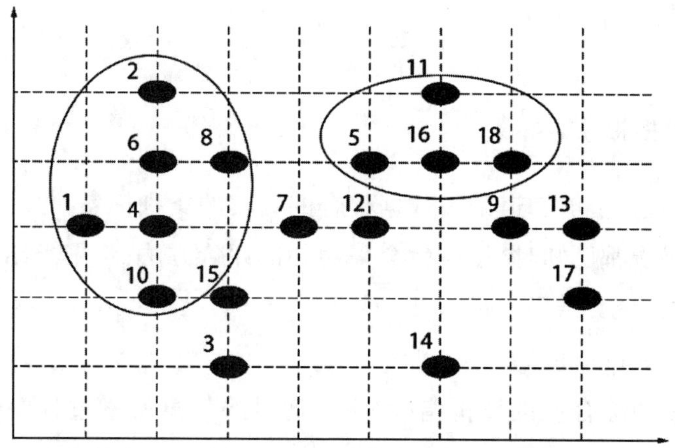

图 7-19　使用 DBSCAN 算法得到的最终聚类结果

7.5.2 密度聚类方法优缺点

相较于划分式聚类方法以及层次聚类方法，DBSCAN 算法这种基于密度将数据集合中高密度区域（即密度相连点的最大集合）视为簇，通过不断扩展高密度区域进行聚类的方法，并不需要用户提前确定和输入簇的数量，能够在一定程度上减少因为设定不当而带来的操作误差。而与此同时，由于密度聚类方法对簇的形状也没有特殊的要求，高密度区域也时常会被低密度区域所分割，因此密度聚类下产生的结果往往会形成任意形状的簇，恰恰是这种数据的真实分布情况反映出的结果会更加准确与直观。此外，通过密度对数据集合进行聚类也很容易将处于低密度区域中的噪音点分离出来，达到过滤的目的。总之，密度聚类方法整体上来说具备更强的异常数据处理能力，在有噪声和数据分布不规则的集合中能够最终形成更为高效的聚类结果。

然而，尽管密度聚类方法在数据处理的过程中看似更加灵活，能够适用的数据集合也更为广泛，但由于其核心算法需要用户预先指定半径 ε 和密度阈值 *MinPts* 这两个参数，因此对这两个参数的设置需要格外谨慎。毕竟，如果半径设置得过大，聚类结果可能会过于粗略，难以达到期望效果；反之，如果半径设置得过小，那么就会得到更多的聚类，聚类很容易会因此失效。同理，在庞大的数据库中，聚类间的密度不尽相同，密度阈值的设定即便仅仅只是 1 这种微小的差距，也很可能造成错误的分群结果，从而使最终的聚类结果误差较大。另外，对于高维空间来说，其内部数据的分布一般比较稀疏，数据之间的距离也几乎相等，而密度聚类这种以密度作为聚类核心原则的方法在这种情境下产生的聚类结果极有可能不是将所有数据聚成一类就是无法形成聚类，而无论是哪一种结果都显然并不是用户所需要的。

7.6 聚类结果评价

7.6.1 外部评价指标

一般来说，当我们能够知道某一数据集合的真实的类别标签，也就是聚类个数和样本点数据的分类情况都已知时，往往就会采用外部评价方法，将聚类结果与真实分类进行对比，以此来评估聚类结果的好坏。

（1）F 值（F-Measure）

F 值指标是一种综合性的评价指标，主要通过将信息检索过程中的查准率（Precision）和查全率（Recall）相结合来考量聚类结果的好坏，其中，查准率代表归类一致的样本在真实类别中的比例，查全率则代表归类一致的样本占聚类结果的比例。

现假设数据集合的真实类别为 C_i，与之相关的聚类结果产生的簇为 C_j，并用 N_i 代表真实类别 C_i 中包含的全部样本个数，N_j 代表聚类结果 C_j 中包含的全部样本个数，N_{ij} 代表在聚类结果 C_j 中真实类别为 C_i（即正确聚类）的样本个数，那么可以得到查准率和查全率的公式如下：

$$Precision(i,j)=\frac{N_{ij}}{N_i}$$

$$Recall(i,j)=\frac{N_{ij}}{N_j}$$

由此可得 F-Measure 的计算公式如下：

$$F(i,j)=\frac{(1+\beta^2)Precision(i,j)\cdot Recall(i,j)}{\beta^2\cdot Precision(i,j)+Recall(i,j)}$$

整个聚类结果的 F-Measure 的计算公式如下：

$$F=\sum_{i=1}^{k}\frac{N_i}{N}maxF(i,j)$$

其中，N 代表整个数据集合中的样本总个数，k 代表聚类的个数。

在该指标下，F-Measure 的值越大，表明得出的聚类结果就越好；反之，F-Measure 的值越小，聚类结果就越差。

（2）纯度（Purity）

纯度就是正确聚类的样本个数占样本总数的比例。与 F 值指标评价相比，它的计算和理解都更加容易。

对于一个指定的簇 C_p 来说，其纯度为该簇中样本数量最多的标签在簇中所占的比例，相应的计算公式如下：

$$Purity(C_P)=\frac{1}{|C_P|}max|C_P\cap C_{p^+}^{+}|$$

其中，$p^+=1,2,\cdots,k^+$。

对于聚类结果的整体来说，其纯度则应当为每个簇的纯度的加权平均数，即：

$$Purity(C)=\sum_{p=1}^{k}\frac{C_p}{n}Purity(C_p)$$

【例 7-8】　假设现在已知某一集合中存在三类数据，分别是三角形、圆形以及四边形。现采用某种方法进行聚类分析后得到的结果如图 7-20 所示，请计算该聚类结果的纯度指标。

首先，对某一指定的簇的纯度进行计算。

由于在簇 C_1 中三角形最多（5 个）、C_2 中圆形最多（4 个）、C_3 中四边形最多（5 个），

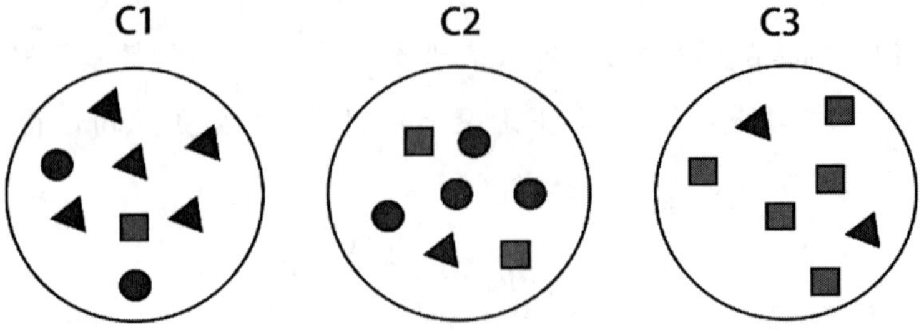

图 7-20　聚类结果

因此可以将簇 C_1、C_2、C_3 分别看作是三角形、圆形、四边形的簇，由此可以计算出各簇的纯度如下：

$$Putiry(C_1)=\frac{5}{8}=0.625$$

$$Putiry(C_2)=\frac{4}{7}=0.571$$

$$Putiry(C_3)=\frac{5}{7}=0.714$$

其次，对数据整体的纯度进行计算。

$$Putiry(C)=\frac{5+4+5}{8+7+7}=\frac{14}{22}=0.636$$

根据上述例题中各个簇的纯度计算结果以及聚类结果图形分布示意图来看，不难发现在纯度指标下，Purity 的值越大，聚类结果越好；反之，Purity 的值越小，聚类结果越差。

(3)信息熵(Entropy)

"熵"这一词最初是在热物理学中出现的，在 1948 年，香浓(C. E. Shannon)则将其引入到了信息论中，将排除掉冗余的平均信息量称为"信息熵"，以此来衡量各种可能发生的事件所存在的不确定性，而当某一时间的不确定性越低时，也就意味着该事件更加稳定可信。由此，可以优先得知，在信息熵这一指标下，熵值越小，意味着事件越稳定，同一类别的数据的分散度越小，聚类结果越好；反之，熵值越大，不确定性也就越大，同一类别的数据的分散度越大，聚类结果越差。那么，熵值又该如何计算呢？

对于一个指定的簇 C_p 来说，其对应的信息熵的值的计算公式如下：

$$Entropy(C_p)=-\frac{1}{\log(k^+)}\sum_{p^+=1}^{k^+}\frac{|C_p\cap C_{p^+}|}{|C_p|}\log(\frac{|C_p\cap C_{p^+}|}{|C_p|}),p=1,2,\cdots,k$$

对于聚类结果的整体来说，其信息熵则应当为每个簇的信息熵的加权平均数，即：

$$Entropy(C)=\sum_{p=1}^{k}\frac{|C_p|}{n}Entropy(C_p)$$

7.6.2 内部评价指标

上述几种外部评价指标都是通过与真实存在的类别进行比较来分辨聚类结果的好坏，但是有些时候我们可能无法获知样本数据的真实分类情况，所以这时就需要我们采用内部指标即模型本身对聚类结果进行评价。其中，最为常见的内部评价指标便是轮廓系数(Silhouette Coefficient)。

轮廓系数一般是针对每个样本而言的，主要由以下两个参数构成：

(1)$a(i)$：该参数是指样本点 i 与其所属的簇中的其他所有样本点之间的平均距离。它反映了样本点 i 所属的簇的紧凑性情况，一般 $a(i)$ 的值越小，意味着该簇越紧凑。

(2)$b(i)$：该参数是指样本点 i 与距离其所属的簇最近的其他簇中样本点之间的平均距离。它反映的则是样本点 i 与其他簇之间的分离情况，一般 $b(i)$ 的值越大，意味着该样本点与其他簇的分离程度越大。

在计算出上述两个参数的值后，便可以进一步计算出某一单个样本的轮廓系数 $s(i)$，公式如下：

$$s(i)=\frac{b(i)-a(i)}{max\{b(i),a(i)\}}$$

根据上述公式可以发现，轮廓系数的取值范围为[-1,1]。当轮廓系数的值越接近1时，$b(i)$ 的值越大、$a(i)$ 的值越小，也就是样本点 i 在自身所处的簇较为紧凑的同时还能够远离其他的簇，说明产生的聚类结果越好；而当轮廓系数为负值时，$b(i)$ 的值较小而 $a(i)$ 的值较大，也就说明样本点 i 距离其他簇中的样本点数据要比和自己处于同一簇中的样本点数据更近，进一步反映出了当前聚类的不当结果。

此外，当使用轮廓系数对聚类结果进行评价时，需要特别注意：簇结构为凸的数据，轮廓系数往往也较高，而使用 DBSCAN 算法聚类的簇结构为非凸的数据，其本身轮廓系数较前者就会略低。因此，轮廓系数指标只能说明以某种方法得出的聚类结果的优劣程度，而不能进一步反映所使用的聚类方法的好坏。

?课后习题

1. 使用 k-means 方法将如下 8 个点聚类为三个簇：$A_1(2,10)$，$A_2(2,5)$，$A_3(8,4)$，$B_1(5,8)$，$B_2(7,5)$，$B_3(6,4)$，$C_1(1,2)$，$C_2(4,9)$。假设初始选择 A_1、B_1 和 C_1 为每个簇的中心，并使用欧式距离度量相似程度。

2. 表 7-17 是 5 个数据点之间的相似度矩阵：

表 7-17　相似度矩阵

	A	B	C	D	E
A	1.00	0.22	0.31	0.55	0.80
B	0.22	1.00	0.64	0.35	0.98
C	0.31	0.64	1.00	0.44	0.83
D	0.55	0.35	0.44	1.00	0.70
E	0.80	0.98	0.83	0.70	1.00

(1)用完全链接法对上述数据进行层次聚类分析,并画出相应的树形图;

(2)对于以上数据进行聚类,应设定多少个类别数量?设定的相似度门槛是多少?

(3)假设相似度门槛值是 0.4,密度阈值 *MinPts*=2,请分别指出该数据表中存在的核心点、边界点以及噪音点。

3. 下图为同一个数据集合经过不同的聚类分析方法得到的三种不同的聚类结果,请问哪一种聚类结果更好,并说明理由。

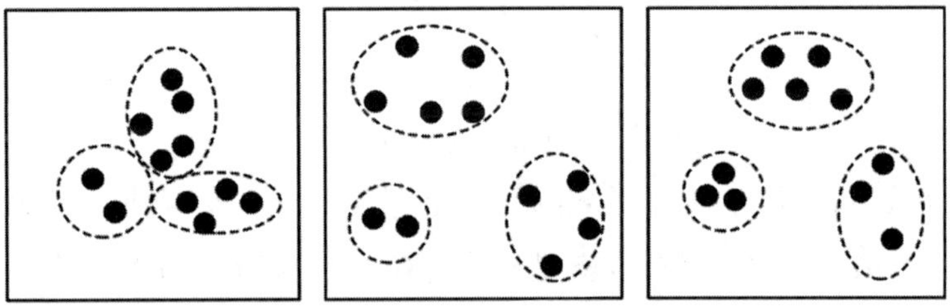

(a)　(b)　(c)

图 7-21　同一数据集合在不同方法下的聚类结果

参考资料

[1]简祯富,许嘉裕. 大数据分析与数据挖掘[M]. 北京:清华大学出版社,2016.

[2]蒋盛益,李霞,郑琪. 数据挖掘原理与实践[M]. 北京:电子工业出版社,2011.

[3]梁栋,张兆静,彭木根. 大数据、数据挖掘与智慧运营[M]. 北京:清华大学出版社,2017.

[4]孙吉贵,刘杰,赵连宇. 聚类算法研究[J]. 软件学报,2008,19(1):48-61.

[5]薛薇,陈欢歌. Clementine 数据挖掘方法及应用[M]. 北京:电子工业出版社,2010.

[6]喻梅,于健. 数据分析与数据挖掘[M]. 北京:清华大学出版社,2018.

[7]周英,卓金武,卞月青. 大数据挖掘:系统方法与实例分析[M]. 北京:机械工业出版社,2016.

[8]AGRAWAL R,GEHRKE J E,GUNOPULOS D,et al. Automatic subspace clustering of high dimensional data for data mining applications[J]. ACM SIGMOD record,1998,27(2):94-105.

[9]ESTER M,KRIGEL H,SANDER J,et al. A density-based algorithm for discovering clusters in large spatial data-bases with noise[C]//Proceedings of 2nd International Conference on Knowledge Discovery and Data Mining(KDD-96),August 2-4,1996,Portland,Oregon. Massachusetts:AAAI Press,1996:226-231.

[10]SHI J B,MALIK J. Normalized cuts and image segmentation[J]. IEEE Transactions on Pattern Analysis and Machine Intelligence,2000,22(8):888-905.

[11]GUHA,S,MEYERSON A,MISHRA N,et al. Clustering data streams:theory and practice[J]. IEEE transactions on knowledge and data engineering,2003,15(3):515-528.

[12]GUHA S, RASTOGI R, SHIM K. CURE: an efficient clustering algorithm for large databases[C]//SIGMOD 98: Proceedings of the 1998 ACM SIGMOD International Conference on Management of Data, June 1-4, 1998, Seattle, Washington. New York: Association for Computing Machinery, 1998.

[13]HUANG J. A fast clustering algorithm to cluster very large categorical data sets in data mining[J]. Workshop on research issues on data mining and knowledge discovery,1997,3(8):34-39.

[14]HUANG Z. Extensions to the k-means algorithm for clustering large data sets with categorical values[J]. Data mining and knowledge discovery,1998,2(3):283-304.

[15]JAIN A K. Data clustering:50 years beyond k−means[C]//European conference on machine learning, September 15-19,2008,Antwerp,Belgium. Berlin:Springer,2008:3-4.

[16]JAIN A K,MURTHY M N,FLYNN P J. Data clustering:a survey[J]. ACM computing survey,1999,31(3):264-323.

[17]KARYPIS G ,HAN E H,KUMAR V. A hierarchical clustering algorithm using dynamic modeling[J]. Computer,1999,32(8):68-75.

[18]KOTSIANTIS S B, PINTELAS P E. Recent advances in clustering:a brief survey[J]. WSEAS transactions on information science and applications,2004,1(1):73-81.

[19]LIAN D,XU L,FENG G,et al. A local-density based spatial clustering algorithm with noise[J]. Information systems,2007,32(7):978-986.

[20]MAULIK U,BANDYOPADHYAY S. Performance evaluation of some clustering algorithms and validity indices[J]. IEEE transactions on pattern analysis & machine intelligence,2002,24(12):1650-1654.

[21]SANDER J,ESTER M,KRIEGEL H P,et al. Density-based clustering in spatial databases:the algorithm GDBSCAN and its applications[J]. Data mining and knowledge discovery,1998,2(2):169−194.

[22]ZHANG T,RAMAKRISHNAN R. LIVNY M. BIRCH:an efficient data clustering method for very large databases[J]. ACM SIGMOD record,1999,25(2):103-114.

[23]SINGH V P. Effect of spatial and temporal variability in rainfall and watershed characteristics on stream flow hydrograph[J]. Hydrological processes,1997,11(12):1649-1669.

[24]WANG W H,YANG J J,MUNTZ R. STING:a statistical information grid approach to spatial data mining[C]//Proceedings of 23rd International Conference on Very Large Data Bases,August 25-29,1997,Athens,Greece. 1997:186-195.

第 8 章 系统思维

引导案例

主持人大赛决赛

在 2019 年中央电视台主持人大赛中，一位叫作王嘉宁的选手脱颖而出。当晚的总决赛有这样一个环节，要求主持人来一段即兴陈述，即兴陈述要求选手在现场随机抽题，并围绕缩放前后的图片（如图 8-1 和图 8-2 所示）进行论述。王嘉宁的论述是这样的，从图片缩放前的人与动物对立，引申到保护动物、保护自然，处理的方法很巧妙。其实该图片也告诉大家，人与动物以及人与自然是对立统一的关系，应做到和谐相处。人与人之间、人与自然之间，甚至是万事万物之间都要讲究平衡。如果打破平衡，那么“枪响之后没有赢家”，结果必将是两败俱伤。

图 8-1 缩放前

图 8-2 缩放后

（资料来源：邸彦强《主持人大赛：邹韵王嘉宁分获冠亚军，枪响之后没有赢家》）

该段即兴论述其实就说明了系统思维的重要性以及缺乏系统思维的弊端。如果我们只注重眼前利益，而忽视了长远利益，将带来巨大的问题。久而久之，很多人在生活中形成了一种习惯,只根据自己所看到的某些元素下结论、做决定。这就形成了本例中"只顾眼前,哪管将来"等思维误区,即"系统思维缺乏症"。

常见的"系统思维缺乏症"有哪些呢?怎么破除,也就是怎么学会并培养系统思维呢?本章将从常见的"系统思维缺乏症"及其弊端讲起,然后帮助大家认识系统和系统思维,最后介绍系统层次化、因果回路图和网络计划等系统思维决策工具,让大家学会并运用系统思维,破除"系统思维缺乏症"。

8.1 常见的"系统思维缺乏症"

现实生活中,大家是否有过这样的困扰:为了解决某一问题而采取了一项对策,结果却引发了更多的问题。比如,频繁换工作,却每次都不顺心;"拖延症"总是克服不了;等等。这类的情况被称为"系统思维缺乏症"。

8.1.1 "系统思维缺乏症"出现的原因

当今世界动荡而又复杂,人们遇到的问题往往是"牵一发而动全身"的系统问题,例如全球变暖、贸易战、疫情等。而从企业管理的角度看,高层管理者、中层管理者乃至基层员工所需要处理的问题都受到诸多因素的影响和制约,且因素间的关系复杂且微妙,呈现出高不确定性和高动态性的特点。知识的碎片化更是提高了系统性问题的解决难度。然而,不幸的是,人们的既有思维模式并不擅长应对此类系统性问题,这就导致绝大多数的决策是平庸的,甚至是糟糕的。人们的既有思维模式就如"盲人摸象"般,即只感知到了大象身体的一部分,然后根据此部分来理解全貌。显然,这些理解都是片面的,对系统缺乏整体的认知,进而失掉了"整体感",必然会带来一系列不良后果。正如物理学家戴维·波姆(David Bohm)所说:"这种做法是徒劳无益的——就好比试图通过重新拼起来的碎镜子来观察真实的影像。所以在一段时间之后,我们便干脆完全放弃了对整体的关注。"

更糟糕的是,由于缺乏系统思维,人们已经开始受到系统的制约或惩罚。例如:

- "618"和"双11"期间,为了应对大量交易订单,电商运营中心不得不加班加点,却发现员工因工作负荷过重而处理能力下降,甚至频频出错,不得不更多地加班。
- 对某个著名景点而言,如果对游客数量不加限制,景点将很快人满为患,增加运营负担和游客输送成本。
- 抗生素的频繁使用刺激了抗药性病原体,包括结核分枝杆菌、连锁状球菌、葡萄球菌以及性病的进化。

- 经济快速发展的地区常常会付出环境被污染的惨痛代价。

诸如此类的情况屡见不鲜,“饮鸩止渴”“舍本逐末”“公地悲剧”等也是缺乏系统思维的体现。加上时间和认知能力有限,人们在处理复杂的系统性问题时只是机械地应对,专注于事件本身,而并未触及问题产生的根源。这些系统性问题就像一座座暗藏“玄机”的冰山,我们目之所及的可能只是冰山一角,是事件的表面现象,冰山下面的结构往往被忽视。而且,随着时间的变化,事件的状态往往也会随之变化,人们常常忽视整个变化过程,只是“治标不治本”地缓解当下的“症状”,或者不全面地解决问题,导致“按下葫芦浮起瓢”,到处救火、应接不暇。

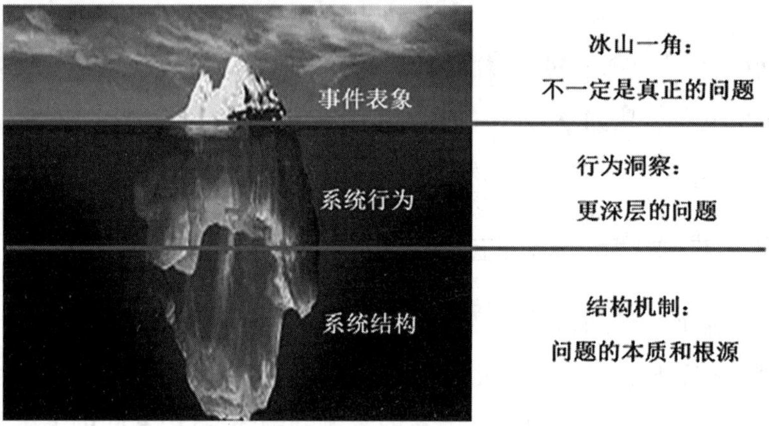

图 8-3 事件的冰山图

系统思维专家、美国麻省理工学院教授约翰·斯特曼(John Sterman)的研究表明:“人们用来指导自己决策的心智模式,在应对系统的动态行为方面具有天生的缺陷。人们通常持有一种基于事件层面、因果关系而非回路的观点,而忽略了反馈的过程,意识不到行动与反应之间的时间延迟,在交流信息时也未能理解存量和流量,并且对于在系统进化过程中可能改变反馈回路强度的非线性特征不敏感。”由此可见,人们的思维模式往往是不符合系统思维特征的,进而产生“系统思维缺乏症”。

8.1.2 “系统思维缺乏症”的类型

任何一个决策者,包括企业家、管理者,乃至每一个人,都不可避免地出现“系统思维缺乏症”。常见的“系统思维缺乏症”有以下四种典型的症状或表现。

(1)只见树木,不见森林

该症状又被称为“局部思维”,通常仅专注个别事物或某个细节,试图通过分析局部来理解并把握一个整体。出现该症状的主要原因是受到传统思维习惯的影响,在分析问题时只从自己的角度或局部进行思考,而忽视了整体,或者基于过往经验,快速聚焦于自己认定的某一个或者几个原因。

特别是在当今的组织中,人们的分工越来越细,团队合作现象非常普遍,仅靠一个人的力量往往难以胜任一项工作。但在实际合作过程中,人们难免会出现“本位主义”的毛病,对自己或自己部门的利益斤斤计较,或者是只解决自己的问题,全然不顾自己部门与整个组织的利益。比如,业绩不好时,销售部将问题归咎于研发部的产品设计与市场脱节,研发部则抱怨销售部未能理解产品的研发理念并及时反馈市场需求。如此一来,人们往往会陷入“只见树木,不见森林”的境况。

“一孔之见”“井底之蛙”以及“管中窥豹”等都是“只见树木,不见森林”或者“局部思维”的体现。要改变这种情况,就应具备系统思维能力。正如柳传志先生所讲:“大局观,既是一种态度,也是一种能力。只有让人们掌握了获取全局信息的能力,使全局信息公开、透明,才能解决局限思考、本位主义的问题。”

(2)只顾眼前,哪管将来

这种症状是典型的目光短浅,只执着于眼前、过去有限时间或未来不远时间的事物,而不考虑长期的损害。

就像《下金蛋的鸡》这则寓言故事所讲的那样,只贪图眼前的利益,杀了下金蛋的母鸡,损害了长远的利益。现实中,此问题也频频出现,小至“90后”年轻人的提前消费,大至“计算机千年虫危机”等,均是“只顾眼前,哪管将来”的思维模式在作怪。这种思维具有局限性,会使人们安于现状、发现不了潜藏危机,甚至使人们如“温水煮青蛙”中的青蛙一样,对环境中的改变毫无察觉,最终遭遇灭顶之灾。

尤其是在信息碎片化时代,人们集中注意力的时长变得越来越短,限制了人们思考的深度和广度。而古往今来,凡成大事者,必有长远眼光。我国著名的杂交水稻之父袁隆平坚持自己的观点,不断地尝试,最终打开了中国杂交稻种植的大门。只有摒弃了“只顾眼前,哪管将来”的短视思维,多用系统、动态、发展的角度考虑问题,才能避免造成致命性苦果。

(3)只看现象,不见本质

第三个常见的症状是“只看现象,不看本质”,即人们的思考往往停留于较为肤浅的层面上,只注意到一个个现象,而未能洞悉事物的本质或看透现象背后的驱动因素。

在当今时代,无所不在的移动互联网和社交媒体,让每个人似乎动动手指就可以轻松地了解全世界。虽然这种趋势便于人们获取信息,却加大了人们“关注个别事件”的思维倾向,主要是因为看到表象比认识系统的实质要快速、容易,而且表象的变化也更快、更容易吸引眼球。结果,人们往往“知其然而不知其所以然”。邱昭良在其译著《系统之美》中也发表了相似的见解："我们太沉迷于系统产生出来的事件，却很少关注系统行为的历史。也不善于从后者中发现线索，去揭示潜在的系统结构。要知道，系统结构才是系统行为与事件产生和演进的根源所在。"

因此，当遇到一个问题时，只有洞悉问题的本质或背后的原因，才能提出彻底的改进方案，真正地解决问题。

(4)头痛医头，脚痛医脚

"头痛医头，脚痛医脚"指只医治疼痛的部位，不追究病根。比喻人们在处理问题时，仅以机械或"条件反射"的模式来应对。对于相对简单的系统而言，这种模式或方案可能是有效的；相反，如果系统是有机的、动态的，其效果往往会大打折扣。在"庸医治驼"的故事中，庸医只知治驼，用两块门板强行把病人的驼背踩直，最终致使病人死亡，则凸显了这种模式的弊端。在工作和生活中，人们也往往出现就问题说问题的情况，不能系统思考问题出现的原因，也是"头痛医头，脚痛医脚"的体现。

在当今万物互联的时代，许多人习惯采用的"头痛医头，脚痛医脚"的模式常常是低效的，甚至是完全行不通的。正如梅多斯(Donella H. Meadows)所讲："在复杂的经济时代，线性思维是行不通的。所谓线性思维，即认为套用公式就一定会得到正确答案的直线式思维方法。"在复杂问题背后，人们看不到的诸多因素间往往存在错综复杂的关系和相互作用，导致系统呈现出许多"微妙法则"。因此，在面对系统性问题时，人们绝对不能寄希望于速效方案，毕其功于一役，要将问题放在系统中去思考，看到问题与周围要素的相互关系或整体的结构，才能解决问题。

8.2 认识系统及系统思维

在了解了常见的"系统思维缺乏症"之后，大家可以发现，这些症状出现的根本原因是缺乏系统思维能力。彼得·圣吉(Peter Senge)在《第五项修炼》中指出："今日的世界更趋复杂，对系统思考的需要远超过从前。……在我们周围到处是'整体性故障'的例子。"那我们应该如何避免上述问题的出现，培养系统思维呢？这就需要明确什么是系统以及什么是系统思维。

8.2.1 系统及其基本特性

(1)系统的定义

日常生活中，人们可以接触到大量的系统，例如身体内部的消化系统、日常出行的交通系统等，可见系统涵盖的范围十分的广泛，小到原子系统，大到自然生态系统，囊括了各种物理系统和非物理系统、人工系统以及自然系统。例如，电力系统、通信系统可以称为物理系统；政治结构、经济组织等则属于非物理系统；计算机网络、交通运输网络以及交响乐队等属于人工系统；原子核、太阳系、动物神经网络则是自然系统。

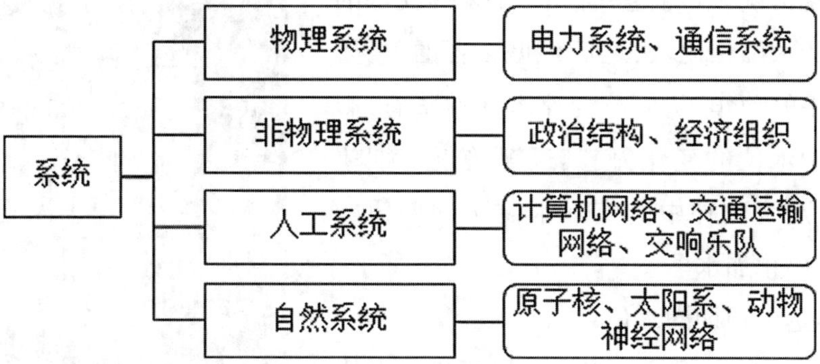

图 8-4　系统的分类

不难发现，这些系统都有以下几个共性：

A. 由若干个要素或者实体组成；

B. 各个要素相互联系、相互作用；

C. 各个要素存在一定的运行规律；

D. 整体上，存在一个特定的或者共同的目标。

由此，本书认为系统是由若干相互联系、相互作用的要素按一定方式组成的统一整体。构成系统的各要素按照特定规律，持续地相互影响、相互作用，为了一个特定目的或共同目标而运作。

(2)系统的构成

系统由三个部分构成，分别为要素、连接和目标。

要素：又称实体，是指系统内存在的各个单位实体，可能是单个事物，也可能是由多个实体构成的子系统。

连接或结构：要素之间存在着紧密的连接，这些要素在实时地相互影响。

功能或目标：一个系统的形成并非偶然，而是具有特定功能或者目标，无论此功能或目标是否能得到实现。一般情况下，系统的功能与目标往往区别于其构成要素的功能与目标。

在面对一个系统时，人们可以按照这三个构成部分来分析：这个系统是由哪些要素组成的？这些要素之间有什么样的连接与联系？这个系统又有着怎样的目标与功能？下面以从凉水杯中倒水(如图 8-5 所示)为例解释系统的构成。

- 要素：这个系统的要素包括了人的手(控制凉水杯的倾斜程度)、眼睛(观察水位的变化)和大脑(设定期望的水位),以及凉水杯、杯子等。

- 连接:倒水时,我们的眼睛会观察杯中的水位变化情况,并将这一信息与脑中设定的期望的水位相比较,之后根据二者的差异,调整手的动作,从而改变凉水杯的状态,影响杯中水位的变化,使其逐渐趋近于期望的水位,直到杯中的实际水位达到期望的水位,停止加水。
- 目标:达到预期的水位。

图 8-5　倒水示意图

对任一系统而言,要素、连接和目标这三个构成部分都是必不可少的。一般来说,改变要素对系统的影响是最小的。即使替换了系统中的所有要素,系统也可能会保持不变,或者仅仅发生微弱的变化。而看起来最不明显的部分,即功能或目标,才是系统行为最关键的因素。同时,由于连接的改变通常会使系统行为发生巨大变化,因此连接也是至关重要的,或者说系统的精髓就在于要素间的连接。如梅多斯所讲:系统既有外在的整体性,也有一套内在的机制来保持其整体性。毫无疑问,切断或改变这些连接,就会破坏这个系统,或让系统发生显著的变化。因此,要想理解并影响系统的行为,需要从关注要素转为探究系统要素间的潜在连接关系。

(3)系统的基本特性

深圳尔雅 CEO、YouCore 创始人王世民认为"万事万物的本质是系统",各个系统之间千差万别,充分了解系统的特性对于掌握系统思维有着重要意义。对于系统的基本特性,不同学者存在着不同的见解。虽然见解不同,但可从中识别出系统最重要的三个基本特性:

第一个特性是总体大于部分之和。正如定义中所提到的,系统的功能往往区别于各个要素的功能,不能通过研究系统中任何要素的功能来界定系统的功能。系统整体所展现的特征是其构成要素及其要素总和所不具有的性质,一旦把系统分割还原为它的各个要素,那它的特性便不复存在。因此,如果把系统分割开来研究,不论分割得多么细,分析得多么深,也无法分析整体的特性,更加难以还原出系统本身。这就要求我们树立全局而非局部的系统思维模式。

【案例 8-1】

有一天，诸葛亮到东吴做客，为孙权设计了一座报恩寺塔，用于测试东吴是否有造塔的能人。那宝塔要求非常高，单是顶上的铜葫芦就有五丈高，两千多公斤重。孙权被难住了，急得面红耳赤。后来寻到了冶匠，但缺少做铜葫芦模型的人，便在城门上贴起招贤榜。时隔一个月，仍然没有一点儿下文。诸葛亮每天在招贤榜下踱方步，幸灾乐祸。

那城门口有三个摆摊子的皮匠，对诸葛亮的做法感到不满，便聚在一起商议。他们足足花了三天三夜的工夫，终于用剪鞋样的办法，剪出个葫芦的样子。然后，再用牛皮开料，硬是一锥子、一锥子地缝成一个大葫芦的模型。在浇铜水时，先将皮葫芦埋在砂里。这一着，果然一举成功。诸葛亮得到铜葫芦浇好的消息，立即向孙权告辞，从此再也不敢小看东吴了。

（资料来源：百度百科）

"三个臭皮匠顶个诸葛亮"，用来比喻人多力量大、智慧多。也就是说，当三个普通的人单独做事的时候，三个人的智商之和远小于诸葛亮的智商，但是当这三个普通的人群策群力、有机地协调配合时，就有可能达到甚至超过诸葛亮的智慧。即当三个臭皮匠以某种特定的连接方式整合起来，并为了某一个共同的目标行事时，三人便构成了一个系统，带来了整体大于部分之和的效果。而造成"1+1+1>3"的效果的正是系统的连接或结构，即各个要素之间的联系和影响，再次证明了连接这一组成部分的重要性。

第二个特性是结构影响行为。该基本特性是指系统的行为表现是由系统的结构/连接所决定的。结构/连接是指关键要素之间的关联，这种关联支配了行为模式。即使是非常不同的人在置身于同一系统时，都要顺势而为，做出同样或者类似的举动。著名的"啤酒游戏"就是最好的例子。

【案例 8-2】

啤酒游戏，是20世纪60年代麻省理工学院斯隆管理学院所发展出来的一种类似"大富翁"的策略游戏，是供应链最为经典的课堂实践游戏之一。游戏模拟的是啤酒的产/配销系统，包含了供应链的各个环节，除了终端的消费者以外，上游制造商、中游批发商、经销商以及下游零售商都由游戏的参与者来扮演。其中，只有零售商可以直接面对消费者。参与者只能通过订单或者送货程序来进行沟通，每一个环节的参与者拥有独立自主权，可以自行决定向上游预订的订单数量以及向下游销售的货物数量。在游戏里，以周为单位，各个供应链环节都需要做出订货或供货的决策，一共进行十九周。

（资料来源：百度百科）

时至今日,成千成万来自不同背景的人参加游戏,有些人甚至早就有这类业务的实际经验,然而,相同的危机还是一再发生,得到的悲惨结果也几乎一样:起初,供应链的各个环节都严重缺货,后来却严重积货。其中原因必定超乎个人因素之上,这些原因必定藏在游戏本身的结构里面。

回到游戏本身,仔细观察消费者的购买行为,可以发现:第一周消费者的购买量是4箱,此后,只有在第二周购买量变成8箱,然后就一直维持8箱的购买量。自第二周起,购买量一直不变,客户的需求并没有出现大起大落。那么,这到底是什么原因呢?

零售商起初怪罪批发商不快点增加进货,到了后来,却抱怨批发商进过多的货。他们的库存从第16周起开始暴增,所以不再接收订货。

批发商一方面怪罪下游零售商,一开始时拼命增加订单,到第16周却又取消订单。另一方面,也抱怨上游制造商,开始一直缺货,第17周起却购进大批量的货物。经销商的情况和批发商相差无几。

制造商也怪批发商前期订了太多货物到后来却不再要任何货物。

但是,从这四个角色里,可以看到,每个人都在自己的岗位上,以自己的理性尽力做好行动与判断决策。那么,问题出在哪里呢?

从这个啤酒游戏中,我们可以得到的教训是:结构会影响系统的行为。不同的人置身于相似的结构当中,倾向于产生类似的结果。参与系统的各个要素,常常只见树而不见林,只能针对可获取的浅显信息做出所谓的最佳决策。不幸的是,每个人的最佳决策,并不一定是整个系统的最佳决策。就像在“啤酒游戏”里头,不管是下游零售商、中游批发商和经销商,还是上游制造商,每个人都在自己的位置上,根据上游的订单信息来做出下一阶段的决策,但游戏的结局并不尽如人意,这不能怪罪供应链中的任何一个环节。他们的问题在于缺乏全面观照的系统思维,无法跳脱结构所局限的个体行为。而结构不仅是外在的环境及条件限制;有时候,参与者自身的倾向也是系统结构的一部分。所以,我们还得纵观全局,时常反思,才能更趋近真实,也更反映真实。

第三个特性是系统行为的动态性。简单来说,该特性是指系统行为随时间的变化而变化,相同的变化并不一定会造成相同的结果。主要原因有以下几个方面:首先,连接的存在导致各个要素持续地相互影响,而在此过程中既可能会产生新的连接或自组织,也可能会失去原有的连接,这就导致了系统的不稳定性和不确定性;其次,系统总是与周围环境进行物质、能量、信息的交换活动,这也就导致了系统的不断变化;最后且最重要的一点就是时间因素,无论是要素还是连接都是关于时间的函数,时间也会作用于要素的连接,从而致使系统行为不断变化。

【案例8-3】

亚马孙雨林中的一只蝴蝶,扇动了一下翅膀,可以引发美国佛罗里达海岸的一场龙卷风。虽然这听起来有些夸张,但也蕴含着道理。这只蝴蝶起飞时拍打翅膀,造成空气运动,影响了本地的大气运动格局,而全球大气系统是相互联系的,经过一段时间的复杂作用,可能引发全球天气系统的变化,从而造成某处的龙卷风。

(资料来源:百度百科"蝴蝶效应")

这一微小的行为所带来的巨大影响,就是系统行为动态性的最好阐释。"蝴蝶效应"生成的前置条件,首先是全球大气系统是相互联系的,这就表明了系统是由多种要素相互影响、相互作用的;其次还伴有时间的参与,也就证明了时间在系统当中的重要作用。因此,应该要了解系统行为随时间而变化的趋势或模式,判断其对系统的影响是暂时性的还是长远的,而不是只关注个别的事件。

8.2.2 系统思维

在介绍了系统的定义及其基本特性之后,下文介绍的是系统思维。

系统思维这个术语最早出现在埃默里(F. E. Emery)编辑的 *Systems Thinking* 一书中,但只言明了系统思维的构成,并未对其作出明确界定。最早给出明确定义的是切克兰德(Peter Checkland),他在 *Systems Thinking*, *Systems Practice* 中写道:"系统思维,指对外在世界的思维,并且借助于'系统'概念。"

按照历史时期来划分,可以把人类系统思维方式的演变分为四个不同的发展阶段:古代整体系统思维方式、近代机械系统思维方式、辩证系统思维方式、现代复杂系统思维方式。现代的复杂系统思维意味着科学思维基本方向的转变,系统思维应用对象从简单的线性系统变为了结构不良的复杂性系统,相关学科的方法论也开始着手处理复杂性问题。所谓线性思维,就是简单明了的因果关系,输出结果跟输入条件成正比,只要找到了原因就能解决问题,这是一种线性的函数关系。例如,在20世纪70年代,控制论、运筹学和系统工程等学科从已然成熟的线性系统理论延伸至结构不良的系统理论,甚至在数理科学领域产生了非线性动力学、自组织理论、混沌学等处理复杂性问题的系统理论。值得一提的是,刘长林在《中国系统思维》中对中国传统哲学、管理学、医学、美学、农学等领域的思维方式做了全面考察,并认为"系统思维乃是中国传统思维方式的主干"。

参照以往各学者的阐述与论证,本书给出系统思维的定义:系统思维就是用整体或系统概念来认识对象和处理问题的思维方式,将要素和要素、系统和要素、要素和环境之间的作用和联系看成整体,进行综合考察。在思考时,需要谨记"任何两个对象都是相互联系、相互影响的"，这样才能更准确、更完整地理解对象。大自然的生态系统正是对此最好的诠释。无机物、微生物、植物、低等动物、高等动物等共同组成了自然环境生态系统；生态系统还受到地球内在的影响和太阳（阳光及光合作用）、月球（潮汐现象）、其他行星等外在的影响。系统思维不只适用于分析自然生态系统，也适用于思考社会生活中发生的事件。例如，对于企业的理解不仅限于人力资源方面，还要搞清其所处的微观环境和宏观环境（市场地位、行业趋势、供应链、技术创新等），这才是系统思维的体现。系统思维要求原有的思维模式从思考的深度、广度（空间范围）和角度（时间范围）三个维度进行拓展和转变。

8.2.3 系统思维的特征

系统思维区别于传统思维的地方在于要采用整体的思维模式，优先关注整体，把思维对象作为一个系统来认识。彼得·圣吉在《第五项修炼》之中把系统思维比作是对"看见整体"的一项修炼，那这项"修炼"本身又有怎样的特征呢？

（1）整体性

与系统"整体大于部分之和"的基本特性类似，整体性是系统思维方式的基本特征之一。整体与部分密不可分，系统中各种要素相互作用、相互影响造成了系统特定的属性与功能，而系统也依据这样的方式实现对要素的支配和影响。

系统思维的整体性可以从两种角度进行解读，一是意识到所研究的对象是一个整体，由要素、连接和目标组成。换言之，要把研究对象当作一个系统来分析与考量。二是考虑到研究对象所处的更为庞大且复杂的系统，系统与自组织二者是一对辩证的相互对立的概念，研究关注的系统在某种程度上可能是以自组织存在的，例如解决某个区域生态系统问题，不仅要考察这个区域的生态系统内的物种种类、数量、密度、资源丰富程度等，还要考虑到相邻区域与此区域的相互影响等，只有将这个系统纳入自然生态系统中去考察和思考，才能提出解决问题的有效办法。

【案例 8-4】

《狼图腾》讲的是草原上打狼的故事，在那个盛行打狼的年代，有一些人认为，狼是草原人的天敌，给人类造成了很多损失和麻烦，要想安稳地过日子，就必须把狼消灭掉。然而，草原上的老人持相反的观点，他们认为"狼是草原的保护神，打了会遭到天谴"，但是很多年轻人并不相信这种带有"迷信"色彩的话，开始大规模地打狼，甚至还挖狼窝，把刚刚出生的小狼崽也消灭掉，于是草原就真的没有狼了。他们以为把狼消灭干净了就能够过上舒坦安稳的日子，可接下来发生的事情出乎了他们的意料。

草原上先是发生了兔灾，兔子繁殖速度很快，数量增长迅速，一方面它们会跟羊抢草吃，另一方面兔子窝很隐蔽，牧羊人牵着马或者骑着马通过的时候，马踩到兔子窝就会陷进去骨折，而骨折的马没用了就只能杀掉。后来是獭灾，它们的数量也呈几何级的增长，它们会把大量的草弄到洞里过冬保暖，大量蚊子就会钻进旱獭的洞里，于是蚊子也成倍数增长，结果又造成了蚊灾，很多马就因为被蚊子吸干了血倒下了。这还只是灾难的开始，后面因为人们富余的时间多了，生活清闲了，原来白天放羊晚上看羊圈的生活方式改变了，结果在短短几年里，草原人口迅速增加。人口增加导致畜牧业不足以养活当地人，人们就开始了农耕，开垦草原土地来耕种，以养活更多的人。但是，草原土层薄，冬天风很大，土地很快沙化。草原人只好不断开荒，以至于后来沙化的草原越来越多。到了这个时候，人们才明白老人说的话：狼是草原的保护神。

（资料来源：知乎《系统思维：一个小故事帮你厘清线性思维与系统思维》）

人们捕杀了狼，结果发生了一系列的灾难，归根结底是因为草原人在用一种线性思维去解决一个系统问题，就像“头痛医头，脚痛医脚”，只解决了表面问题，事实上并没有解决根源问题，甚至还可能会造成系统的崩溃。与之类似的还有“盲人摸象”这则寓言，最主要的问题就是“本位主义”，在解决问题时只从自己的角度出发，忽略了整体与部分之间的关系。特别是系统还具有动态复杂性，会加大本位思维的严重性。所以，要从局限于本位的思维转为观照全局的思维，全面思考，培养“既见林又见木”的整体性系统思维方式。

(2)结构性

系统的要素、系统的结构、系统的功能可以看作三个不同的层次，层层递进。系统的要素和连接在系统内部组成了一定的结构，而系统的结构作为中间环节决定了系统的功能。系统要素是基础，系统结构是系统的内部表征，系统功能又是系统结构的外部表现。

所以，系统思维的结构性要求培养系统结构的意识，从系统的结构去考察系统的整体功能，也就是从专注个别事件转为洞悉系统的潜在结构。系统的第二个特征“结构影响行为”使系统的主要变量相互作用、相互影响，驱动了系统的变化。在分析具体问题的时候，要深入思考，不能只是停留于事件的表象或症状层面，必须关注系统结构这一中间层次，去分析和优化系统要素和功能，即深入了解事件、行为的趋势或模式及其背后的驱动力，做到“知其然，知其所以然”。如果想要改变或影响系统功能，最根本的办法是设计、改造其结构，努力创造优化结构，实现系统最佳功能。

(3)三维性

三维性，又称立体性，具体含义是在思维的具体过程中，系统思维方式把研究对象作为整体来思考，既要注意进行纵向比较，认识其纵向发展，又要进行横向比较，了解研究对象与其他客体的横向联系，从而全面准确地把握研究对象的规律性。

三维性又可以被视作对整体性的深入探究，系统本身是纵向发展的，同时该系统也会作为另一个客体的子系统之一，与其他系统之间的联系又是横向的。三维性的系统思维模式是横向思维与纵向思维的辩证统一。纵向思维是指按照一定的程序，向有序的、可预测的方向进行的思维模式，可以简单理解成循序渐进、由浅入深；而横向思维不限于任何范畴，可以打破常规，追求偶然性、突破性和创新性，其优点是通过与相互联系的事物的比较，来认识和估量自身，进而明确事物的特点和规律。三维性思维要求把握研究对象的立体层次、立体结构和总体功能。

(4)综合性

系统思维的综合性，区别于传统单向的分析模式(分析—综合)，起初就从整体出发，以综合作为逻辑起点，沿着“综合—分析—综合”的路径进行，并将综合贯穿始终，对各个要素、各个层次结构进行分析和综合，最后再进行总体综合，是形成全局观的逻辑过程。由此可见，系统思维的综合性存在两个维度，其一是把系统视作要素、连接、目标等构成的综合体，其二是在研究系统之时，对其要素、层次、结构、功能、环境这些不同层次做全面的、综合的统筹和考察，进而多维度地把握系统。

以企业管理为例，可以帮助读者更好地理解系统思维的综合性。首先，要把企业的各项活动作为一个整体，各个部门是企业的结构，但具有价值的并非各个部门的组织本身，而是它们各司其职履行或完成被赋予的使命，也就是目标。不仅要看到企业的各个部门，还要注意到各个部门的生产活动，一个部门的各项活动也构成了一个系统。所以在完成一个企业的既定目标时，要从多层次、多方位的角度来统筹协调，以系统思维来实现各项活动之间的最优组合形式。

(5)动态性

最后一个特征是系统思维的动态性，正是系统行为的动态性的反映。

系统的稳定是相对的，系统在有序和无序之间不断循环，所以我们可以创造条件实现对系统的影响和控制，使系统朝着既定方向和目标演化。要实现这一过程，就要把问题置于多种方法、多种可能、多种路径的多样化选择上，而不是寄托于单一的方向、方法和可能上。因此，思维模式就从线性思考走向了环形思考。在传统的思维模式中，经常假设因与果之间是线性作用的，即线性的因果链；但是对于动态性复杂问题而言，这样的思维模式并不奏效，因为问题的成因可能很多，而且彼此之间存在着复杂而微妙的影响。若某一变量的初始条件存在些许不同，其结果可能就存在千差万别。因此，要审视原因与结果之间的关联或作用，才能做到系统思考。系统思维要求能看到影响系统行为变化的各种要素，及其相互关联与反馈。

8.3 系统思维的决策工具

如果说系统思维是看不见的“内功心法”,那么系统思维的决策工具则使系统思维有法可依,是将系统思维外化的“招式”。经常使用系统思维的相应工具将有助于人们应对复杂问题,做出睿智决策,提升决策效率,并改善决策效果。本章节分为三部分,主要介绍层次分析法、因果回路图和网络计划图这三种系统思维的决策工具。

8.3.1 系统层次化——层次分析法

(1)简述

层次分析法是由美国运筹学家萨蒂教授于20世纪70年代提出的,用来解决多目标的复杂问题。例如:根据地理位置、环境、价格等因素挑选住房。该方法主要运用决策者的主观经验判断标准层的相对重要程度,并合理地给出每个决策方案的每个标准的权数,利用权数得出各方案的优劣次序。它将定性与定量方法结合起来进行决策分析。

(2)层次结构图

为便于理解系统层次法的实际应用,本节借用金庸武侠作品中的七位男主角(郭靖、杨过、张无忌、段誉、乔峰、虚竹和令狐冲)进行举例,评选大家心目中的“最优秀男主角”。但实际上,这些男主角在内功、招式、经验、计谋、颜值等维度上各有优点,那怎么判定谁是最优秀的呢?

为解决此问题,我们可以将内功、招式、经验、计谋、颜值作为评判的标准,画出该决策的层次结构图(如图8-6所示)。此层次结构图分为三个层次:目标层、标准层和决策方案层。标准层中,对不同标准赋予的相对权重不同,使得不同人心目中的“最优秀男主角”有所不同,即最终的决策方案存在差异。该相对权重的大小取决于人的主观经验,通过利用主观经验将标准的重要程度予以量化。另外,我们还需要分别用五个标准中的单一标准对七个方案进行评估,求得每一标准下,每个决策方案的相对权重。

(3)标度及两两比较矩阵

相对重要性标度:各个标准或在某一标准下各方案两两比较求得的相对权重,如表8-1所示。该标度使得各个方案可以两两比较。

表8-1 相对重要性标度

标度 a_{ij}	定义
1	i因素与j因素相同重要
3	i因素比j因素略重要

续表

标度 a_{ij}	定义
5	比起 j 因素，i 因素比较重要
7	i 因素比 j 因素重要得多
9	比起 j 因素，i 因素绝对重要
2,4,6,8	以上两两判断之间中间状态对应的标度值
倒数	若 j 因素与 i 因素比较，得到的判断值为 $a_{ij}=1/a_{ij}$

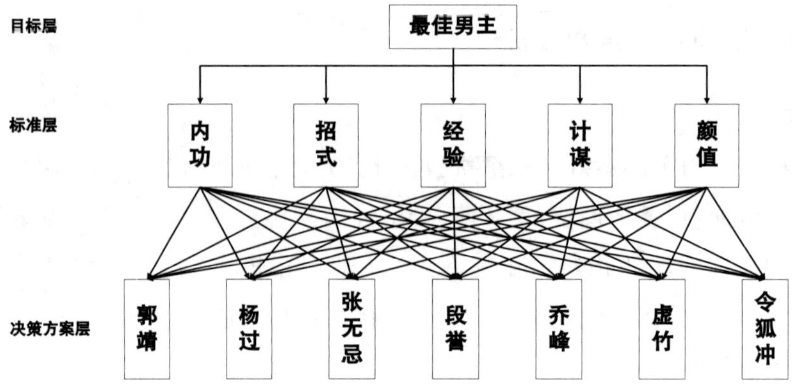

图 8-6 层次结构图

表 8-1 中，两个要素 i 和 j 分别表示两个进行比较的标准，或者在某一标准下比较的两个方案。由标度 a_{ij} 为元素构成的矩阵称为两两比较矩阵。

如我们用单一标准即男主角的"内功"来评估七位男主角，用两两比较的方法得出两两比较矩阵，如表 8-2 所示。

表 8-2 男主角"内功"的两两比较矩阵

	内功						
	郭靖	杨过	张无忌	段誉	乔峰	虚竹	令狐冲
郭靖	1	8	2	5	7	3	9
杨过	1/8	1	1/7	1/4	1/2	1/6	2
张无忌	1/2	7	1	4	6	2	8
段誉	1/5	4	1/4	1	3	1/3	5
乔峰	1/7	2	1/6	1/3	1	1/5	3
虚竹	1/3	6	1/2	3	5	1	7
令狐冲	1/9	1/2	1/8	1/5	1/3	1/7	1

由表 8-2 可知，如果根据个人主观感知和经验，认为郭靖比杨过的"内功"高很多，故 $a_{12}=8$；认为张无忌比郭靖的"内功"稍弱一些，故 $a_{31}=1/2$；由标度的倒数定义，可得

$a_{21}=1/8$；$a_{13}=2$。同时，在表8-2中，每位男主角与自己比都是同等重要，可得对角线中数字，即$a_{11}=a_{22}=a_{33}=\cdots=a_{77}=1$。

(4)求各因素权重的过程

接下来，可以基于两两比较矩阵，求出各位男主角在"内功"维度的得分(权重)。求各因素权重的方法有规范列平均法、方根法、幂乘法等，本节主要介绍规范列平均法。步骤如下：

第一步，先求出两两比较矩阵的每一元素每一列的总和，如表8-3所示。

表8-3 男主角"内功"的列求和

	内功						
	郭靖	杨过	张无忌	段誉	乔峰	虚竹	令狐冲
郭靖	1	8	2	5	7	3	9
杨过	1/8	1	1/7	1/4	1/2	1/6	2
张无忌	1/2	7	1	4	6	2	8
段誉	1/5	4	1/4	1	3	1/3	5
乔峰	1/7	2	1/6	1/3	1	1/5	3
虚竹	1/3	6	1/2	3	5	1	7
令狐冲	1/9	1/2	1/8	1/5	1/3	1/7	1
列总和	2.412	28.500	4.185	13.783	22.833	6.843	35.000

第二步，用两两比较矩阵的每一元素除以其相对应列的总和，所得商称为标准两两比较矩阵，如表8-4所示。

表8-4 男主角"内功"的列求商

	内功						
	郭靖	杨过	张无忌	段誉	乔峰	虚竹	令狐冲
郭靖	0.415	0.281	0.478	0.363	0.307	0.438	0.257
杨过	0.052	0.035	0.034	0.018	0.022	0.024	0.057
张无忌	0.207	0.246	0.239	0.290	0.263	0.292	0.229
段誉	0.083	0.140	0.060	0.073	0.131	0.049	0.143
乔峰	0.059	0.070	0.040	0.024	0.044	0.029	0.086
虚竹	0.138	0.211	0.119	0.218	0.219	0.146	0.200
令狐冲	0.046	0.018	0.030	0.015	0.015	0.021	0.029

第三步，计算标准两两比较矩阵的每一行的平均值，这些平均值就是各位男主角在内功方面的权重，如表8-5所示。

表 8-5　男主角“内功”的标准两两比较矩阵

	内功							
	郭靖	杨过	张无忌	段誉	乔峰	虚竹	令狐冲	行平均值
郭靖	0.415	0.281	0.478	0.363	0.307	0.438	0.257	0.363
杨过	0.052	0.035	0.034	0.018	0.022	0.024	0.057	0.035
张无忌	0.207	0.246	0.239	0.290	0.263	0.292	0.229	0.252
段誉	0.083	0.140	0.060	0.073	0.131	0.049	0.143	0.097
乔峰	0.059	0.070	0.040	0.024	0.044	0.029	0.086	0.050
虚竹	0.138	0.211	0.119	0.218	0.219	0.146	0.200	0.179
令狐冲	0.046	0.018	0.030	0.015	0.015	0.021	0.029	0.025

上述求各位男主角的权重的方法叫作规范列平均法。从表 8-5 中可知，标准两两比较矩阵的每列和为 1，每位男主角在“内功”的得分（权重）分别为 0.363，0.035，0.252，…，0.025，其权重之和也为 1。我们称这些数据（0.363，0.035，0.252，…，0.025）为各位男主角“内功”方面的特征向量。

同样，我们可以求得在招式、经验、计谋、颜值方面的两两比较矩阵。

表 8-6　男主角“招式”的两两比较矩阵

	招式						
	郭靖	杨过	张无忌	段誉	乔峰	虚竹	令狐冲
郭靖	1	8	2	4	5	5	7
杨过	1/8	1	1/7	1/5	1/5	1/5	1/2
张无忌	1/2	7	1	3	4	4	6
段誉	1/4	5	1/3	1	2	2	4
乔峰	1/5	5	1/4	1/2	1	1	3
虚竹	1/5	5	1/4	1/2	1	1	3
令狐冲	1/7	2	1/6	1/4	1/3	1/3	1

表 8-7　男主角“经验”的两两比较矩阵

	经验						
	郭靖	杨过	张无忌	段誉	乔峰	虚竹	令狐冲
郭靖	1	4	1	8	1/2	8	5
杨过	1/4	1	1/4	5	1/5	5	2
张无忌	1	4	1	8	1/2	8	5
段誉	1/8	1/5	1/8	1	1/9	1	1/4
乔峰	2	5	2	9	1	9	6
虚竹	1/8	1/5	1/8	1	1/9	1	1/4
令狐冲	1/5	1/2	1/5	4	1/6	4	1

表8-8 男主角"计谋"的两两比较矩阵

	计谋						
	郭靖	杨过	张无忌	段誉	乔峰	虚竹	令狐冲
郭靖	1	1/8	1/3	1/4	1/3	1	1/9
杨过	8	1	6	5	6	8	1/2
张无忌	3	1/6	1	1/2	1	3	1/7
段誉	4	1/5	2	1	2	4	1/6
乔峰	3	1/6	1	1/2	1	3	1/7
虚竹	1	1/8	1/3	1/4	1/3	1	1/9
令狐冲	9	2	7	6	7	9	1

表8-9 男主角"颜值"的两两比较矩阵

	颜值						
	郭靖	杨过	张无忌	段誉	乔峰	虚竹	令狐冲
郭靖	1	1/6	1/4	1/5	1/2	4	1/3
杨过	6	1	3	2	5	9	4
张无忌	4	1/3	1	1/2	3	7	2
段誉	5	1/2	2	1	4	8	3
乔峰	2	1/5	1/3	1/4	1	5	1/2
虚竹	1/4	1/9	1/7	1/8	1/5	1	1/6
令狐冲	3	1/4	1/2	1/3	2	6	1

同样,我们可以从上文的两两比较矩阵求得郭靖、杨过、张无忌、段誉、乔峰、虚竹和令狐冲七个方案在招式、经验、计谋、颜值方面的得分(权重),即这四个方面的特征向量,如表8-10所示。

表8-10 男主角的标准层得分

	招式	经验	计谋	颜值
郭靖	0.370	0.227	0.030	0.051
杨过	0.027	0.090	0.299	0.350
张无忌	0.259	0.227	0.067	0.160
段誉	0.129	0.025	0.101	0.237
乔峰	0.088	0.340	0.067	0.073
虚竹	0.088	0.025	0.030	0.022
令狐冲	0.040	0.065	0.407	0.107

另外,我们还必须取得每个标准在最佳男主角总目标中的相对重要程度,即要取得每个标准相对的权重,即标准的特征向量。四个标准的两两比较矩阵如表8-11所示。

表 8-11 标准层的两两比较矩阵

	标准				
	内功	招式	经验	计谋	颜值
内功	1	1	5	3	4
招式	1	1	5	3	4
经验	1/5	1/5	1	1/3	1/2
计谋	1/3	1/3	3	1	2
颜值	1/4	1/4	2	1/2	1

通过两两比较矩阵,我们同样可以求出标准的特征向量:[0. 352,0. 352,0. 058,0. 146,0. 091]。即内功相对权重为 0. 352,招式相对权重为 0. 352,经验相对权重为 0. 058,计谋相对权重为 0. 146,颜值相对权重为 0. 091。

(5)两两比较矩阵一致性检验

经两两比较矩阵得到的得分可能出现不一致的结论,如,当要素 i,j,k 的重要性很接近时,可能会得到 i 比 j 重要,j 比 k 重要,而 k 又比 i 重要的矛盾结论。因此,还需要引入检验一致性的方法。此处仍以评选最佳男主角的"内功"为例,说明检验一致性的方法(检验表 8-2 中由"内功"这一标准来评估郭靖、杨过、张无忌、段誉、乔峰、虚竹和令狐冲七个方案所得的两两比较矩阵)。检验一致性由五个步骤组成:

第一步:由被检验的两两比较矩阵乘以其特征向量,所得的向量称为赋权和向量,在此例中即:

$$\begin{bmatrix} 1 & 8 & 2 & 5 & 7 & 3 & 9 \\ 1/8 & 1 & 1/7 & 1/4 & 1/2 & 1/6 & 2 \\ 1/2 & 7 & 1 & 4 & 6 & 2 & 8 \\ 1/5 & 4 & 1/4 & 1 & 3 & 1/3 & 5 \\ 1/7 & 2 & 1/6 & 1/3 & 1 & 1/5 & 3 \\ 1/3 & 6 & 1/2 & 3 & 5 & 1 & 7 \\ 1/9 & 1/2 & 1/8 & 1/5 & 1/3 & 1/7 & 1 \end{bmatrix} \times \begin{bmatrix} 0.363 \\ 0.035 \\ 0.252 \\ 0.097 \\ 0.050 \\ 0.179 \\ 0.025 \end{bmatrix} = 0.363 \times \begin{bmatrix} 1 \\ 1/8 \\ 1/2 \\ 1/5 \\ 1/7 \\ 1/3 \\ 1/9 \end{bmatrix} + 0.035 \times \begin{bmatrix} 8 \\ 1 \\ 7 \\ 4 \\ 2 \\ 6 \\ 1/2 \end{bmatrix} + \cdots\cdots$$

$$= \begin{bmatrix} 0.363 \\ 0.045 \\ 0.181 \\ 0.073 \\ 0.052 \\ 0.121 \\ 0.040 \end{bmatrix} + \begin{bmatrix} 0.277 \\ 0.035 \\ 0.243 \\ 0.139 \\ 0.069 \\ 0.208 \\ 0.017 \end{bmatrix} + \cdots\cdots = \begin{bmatrix} 2.738 \\ 0.244 \\ 1.920 \\ 0.704 \\ 0.355 \\ 1.348 \\ 0.175 \end{bmatrix}$$

第二步:每个赋权和向量的分量分别除以对应的特征向量的分量,即第 i 个赋权和向量的分量除以第 i 个特征向量的分量,在本例中有:

$\frac{2.738}{0.363}=7.542$　$\frac{0.244}{0.035}=6.971$　$\frac{1.920}{0.252}=7.589$　$\frac{0.704}{0.097}=7.258$

$\frac{0.355}{0.050}=7.100$　$\frac{1.384}{0.179}=7.732$　$\frac{0.175}{0.025}=7.000$

第三步:计算出第二步结果中的平均值,记为 λMax,在本例中有:

$$\lambda Max=\frac{7.542+6.971+7.589+7.258+7.100+7.732+7.000=51.192}{7}=7.313$$

第四步:计算一致性指标 CI:$CI=\frac{\lambda Max-n}{n-1}$

n 为比较因素的数目,在本例中也就是男主角的数目,即 7。在本例中,我们得到:

$$CI=\frac{7.313-7}{7-1}=0.0521$$

第五步:计算一致性率 CR:$CR=\frac{CI}{RI}$

在上式中,RI 是自由度指标,作为修正值,见表 8-12。

表 8-12　RI 修正值

维数(n)	1	2	3	4	5	6	7	8	9
RI	0.00	0.00	0.58	0.96	1.12	1.24	1.32	1.41	1.45

在本例中可算得:CR=0.0521÷1.32=0.039。

一般规定当 CR≤ 0.1 时,两两比较矩阵的一致性可以接受,否则就认为两两比较矩阵的一致性太差,必须重新进行两两比较判断。在本例中,CR=0.039≤0.1,所以“内功”两两比较矩阵满足一致性要求,其相应求得的特征向量有效。

同样,通过计算招式、经验、计谋、颜值以及这五个标准的两两比较矩阵的一致性检验率 CR 值,可知它们都小于等于 0.1,比较矩阵均满足一致性要求,相应的特征向量都有效。

(6)利用权数或特征向量求出各方案的优劣次序

我们已经求出了五个标准的特征向量,以及在五个单一标准下的七位男主角的特征向量,如表 8-13 所示。

表 8-13　七位男主角的特征向量

特征向量	单一标准下的七位男主角的特征向量					
内功:0.352 招式:0.352 经验:0.058 计谋:0.146 颜值:0.091		内功	招式	经验	计谋	颜值
	郭靖	0.363	0.370	0.227	0.030	0.051
	杨过	0.035	0.027	0.090	0.299	0.350
	张无忌	0.252	0.259	0.227	0.067	0.160
	段誉	0.097	0.129	0.025	0.101	0.237
	乔峰	0.050	0.088	0.340	0.067	0.073
	虚竹	0.179	0.088	0.025	0.030	0.022
	令狐冲	0.025	0.040	0.065	0.407	0.107

利用这些权重或特征向量,可以计算出每位男主角的得分。七位男主角总得分的详细计算过程如表 8-14 所示。现以郭靖的总得分计算为例进行说明。郭靖在“内功”中得分为 0.363,而“内功”在总目标中所占的比例为 0.352,故郭靖的“内功”在总目标中的得分为 0.352×0.363。与此类似,可求得郭靖的“招式”在总目标中的得分为 0.352×0.370;“经验”在总目标中的得分为 0.058×0.227;“计谋”在总目标中的得分为 0.146×0.030;“颜值”在总目标中的得分为 0.091×0.051。故郭靖在总目标层的总得分为 0.281。

表 8-14　七位男主角的得分计算表

郭靖	0.352×0.363+0.352×0.370+0.058×0.227+0.146×0.030+0.091×0.051=0.281
杨过	0.352×0.035+0.352×0.027+0.058×0.090+0.146×0.299+0.091×0.350=0.103
张无忌	0.352×0.252+0.352×0.259+0.058×0.227+0.146×0.067+0.091×0.160=0.218
段誉	0.352×0.097+0.352×0.129+0.058×0.025+0.146×0.101+0.091×0.237=0.117
乔峰	0.352×0.050+0.352×0.088+0.058×0.340+0.146×0.067+0.091×0.073=0.085
虚竹	0.352×0.179+0.352×0.088+0.058×0.025+0.146×0.030+0.091×0.022=0.102
令狐冲	0.352×0.025+0.352×0.040+0.058×0.065+0.146×0.407+0.091×0.107=0.096

由表 8-14 中的总得分比较可知,郭靖的得分(权重)最高,张无忌的得分次之,而乔峰的得分最少。因此可知,郭靖可被评选为“最优秀男主角”。

8.3.2　因果回路图

(1)因果回路图简述

因果回路图又称系统循环图,它是系统思维的基本工具,应用范围非常广泛,是由具备因果关系的变量和它们之间的连接构成的一系列闭合型反馈回路。闭合型反馈回路体现了系统的结构和本质,可以反映复杂系统中的关键要素/变量及变量间的相互关系(即因果关系)。其中,变量为系统中的实体、属性或要素,变量可相互影响;连接是两个变量之间的关系和变化方向。同时,闭合型反馈回路可以基于回路过程中的行为模式和结构特性划分为增强回路和调节回路。但是两种类型的回路可以组合起来,使系统呈现出千变万化的动态。因此,回路是了解因果回路图的关键。

为表示回路,两个变量之间以具有极性(同向或方向变化,+/-)的有向箭头(原因指向结果)来连接。例如,变量A(市场利率)的增长能够引起变量B(债券价格)的下降,进而引起变量C(再投资收益率)的增长,可见变量A、变量B、变量C之间存在因果关系,如果用连接来表示此关系,可表述为图8-7。在图8-7的左半部分,变量A(市场利率)是“原因”变量,处于连接箭头的起点,而变量B(债券价格)作为“结果”位于箭头的尾部。类似地,在图的右半部分,变量B(债券价格)作为“原因”位于箭头的起点,而“结果”变量C(再投资收益率)处在箭头的尾部。

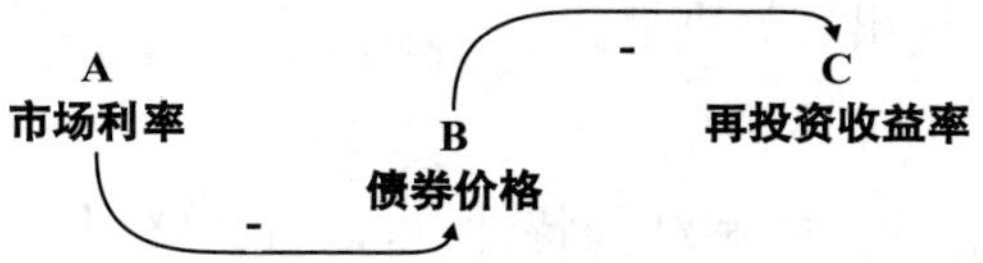

图8-7 连接图示

而且,从图8-7中可发现,变量A与变量B(或变量B与变量C)间的有向箭头上面标注了“-”。“-”表示变量间的变化关系是反向变化,即“原因”的增强导致“结果”的减弱,或“原因”的减弱导致“结果”的增强;而“+”表示变量间的变化关系是同向变化,即“原因”的增强导致“结果”的增强,或“原因”的减弱导致“结果”的减弱。因此,在因果回路中,有且只有两种连接:同向(“+”)或反向(“-”)连接,没有其他类型的连接。

同向连接:变量A(原因)可以直接或间接地导致变量B(结果),且两者同向变化,A增B增,A减B减。如其他条件不变,利率越高,利息越多。表述为:

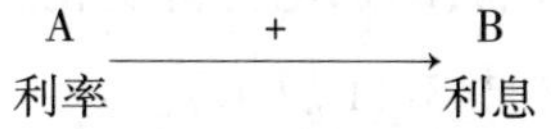

图8-8 同向连接图示

反向连接:变量A(原因)可以直接或间接地导致变量B(结果),且两者反向变化,A增B减,A减B增。如其他条件不变,利率越高,货币需求量越低。表述为:

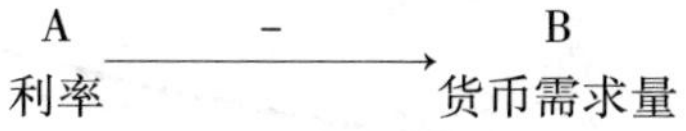

图8-9 反向连接图示

而且,回路具有闭合、单向循环的特点,即回路是从某一变量出发,沿着连接的箭头方向,经过一系列因果作用后,又反作用于该变量的循环,如图8-10所示。

(2)因果回路图的特点

A.因果回路图通过因果关系的变量和它们之间的连接对系统的结构进行描述,能够展现系统的整体特征与变量间的关系,加深使用者对系统背后的模式和事件的理解,提

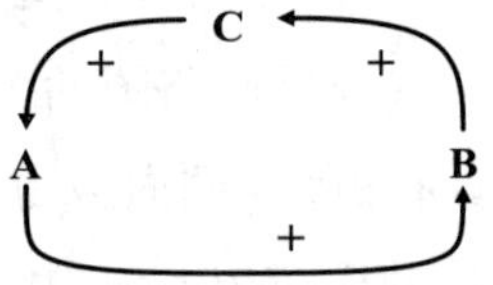

图 8-10　因果回路图的闭合

高人们思考的层次。

B. 因果回路图是系统的动态描述工具,通过环型帮助使用者理解系统中各要素的互动逻辑,使使用者更加全面、系统地思考。

C. 因果回路图能够将复杂的现实问题降维,通过结构化、图形化、视觉化的方式让使用者快速把握问题脉络,作出有效决策。

(3)因果回路图的两种基本类型

基于回路过程中的行为模式和结构特性,可以将回路划分为两种基本类型:增强回路和调节回路。那么何为增强回路?何为调节回路?又如何通过回路的行为模式和结构特性对这两种回路进行辨别呢?

A. 增强回路

增强回路(Reinforcing Loop)指增强系统强化各变量原有的变化趋势,即因增强果,果反过来又增强因,两者形成回路,并在循环中不断自我增强。“马太效应”正是典型的增强回路,即强者愈强,优质资源能够促进企业的成长,而企业的成长又能为自身带来更多的优质资源,循环往复,企业呈现爆发式跃进;同理,弱者愈弱,企业资金供应不足时,企业的业务难以正常开展,获取的收益和现金流减少,进而掉入负向的恶性循环。由此可见,增强回路具有自我增强的特点,即强化自身变化趋势,使系统行为表现为加速的指数型增长或加速的指数型衰退(如图 8-11 所示)。

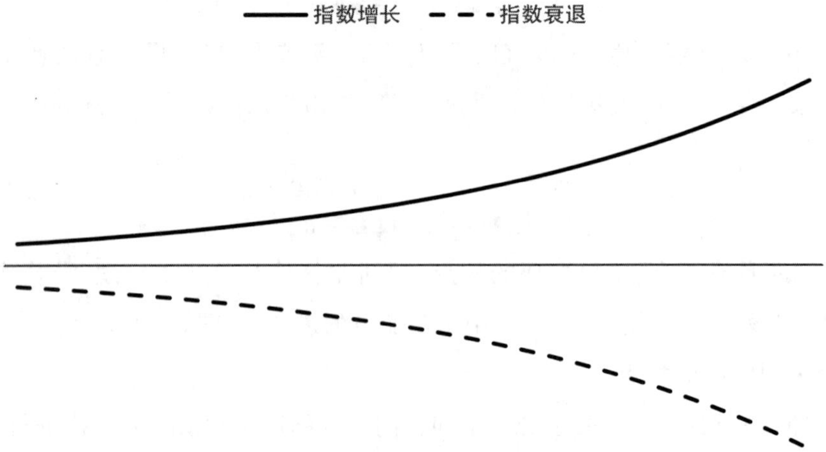

图 8-11　增强回路的行为特性

【案例 8-5】

绝大部分崇拜巴菲特的人,都是因为他有不朽的投资业绩,这也是媒体普遍称其为“股神”的缘故。巴菲特能否被复制?他成功的秘籍是什么?巴菲特说:“世界上最强的力量不是原子弹,而是复利!”在他 55 年的投资业绩中,“复利”这个秘密武器成就了如今的巴菲特。

截至 2019 年 12 月 31 日,巴菲特公司旗下伯克希尔·哈撒韦公司持股时间最长的 15 家公司,为其贡献了总市值 2 480.27 亿美元的财富,占伯克希尔总财富的 45.09%。这 15 家公司中,超过 10% 股份的有 4 家,其中持股比例最大的是美国运通,为 18.7%;持股比例最小的是美国维萨,仅 0.6%。这 15 家企业(股票)的购入成本为 1 103.4 亿美元,账面盈利 1 376.87 亿美元。巴菲特在致股东的信中表示,在投资时,“查理(副董事长)和我都没有把这些股票单纯地当作股票,而是公司精心收集的标志”。这些公司在当时并不那么吸引人,但是,伯克希尔通过长期的持守,获得的复利超出了当时的预期。

(资料来源:陈九霖《股神的复利之道》)

我们熟知的复利效应正是典型的增强回路,1994 年 10 月巴菲特在一次演讲中说:“复利有点像从山上往下滚雪球,最开始时雪球很小,但是往下滚的时间足够长,而且雪球黏得适当紧,最后雪球会很大很大。”他拥有的财富越多,未来可以收获的复利也就越多,而复利的存在又进一步增加了财富的总规模,循环往复,实现了财富的滚雪球效应。

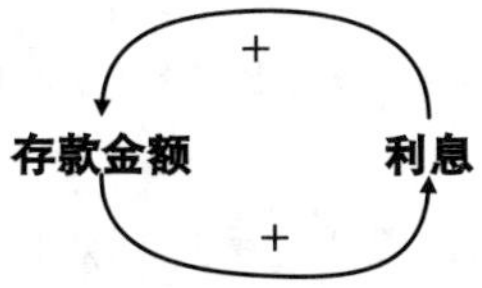

图 8-12 银行存款的增强回路图

那么,增强回路在结构上有何特性呢?从图 8-12 可以发现,其回路中没有负向(“-”)连接。但实际上,如果闭合型反馈回路中有零个或者偶数个负向(“-”)连接,该回路就是一个增强回路。比如,在“618”或“双十一”电商节期间,为了应对大量交易订单,电商运营中心不得不加班加点,却发现员工因工作负荷过重而处理能力下降,甚至频频出错,不得不更多地加班……这样呢,这个运营中心就陷入了一种恶性循环,其因果回路图如图 8-13 所示。从图中可以发现,该因果回路图上有两个“-”号,因而它也是一个增强回路。如果给定的触发条件发生变化,即交易量变得很小,该增强回路将使“工作负荷”和“错误率”逐渐变低。由此可见,对于具有同一系统结构的增强回路,改变其触发条件,系统的行为表现也会截然不同。

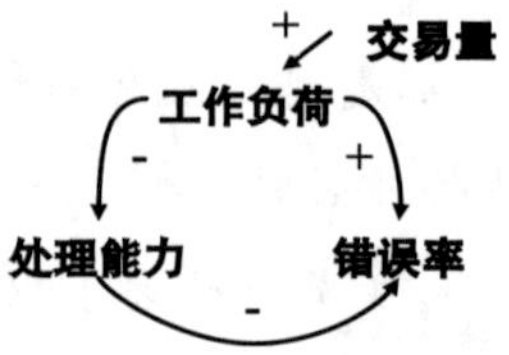

图 8-13　电商中心交易处理的增强回路图

B. 调节回路

与增强回路不同,调节回路(Balancing Loop)则在循环过程中遇到限制性因素,使系统呈现出某一稳定的状态。具体表现为随着时间的推移递减,某一变量增加/减少的幅度变化曲线趋于平稳,如图 8-14 所示。

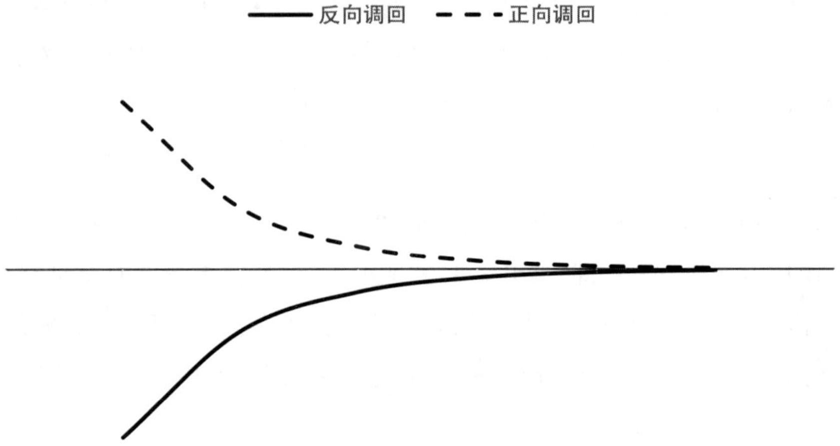

图 8-14　调节回路的行为特性

调节回路的作用机制可以划分为以下三种:客观限制、外界干预、自我平衡。

客观限制:指变量在回路中自身的界限与潜在的阻碍。以上文企业成长与企业资源的正向增强回路为例,企业能触及和吸收的资源是有限的,当企业成长到一定程度时,自身资源可能达到了饱和,难以继续“成长—资源—成长”的增强回路循环。同时,德内拉·梅多斯在《系统之美》中指出,当系统中多个参与者有不同的目标,从而将系统存量往不同方向拉时,就会出现“政策阻力”。当企业市占率达到一定程度时,会受到更多竞争者的追赶和阻拦,很难继续实现市场份额的扩大。

外界干预:指外界的力量对增强回路的干预。以上文企业资金与企业收益的负向增强回路为例,当企业的资金量下降到一定程度甚至为负时,可能会遭遇证监会的强制退市;同理,企业也可能会申领政府补贴,借机转亏为盈。

自我平衡:调节回路往往以预期目标为导向,当目标偏离时,变量主体可以发挥主动性进行纠偏，实现自我平衡。例如，当企业无法获得或吸收更多资源时，管理者可以选择巩固自身优势地位，推行维稳策略，亦可以选择横向并购其他企业或纵向延伸产业链，甚至跨界发展；而当企业面临严重资金不足时，企业可以主动转变发展战略，缩减规模、降低成本，实现内部的相对稳定。

【案例8-6】

威尼斯以“水城”闻名全球，早就是意大利的旅游胜地，每逢旅游旺季，各类游览船只充斥河道。然而，在这座已有上千年历史的老城内部，水道往往非常狭窄，大型游轮只能以极近的距离从岸边驶过，对船只、游客、岸上的行人以及岸边建筑都十分危险。

作为著名旅游城市，威尼斯每年吸引近3 000万全球游客，平均每天有七八万人进城游玩，而威尼斯本地居民总共才5万多人。事实上，威尼斯本地人口并非从来只有这么少，1951年威尼斯内城的居民人数还有17.5万人，而当时距离二战的结束才不过短短数年。但近一二十年来，由于游客的大量涌入，威尼斯本地人越来越倾向于搬到岛外居住，甚至“逃离”故乡。据不完全统计，威尼斯每年流失近千名本地人口。旅游业持续膨胀，给威尼斯的生态环境、居民生活和文物古迹保护带来巨大冲击。

蜂拥而至的游客令威尼斯街道变得拥挤不堪，公共交通系统处于“崩溃”边缘，城市基础设施面临巨大压力。当地每年用于城市维护的费用超过4 000万欧元，维护成本高企；部分游客的不文明行为——如乱扔垃圾、跳入运河洗澡、在岸边聚餐等，导致城市环境恶化，影响当地人生活；更为重要的是，旅游业过度开发导致城市房价与租金攀升，当地物价水平持续上升；一些主要面向居民而非游客的业态在该城没有立足之地，比如五金店、理发店等，令当地居民的生活颇为不便……为此，威尼斯当地人多次发起抗议活动，呼吁当局限制游客人数，保障本地人权益。

对此，意大利基础设施和运输部部长日前表示，从2019年9月开始，将禁止吨位超过1 000吨的大型游轮驶入威尼斯主要水道。届时，大型游轮将会被安排在远离市中心的位置停泊。

（资料来源：《工人日报》）

正常而言，游客人数的增加能够促进当地经济的繁荣，进一步增加对游客的吸引力。然而，当游客人数过多时，地方人数承载量将成为该回路的限制性因素，当地居民的抗议也将形成阻碍因素，而政府出台的限制性政策将通过外部干预手段将游客人数控制在预期水平，促进当地生态的自我调节。其因果回路图如图8-15所示。

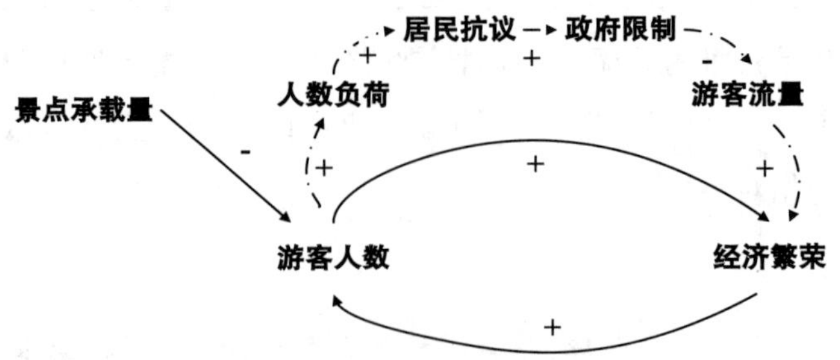

图 8-15　威尼斯旅游调节回路图

在调节回路的结构特性上,它有着奇数个负向("-")连接。因此,调节回路每运转一圈,系统就产生一种与原有趋势相反的力量,使系统的变化方向被逐渐修正或调节。

(4)因果回路图中的时间延迟

时间延迟(Time Delay)指因和果的相互影响会或多或少地存在延迟。在因果回路图中,时间延迟常用两条短的平行线("=")来表示,并画在变量的连接箭头中间(如图 8-16 所示)。无论是增强回路,还是调节回路,均有可能面临路径反馈的时间延迟问题。如果时间延迟作用于增强回路,将使指数型增长或指数型衰退的速度不达预期;如果时间延迟作用于调节回路,则使调节手段的效果不达预期,矫正不到位或过度矫正,未实现"缓冲""减速"的效果。

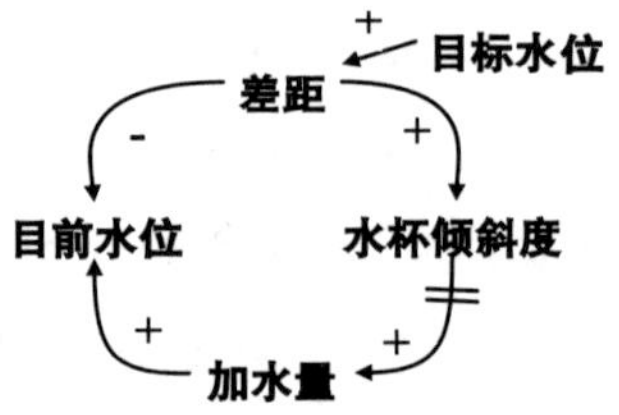

图 8-16　往凉水杯倒水的回路图

面对时间延迟,我们需要保持充分的耐心,按预期的目标对系统进行及时调整与修正,不断探寻解决问题的根本之道,加速方案的生效,缩短目标与现实的差距。

(5)因果回路图的绘制

A. 确定系统性问题,提取系统中关键的变量,即驱动力和成果。

B. 定义变量的规则,确定变量间的因果关系。主要有以下规则:询问"它的驱动力是什么";识别关键变量,不被其他细枝末节所诱惑;使变量处于相同的分析层次;使用名词或名词性短语为变量命名;不能使用"上升/下降""多/少"这些词;鼓励创造新名词。

C. 识别关键变量。在对系统深刻了解的基础上,可通过研讨等方式,提炼关键变量。

D. 定义连接关系,确定连接方向与类型。

E. 定义系统的边界的原则,寻找调节因素与延迟的可能性。可依据自我经验,通过自我反思、咨询专家、团队研讨等方式确定系统的边界。

8.3.3 点线为棋,绘制网络计划图

(1)网络计划图简述

网络计划图是统筹方法的一种计划形式,它表示了一项工程中各项工序(或活动)的内在逻辑关系,以及所需要的时间的图解模型,又称网络图、统筹图、工序流线图等。网络计划图在一根时间轴上建立时间基准,由节点和箭线组合起来,就构成了一张网络计划图。

该方法可以应用在不同的项目计划中,特别适用于生产技术复杂、工作项目繁多且联系紧密的一些跨部门的工作计划,如新产品开发、高速公路、大坝等大型工程建设计划。

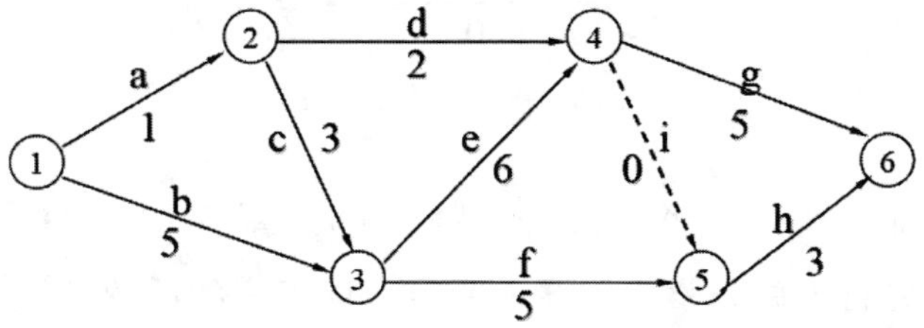

图 8-17 网络计划图示例

(2)网络计划图的基本元素

"点(节点)"和"线(箭线)"是网络计划图的两个基本元素。

A. 节点——事项

在网络计划图中,节点表示事项,是工序开始或完成的瞬时状态,是相邻工序在时间上的分界点,用圆圈和其中的数字或字母表示。

事项具有如下特点:不消耗时间和资源;标志着工作的结束或开始的瞬间;两个节点编号表示一项工作。同时,事项分为开工事项、完工事项、总开工事项、总完工事项和中间事项。如图 8-18 所示。

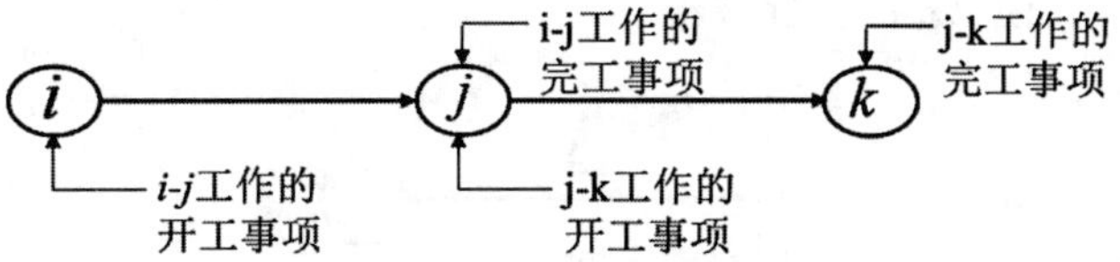

图 8-18 事项分类图

B. 工序——箭线

在工艺技术和组织管理上相对独立的活动称为工序。在网络计划图中,工序用箭线

表示。箭线的方向是从工序的开始指向工序的结束,在箭线的上方标注工序的名称或者代号,在箭线的下方标注完成该工序所需的时间。

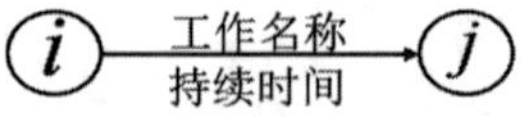

图 8-19 (实)工序示例图

根据工序是否消耗人力、物力和时间等要素,可将工序分为实工序和虚工序两类。实工序以实箭线表示,表示某项工序需要消耗人力、物力和时间,或者属于仅耗时间的技术性“等待”。图 8-19 的工序就属于实工序。而虚工序则既不消耗资源,也不占用时间,只说明一道工序的开始必须等待另外一些工序结束之后才能进行。虚工序用虚箭线表示(如图 8-20 所示)。

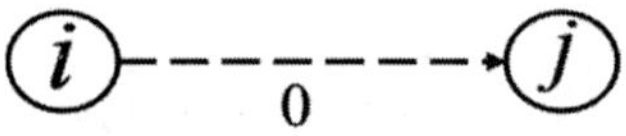

图 8-20 虚工序示例图

根据工序间的前后关系,可将工序分为紧前工序、紧后工序和平行工序。紧前工序是紧接某项工序的先行工序。紧后工序为紧接某项工序的后续工序。如图 8-21 所示,工序 A 是工序 B 的紧前工序,而工序 B 是工序 A 的紧后工序。在绘制网络计划图时,有些紧前工序和紧后工序的关系是客观的、不可协调的。比如,炒菜前必须先择菜。

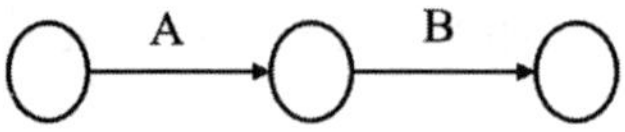

图 8-21 紧前和紧后工序示例

平行工序指在计划进行过程中同时进行的工序。平行工序在铺设铁路或地铁中是常见的。比如,在地铁隧道施工中,有掘进、支模、被覆三项工作,先掘进挖出坑道,再支上预制模,最后是浇筑被覆,这是不可变更的逻辑关系。但是在实际施工过程中,往往是在保持三工序的逻辑关系的前提下,分段施工。也就是挖一段坑道之后,当空间足够放置预制模时,就开始支模,随后进行被覆。

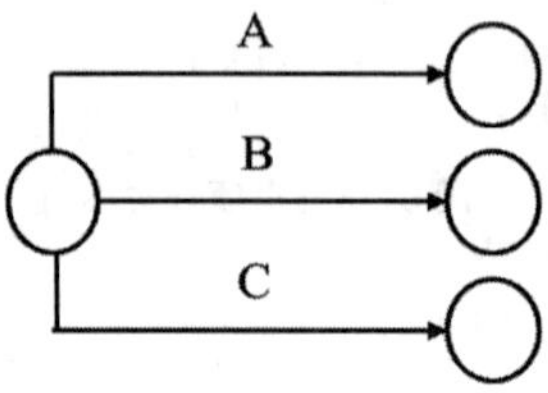

图 8-22 平行工序示例

C. 持续时间

持续时间即工序工期,是指完成工序或作业所需要的时间,通常用 t_{ij} 表示。一般而言,确定工序工期的方法有三种。

第一种方法为一时估计法,也叫作经验法。该方法用于常规项目,由工作人员根据经验估计出工序工期。

第二种方法为平均值法,将同类工序的工期的平均值作为该工序的工期。

第三种方法是三时估计法(也叫六分法)。该方法适用于缺乏经验和相关资料的不确定性项目,如科研项目、新产品研发等。该方法旨在通过调查与研究确定每项工序的乐观时间、最可能时间和悲观时间。其中,乐观时间用符号 a 表示,是指在顺利情况下完成某工序所需的最少时间;最可能时间常用符号 m 表示,指在正常情况下完成工序所需的时间;而悲观时间则用符号 b 表示,指在极不顺利的情况下,完成工序所需的最长时间。最后,按照 1:4:1 的权重,对每一活动的三种估计时间求数学期望值,进而算出每一道工序的工期。

D. 节点+箭线=网络

基于“内在逻辑关系”,一系列节点和箭线连接起来,就构成了一张网络计划图。这种“内在逻辑关系”是指由于工程本身的工艺与组织性要求,而对各工序提出的在时间上和空间上的先后处理关系。因此,“内在逻辑关系”包含工艺关系和组织关系。工艺关系是工艺之间内在的先后顺序,而组织关系是在施工方案的基础上,根据工程对象所处的时间、空间以及资源供应等客观条件所确定的工作展开顺序。

按照网络计划图,从工程的出发点,即总开工事项开始,沿箭头方向到达终点,即总完工事项的任一条通路,称为路线或线路。路线长度为路线上各工序的工期之和。其中,工期最长的路线被称为关键路线,位于关键路线上的工序为关键工序。缩短关键路线上各个工序的时间,可以缩短整个工程的工期;相反,如果延长了各个工序的时间,则延长了整个工程的工期。因此,关键路线上的时间不能被延迟。值得说明的是,在网络计划图中,关键路线往往不只一条,有些时候有多条关键路线。

(3)网络计划图的绘制

双代号网络计划图是常用的网络计划图绘制方法。即用箭线表示工序,箭尾的节点表示工序的开始点,箭头的节点表示工序的完成点。用(i-j)两个代号及箭线表示一项工作,在箭线上标记。双代号网络计划图的绘制规则如下。

A. 统筹图中所有箭线的方向必须由左向右,由现在指向未来。不能有缺口和回路。

B. 相邻两节点只能有一条箭线连接。在图 8-23 的左半部分,两道工序有相同的开始节点和结束节点,这种绘制方式在网络计划图中是不允许的。因此,可以增加一个节点和虚工序,得到正确的网络计划图(如图 8-23 右半部分所示)。

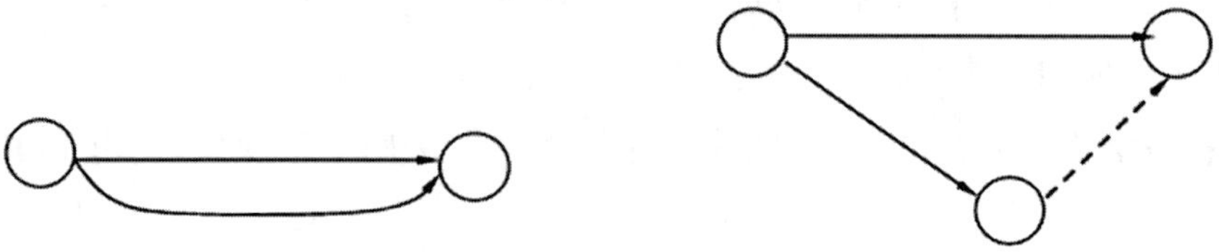

图 8-23 网络计划图的绘制示例

C. 只能有一个总开工事项和总完工事项。

D. 绘制网络图时,应避免交叉。

E. 按各个节点的时间顺序编号,要求各工序的完工事项的编号必须大于开工事项的编号(j>i)。

(4)巧用机动时间优化网络计划图

在工程项目的实际施工过程中,往往会遇到诸多问题,如资源有限、恶劣气候等,致使工程项目无法如期完成。因此,在得到初始的项目方案后,通常需要根据施工情况对网络计划图进行优化,确定最优的计划方案。常用的网络计划图优化方法包括“时间优化”“时间—资源优化”“时间—费用优化”等。本部分以“时间—资源优化”为例,介绍如何巧用机动时间进行优化。

那何为机动时间呢?机动时间,也被称为时差,是网络计划图优化的关键,是指工序的最早开始时间(Earliest Start Time,简称 ES)和最迟开始时间(Lastest Start Time,简称 LS)的差,或者是工序的最迟结束时间(Lastest Finish Time,简称 LF)和最早结束时间(Earliest Finish Time,简称 EF)的差。

对于“时间—资源优化”而言,为了合理利用资源,并缩短工程项目的工期,常采取以下方法进行优化:优先安排关键工序所需的资源;利用非关键工序的机动时间,拉平资源需求量的高峰;通过多次的综合平衡来统筹兼顾工程项目的进度要求和现有的资源限制,进而制定比较合理的计划方案。

【例 8-1】 某工程网络计划如图 8-24 所示(时间和所需电力)。若每天供电上限为 10 单位,试合理安排各工序的进度。

A. 求工序时差,寻找关键路线

在优化网络计划图之前,需要先分析初始的网络计划图,求出完成此工程项目所需要的最少时间;每个工序的开始时间与结束时间;找出关键路线与关键工序;非关键工序在不影响工程的完成时间的前提下,其开始时间与结束时间可以推迟多久。

为了求得完成此工程所需的最少时间,首先需要找到其关键路线。前文提到,路线是从工程的总开工事项开始,沿箭头方向到达总完工事项的任意一条通路,而关键路线

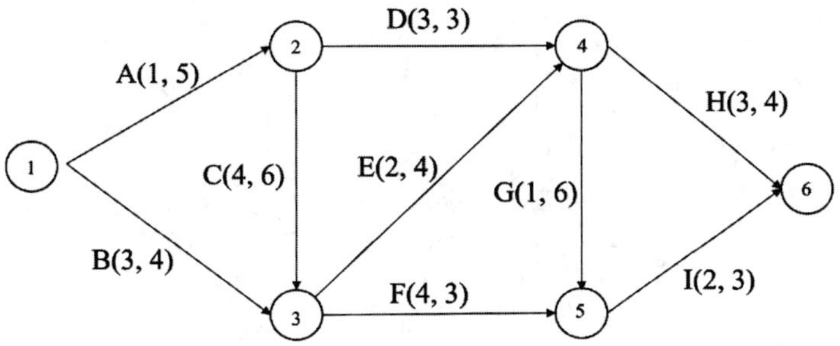

图 8-24 某工程的初始网络计划图

是工期最长的路线。如图 8-24 所示,①→②→④→⑥就是一条路线,这条路线是由工序 A,D,H 三道工序组成的。要"走"完这条路线,也就是完成 A,D,H 三个工序需要的时间为 1+3+3=7(天)。我们要完成该工程,就必须走完所有这样的路线。而且,由于很多工序可以同时进行,所以网络计划图中工期最长的路线,即关键路线就决定了完成整个工程所需的最少时间,而其他的路线则称为非关键路线。鉴于关键路线的完成时间决定了工程的工期,因此需要首先找出关键路线。其寻找步骤如下:

第一,从网络计划图的总开工事项开始,按顺序计算出每一道工序的最早开始时间 ES 和最早完成时间 EF。假设某一工序所花费的时间为 t,则对该工序来说,EF=ES+t。在图 8-25 中,由于工序 A 最早开始时间 ES=0,所需时间 t=1,可知工序 A 的最迟开始时间 LS=0+1=1。因此,可以在网络计划图中工序 A 的箭线上面、在字母 A 的右边标上这组数据,如图 8-25 所示。

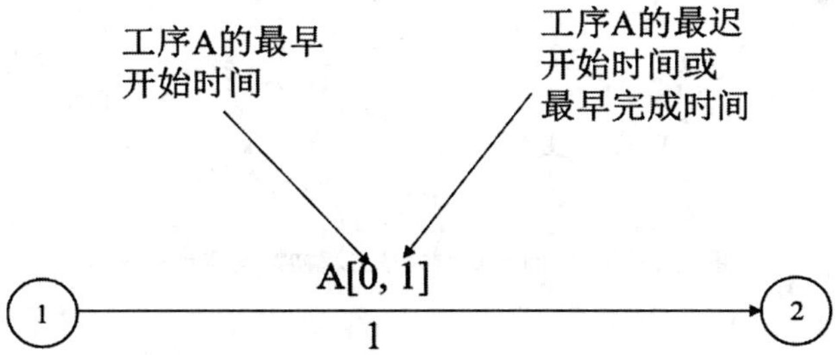

图 8-25 标有 ES 和 EF/LS 的工序

由于某一工序在其所有紧前工序结束之后才能开始,因此任一工序的最早开始时间应该等于其所有紧前工序最早结束时间的"最大值"。同时,结合 EF=ES+t 这一公式,便可以依次计算出此初始的网络计划图中每一道工序的最早开始时间与最早结束时间,如图 8-26 所示。

首先,在图 8-26 中,工序 F 的最早开始时间应取工序 B 和 C 的最早完成时间中的"最大值",即在 3 与 5 中取最大值 5,而其最早完成时间 EF=ES+4=5+4=9。故在标示

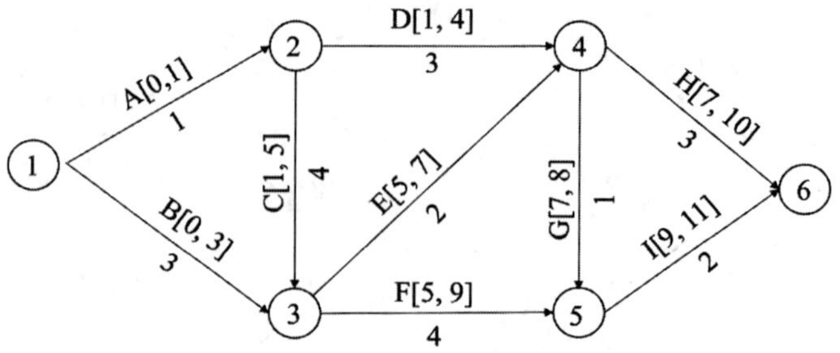

图 8-26　以 ES 和 EF/LS 标示的某工程初始网络计划图

工序 F 的箭线上方标以[5,9]。

第二,从网络计划图的总开工事项开始,计算出在不影响整个工程最早结束时间的情况下,各个工序的最晚开始时间 LS 和最晚结束时间 LF。显然对同一工序来说,有 LS=LF-t。同样做法,可以把这对数据标示在某一工序的箭线的下方对应工期右边的方括号内。由于任一工序必须在其所有的紧后工序开始之前结束,这样就可以得到最迟时间法则:在不影响整个工程最早结束时间的情况下,任一工序的最迟完成时间等于其所有紧后工序的最迟开始时间中的“最小值”。

运用这个法则和 LS=LF-t 公式,便可以从总完工事项开始,计算出每个工序的 LF 与 LS,如图 8-27 所示。

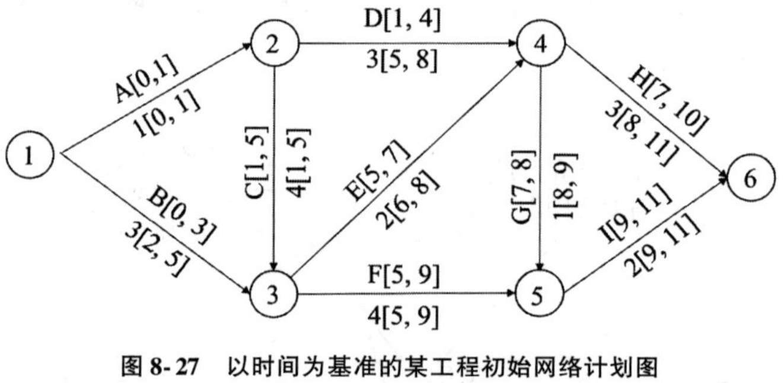

图 8-27　以时间为基准的某工程初始网络计划图

在图 8-27 中,由于工序 H 与工序 I 为平行工序,因此工序 H 的 LF 的值是平行工序 I 的 LF 值的最大值,即 10 和 11 的最大值是 LF=11。而工序 H 的 LS 的值为 LF-3=11-3=8。故将[8,11]标示在工序 H 的箭线下方 3 的右边。而工序 C 的 LF 值是在其紧后工序 E 和工序 F 的 LS 值中取最小值得到的,即 6 与 5 的最小值为 LF=5,工序 C 的 LS 的值为 LF-4=5-4=1。

第三,计算出每一道工序的机动时间或时差。对每一个工序来说,其机动时间(或时差)记为 T_s,有 T_s=LS-ES=LF-EF。例如,对工序 E 来说,其机动时间(或时差)T_s=LS-ES =6-5 =1。即工序 E 至多可以推迟 1 天开始,要么在第 5 天开始,要么在第 6 天开始,才不会影响整个工程的最早结束时间。因此,工序 E 是非关键工序。而对工序 F 而言,其机动时间 $T_s = LS - ES = 5 - 5 = 0$,即提前或推迟开始工序 F 会导致提前或推迟结束整个工程。故而工序 F 为关键工序。这也说明,关键工序的机动时间或时差都为零。基于此,可以识别出关键工序 A,C,F,I,以及一条由关键工序一次连成的、由总开工事项指向总完工事项的关键路线,即①→②→③→⑤→⑥。同时可得到一张汇总的工序时间和时差表,如表 8-15 所示。

表 8-15　某工程的工序时间和时差表

工序	最早开始时间(ES)	最迟开始时间(LS)	最早完成时间(EF)	最迟完成时间(LF)	时差(LS-ES)	是否关键工序
A	0	0	1	1	0	是
B	0	2	3	5	2	否
C	1	1	5	5	0	是
D	1	5	4	8	4	否
E	5	6	7	8	1	否
F	5	5	9	9	0	是
G	7	8	8	9	1	否
H	7	8	10	11	1	否
I	9	9	11	11	0	是

最后,基于表 8-15 以及案例中给出的每道工序每天所消耗的电量,也就是资源量,得到工程施工时每天的资源需求量,如图 8-28 所示。同时,由于横道图能够以图示的方式形象地将工序的顺序和工期表示出来,因此也可用横道图将工程的"进度—资源"情况直观地展示出来,如图 8-29 所示。

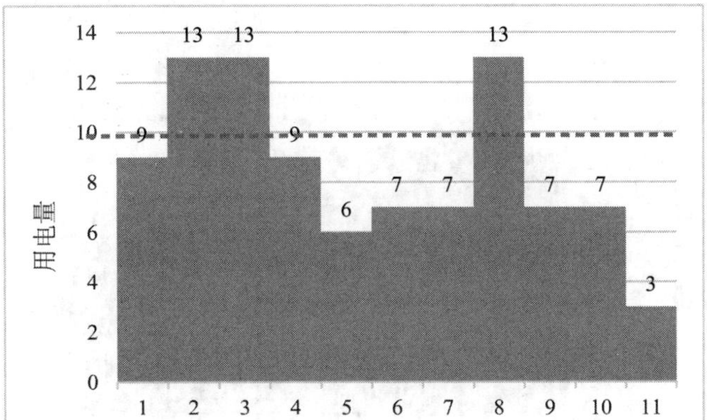

图 8-28　某工程用电量负荷图

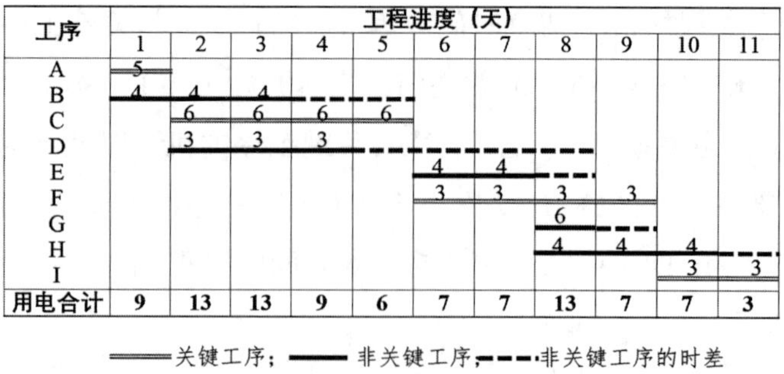

图 8-29　工程的“进度—资源”横道图

从图 8-28 和图 8-29 可知：一方面，第 2 天、第 3 天和第 8 天的用电量超过供电上限 10，即用电量超标；另一方面，第 5 天和第 11 天的用电量仅为 6 和 3，远少于供电上限。因此，依据图 8-29，优先满足关键工序的用电量，再利用非关键工序的时差，错开各工序的开始时间，从而拉平用电量的高峰。

B. 利用机动时间拉平资源需求量高峰

在此案例中，利用机动时间拉平用电量高峰的步骤分为两步。

第一步，利用非关键工序 D 的机动时间来拉平第 2 天和第 3 天的用电量高峰。因为关键工序 C 的用电量必须得到满足，而其与工序 B 所需的用电量已达到供电上限 10，因此需要推迟工序 D 的最早开始时间。当然，也可以同时推迟工序 B 和工序 D 的最早开始时间。此处，可将非关键工序 D 的最早开始时间推迟到第 4 天。如此，第 2 天和第 3 天的用电量均变为 10，满足用电量要求。同时，第 4 天的用电量发生变化，第 5 天的用电量由 6 变为 9，第 6 天的用电量则由 7 变为 10，也均满足用电量要求。

第二步，利用非关键工序 H 的机动时间，降低第 8 天的用电量。类似地，在图 8-30 中，第 8 天用电量由关键工序 F、非关键工序 G 和 H 三道工序的用电量加总得到。经过

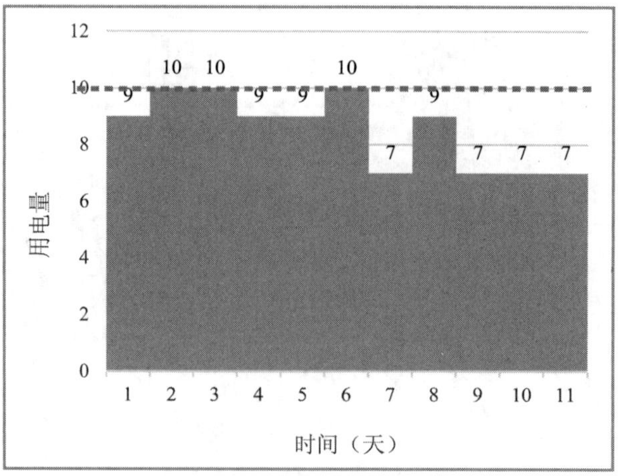

图 8-30　优化后的用电量负荷图

分析,发现仅需调整非关键工序 H 的最早开始时间,将非关键工序 H 的开工时间推迟 1 天,即可满足用电量要求。如此,第 8 天、第 9 天、第 10 天和第 11 天的用电量分别变为 9,7,7,7,均未超过供电量上限。而且,每天的用电量也基本处于均衡状态。

优化后的用电量负荷图和“进度—资源”横道图分别如图 8-30 和图 8-31 所示。在超过供电量上限的情况下,保证了工程按期完成。

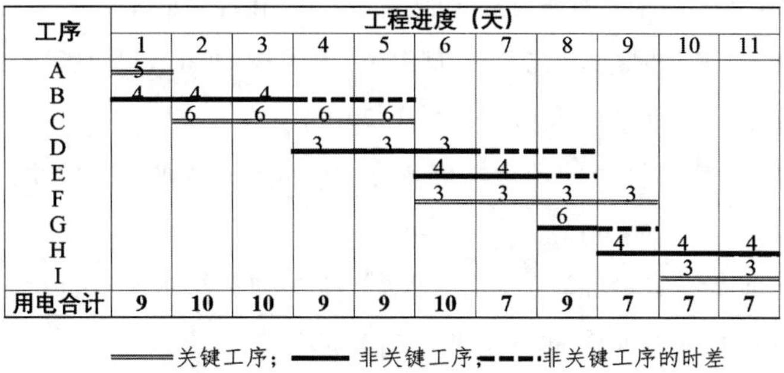

图 8-31　优化后的“进度—资源”横道图

课后习题

1. 用系统性思维分析后疫情时代在线长视频行业可能面临的新挑战。

2. 假设有一家电商平台主营服装产业,请画出其盈利模式对应的因果回路图。(提示:用户访问量、量利、第三方商家)

3. 某工程的网络计划图(时间和所需劳动力)如图 8-32 所示。若每天的劳动力供应量最多为 15 人,试求此条件下工期最短的方案。

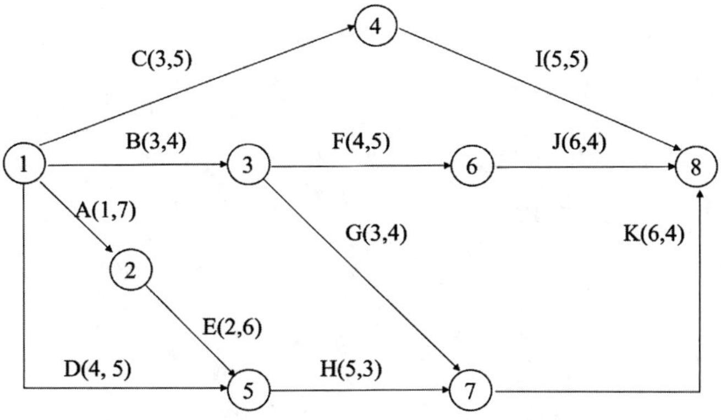

图 8-32　某工程的网络计划图(时间和所需劳动力)

参考资料

[1]圣吉. 第五项修炼[M]. 郭进隆,译. 上海:上海工业出版社,1999.

[2]圣吉. 第五项修炼:学习型组织的艺术与实践[M]. 张成林,译. 北京:中信出版社,2009.

[3]圣吉. 第五项修炼·实践篇:创建学习型组织的战略和方法(第二版)[M]. 张兴,等译. 北京:东方出版社,2006.

[4]舍伍德. 系统思考[M]. 邱绍良,刘昕,译. 北京:机械工业出版社,2014.

[5]梅多斯. 系统之美:决策者的系统思考[M]. 邱绍良,译. 杭州:浙江人民出版社,2012.

[6]韩伯棠. 管理运筹学[M]. 北京:高等教育出版社,2019.

[7]杰克逊. 系统思考:适于管理者的创造性整体论[M]. 高飞,李萌,译. 北京:中国人民大学出版社,2005.

[8]切克兰德. 系统论的思想与实践[M]. 左晓斯,史然,译. 北京:华夏出版社,1990:3-4.

[9]邱昭良. 如何系统思考[M]. 北京:机械工业出版社,2018.

[10]邱昭良. 系统思考实践篇[M]. 北京:中国人民大学出版社,2009.

[11]斯特曼. 商务动态分析方法:对复杂世界的系统思考与建模[M]. 朱岩,译. 北京:清华大学出版社,2008.

[12]王世民. 思维力:高效的系统思维[M]. 北京:电子工业出版社,2017.

[13]EMERY F E. Systems thinking[M]. London:Penguin,1969.

图书在版编目(CIP)数据

科学思维与统筹方法 / 王栋晗等著. -- 北京：中国传媒大学出版社，2023.7
ISBN 978-7-5657-3336-9
(经济与管理专业系列教材)

Ⅰ. ①科… Ⅱ. ①王… Ⅲ. ①科学思维—教材 ②统筹法—教材 Ⅳ. ①B804

中国版本图书馆 CIP 数据核字(2022)第 205469 号

科学思维与统筹方法
KEXUE SIWEI YU TONGCHOU FANGFA

著　　者　王栋晗　谷　盟　李永慧　王黎烨　李枝勇
责任编辑　杨小薇
封面设计　拓美设计
责任印制　阳金洲

出版发行　中国传媒大学出版社
社　　址　北京市朝阳区定福庄东街 1 号　　**邮　　编**　100024
电　　话　86-10-65450528　65450532　　**传　　真**　65779405
网　　址　http://cucp.cuc.edu.cn
经　　销　全国新华书店

印　　刷　唐山玺诚印务有限公司
开　　本　787mm×1092mm　1/16
印　　张　15
字　　数　290 千字
版　　次　2023 年 7 月第 1 版
印　　次　2023 年 7 月第 1 次印刷

书　　号　ISBN 978-7-5657-3336-9/B · 3336　　**定　　价**　59.80 元

本社法律顾问：北京嘉润律师事务所　郭建平